湛庐 CHEERS

与最聪明的人共同进化

HERE COMES EVERYBODY

U0243701

非凡的生物

[美]肖恩·B. 卡罗尔　著
Sean B. Carroll

Remarkable Creatures

王志彤　译

浙江教育出版社·杭州

SEAN B. CARROLL

肖恩·B.卡罗尔

美国国家科学院院士、美国艺术与科学院院士

富兰克林生命科学奖获得者、威斯康星大学分子生物学和遗传学教授

1960 年，肖恩·B. 卡罗尔出生于美国俄亥俄州托莱多。他很小的时候就喜欢翻动石头去寻找蛇的踪迹，10 多岁就开始养蛇。这些童年时期的活动，让卡罗尔注意到了蛇身上的图案，并且想知道这些图案是如何形成的。

卡罗尔在圣路易斯华盛顿大学获得生物学学士学位，在塔夫茨大学获得免疫学博士学位，并在科罗拉多大学波尔多分校做博士后研究工作。1987 年，卡罗尔在威斯康星大学麦迪逊分校建立了实验室，专门研究基因如何以各种各样的方式使生物产生了我们所看到的多样性。

卡罗尔目前是威斯康星大学分子生物学和遗传学教授。他带领的研究团队以果蝇作为模式动物，发表了一系列论文，解释了果蝇基因在胚胎期的激活机制及其如何控制翅膀的发育，并一直在寻找蝴蝶身上的对应基因。

2009 年 9 月至 2013 年 3 月，他持续为《纽约时报》撰写"非凡的生物"（Remarkable Creatures）专栏文章，介绍动物进化研究中的一些新发现。

威斯康星大学
分子生物学和遗传学
教授

霍华德·休斯医学研究所副所长兼制片人

2010年，卡罗尔被任命为霍华德·休斯医学研究所副所长。2011年，霍华德·休斯医学研究所发布了将耗资6 000万美元的"科学电影拍摄计划"，致力于把关于科学和科学家的故事讲给普通观众和课堂里的学生听。卡罗尔是这一计划的总设计师。

为了纪念《物种起源》出版150周年和达尔文诞辰200周年，卡罗尔曾根据自己的《无尽之形最美》(Endless Forms Most Beautiful)和《造就适者》(The Making of the Fittest)两部著作，拍摄了纪录片《达尔文所不知道的事》(What Darwin Never Knew)，探讨了进化科学的最新发展。

为了向大众普及科学知识，霍华德·休斯医学研究所成立了自己的制片公司 Tangled Bank Studios，卡罗尔是执行制片人。2014年，卡罗尔根据尼尔·舒宾的名作《你是怎么来的》(Your Inner Fish)，拍摄了三集同名科学影片。2017年，他拍摄了纪录片《亚马孙冒险》(Amazon Adventure)。

卡罗尔的工作给成千上万在校学生带来了福音，因为他的那些科学短片和教育素材都是免费的。

获奖无数的两院院士

卡罗尔不仅是美国国家科学院院士和美国艺术与科学院院士,他还是美国科学促进会会士。

1989年,他获得了大密尔沃基基金会(Greater Milwaukee Foundation)的"肖科学家奖"(Shaw Scientist Award)。

2010年,他获得了进化研究学会的史蒂芬·杰伊·古尔德奖。

2012年,卡罗尔获得了富兰克林生命科学奖。他提出并证明了:动物生命的多样性和多重性主要源于相同基因的不同调节方式,而非基因自身的突变。

2016年,卡罗尔获得了洛克菲勒大学的刘易斯·托马斯科学写作奖。

曾获得这一奖项的科学作家还有爱德华·威尔逊、奥利弗·萨克斯、贾雷德·戴蒙德和理查德·道金斯等。

肖恩·B. 卡罗尔著作

《生命的法则》
《进化的偶然》
《非凡的生物》
《无尽之形最美》

作者演讲洽谈,请联系
BD@cheerspublishing.com

更多相关资讯,请关注

湛庐文化微信订阅号

湛庐CHEERS 特别制作

献给
杰米、威尔、帕特里克、克里斯和乔希
—— 我的世界里最非凡的生物

什么才能带来最高尚的快乐？什么才能超越其他经历，让你昂首挺胸？是发现和创新！是当你知道：你走过别人从未到过的地方；你看见了别人从未见过的东西；你呼吸的是最原始的气息。是当你构思出一个新的想法，发现一个伟大的思想，在已被许多头脑的犁耕耘过的土地里发现一块智慧的金子；是成为第一，这最重要；是赶在别人之前去做、去说、去看。这些事所带来的快乐，能超越其他那些平淡无奇的快乐，经历过这些的人才是真正活过的人、真正理解什么是快乐的人、将漫长人生中的狂喜汇聚在一个瞬间的人。

————————

马克·吐温

你了解物种起源的故事吗？

扫码鉴别正版图书
获取您的专属福利

扫码获取全部测试题及答案，
一起了解物种起源的秘密

- 除了达尔文，还有一位博物学家也在提出自然选择理论方面做出了重要贡献，他是谁？（ ）

  A. 华莱士

  B. 洪堡

  C. 贝茨

  D. 赫胥黎

- 迄今，已知的所有人类化石都是在洞穴中发现的，这是真的吗？（ ）

  A. 真

  B. 假

- 爪哇直立人的远古性和其他许多原因让大多数人类学家确信人类的摇篮在亚洲，而不是像达尔文所猜测的在非洲。是谁为发掘爪哇直立人做出了突出贡献？（ ）

  A. 洪堡

  B. 杜布瓦

  C. 达尔文

  D. 华莱士

扫描左侧二维码查看本书更多测试题

最戏剧的探险，最重要的发现

不久以前，世界上大部分地区还是一片未经探索的荒野，至少对西方世界而言，欧洲以外的动物、植物和人都是未知的。亚马孙的河流和丛林、巴塔哥尼亚（Patagonia）和美洲西部的荒原、印度尼西亚的热带雨林、非洲的大草原和中部地带、中亚广阔的内陆以及极地地区和散布在海洋上的许多岛屿都是完全神秘的存在。

当时，人们除了对地球上存活的生命知之甚少，对地球过去的了解，更是根本谈不上。人们几千年前已经发现了化石，但只是把它们当作神话中的龙或其他想象中的生物，而不是依据自然科学对它们展开研究。

那时的人们对地球上生命进化历程的认知是模糊不清，甚至是离谱的。而我们对自身历史的描述也只是一系列荒诞的神话或美好的童话。

对世界未知领域和生命历史及人类起源的探索，是人类历史上最伟大的成就之一。本书讲述了两个世纪以来自然科学史中的一些最戏剧的探险和最重要的发现，从博物学开拓者史诗般的旅程，到今天仍是头条新闻的探险，以及探险家是如何得到灵感并将其拓展成为现代科学最伟大的思想之一：进化论。

在这本书中，我们将遇到许多过去曾经存在的和现在仍然存在的神奇生物，但故事中最非凡的生物还是这些先驱者、探险家。无一例外，他们都是杰出的人，他们拥有神奇的经历并取得了卓越的成就。他们都过着马克·吐温所称颂的那种生活——去人所未至之地、见人所未见之物、想人所未有之念。

这些故事中的人们追随着自己的梦想，去遥远的地方探险，在充满野性和异域风情的地方观察探究，搜集美丽、稀有且奇特的动物标本，寻找早已灭绝的动物或人类祖先的遗骸。几乎没人从一开始就抱有获取伟大成就或卓越名声的想法，有些人甚至没有接受过常规的教育或培训。然而，他们为探索自然的热情所驱使，他们愿意，有时甚至是渴望冒着巨大的风险去追寻自己的梦想。许多人面临着海上长途航行的危险，有些人遭遇沙漠、丛林或北极的极端天气，大多数人都离开了充满怀疑和焦虑的亲人，更有一些人忍受了难以想象的多年孤独。

他们的成功不仅仅源于从艰险的探索中幸存下来，还因为从世界各地搜集到了各种标本。少数先驱者受到了他们原本难以想象的生物多样性的启发，从搜集者变成了科学家。他们提出并思考有关自然的最基本的问题，他们对这些问题的回答则引发了一场革命，深刻而永久地改变了人们对世界的看法和对人类在其中的地位的认知。

在欧洲的大学、教堂和宴会厅里，那些拥有发言权的人，大多数都认为生物的起源是自然科学领域之外的事情，但这些博物学家不仅在追问哪些生物存在过，而且想知道这些生物是如何和为什么产生的；他们的老师都在追求自然神学，将自然界中的一切解释为造物主设计的一部分，认为自然界平静、和谐、稳定、从不改变。这些博物学家中的新骨干发现，自然界实际上是一个动态发展的、无休无止的战场，生物在其中相互竞争以求生存，要么去适应并改变，否则就会被淘汰；他们的前辈解释世界上现存物种的分布，就像解释棋盘上棋子的当前位置和事先策划的位置一样，而这些博物学家发现地球及其包含的生命有着悠久的历史，造就了遍布全球的多样的植物和动物；与他们同时代的大多数人都认为自然界中的一切都是为了人类的利益和统治而被特意创造出来的，而他们拒绝了这种自以为是，将人类放回到动物王国，追溯人类自身的起源。

这场革命的火炬在一代又一代科学家的手中传递着，他们一直努力地沿着这些先驱者的足迹前行。

精神与行动的结合

我写这本书，意在将对科学发现的追求及其乐趣带入生活，同时捕捉自然界进化历程中每一个进步的意义。我认为，若我们重走科学家最终取得成就的崎岖道路，就能更好地理解科学、享受科学，并且久久沉浸其中。这不算是一个原创的想法。正如那些跟随前人脚步的博物学家一样，我正追随着像《微生物猎人传》(*Microbe Hunters*)的作者保罗·德·克鲁伊夫（Paul de Kruif）和《神祇、陵墓与学者》(*Gods, Graves, and Scholars*)的作者 C. W. 策拉姆（C. W. Ceram）等人的脚步，他们的作品分别让读者领略了微生物学和考古学辉煌时代的魅力。我之所以选这些故事来讲，既是因为它们具有戏剧性的内容，也是因为它们对于科学研究至关重要。我从丰富的自然历史知识中将最精彩的那部分"择优"挑选了出来。

策拉姆将冒险描述为"精神与行动的结合"。这些故事则旨在以短小精悍的形式捕捉"精神"与"行动"这两个元素，是为了阅读的乐趣精心创作而成，而不适合作为学术传记或科学史。我还没有将那些科学家的经历研究到足以撰写完整传记的深度，只是提供了一些背景资料，但这足以让读者了解是谁或是什么激发了这些博物学家和科学家的冒险精神。

在可能的情况下，我尽量参考现场笔记、日志、考察报告和其他第一手资料，因为它们往往包含着人在关键时刻的真实想法和第一反应。我还查阅了原始的科学论文，因为它们记录着曾经最真实的研究发现、结论和观点。这里描述的许多人或研究发现，也曾是一本、几本或许多本优秀著作的主题，这些优秀著作中的一些是以第一人称写就，另一些则是由传记作家撰写。在书后面的"资料来源与拓展阅读"部分，你可以找到很多我所依据的资料，希望你们有兴趣继续探索，我也曾对这些故事进行了一番研究。

这本书不是关于最伟大的进化论科学家及其发现的汇编（虽然书里的许多人名副其实），讲述的也不是该领域的历史。但这些人确实很好地代表了这个领域的精神，包括我在内的许多科学家都从其中一位或是多位先驱者的身上获得了灵感与启发。因此，如果你察觉到书中存在客观性的缺失或信徒般的偏爱，我对此并不否认。这些故事的主人公有许多值得钦佩的地方。我没有去注意他们是不是一位好公民、是否善于理财，或者是不是一位好的配偶。这些人都过着非常有意义和令人羡慕的生活，因为他们从自己所从事的事业中获得了很多的乐趣。我可不想写一本关于可怜的混蛋的书，尽管这也可能会很有趣，而且书名会很博人眼球。

物种起源的探索

所有这些故事中科学探索的推动力，都来自对物种起源的探索，这是早期的科学家和哲学家口中的"谜中之谜"、"题中之题"或"生物学的终极问题"。我将从一次有史以来最大胆、最重要的科学航行开始讲述，并以此为本书的主体部分搭建起舞台。我指的不是达尔文的小猎犬号之旅，而是比之早 30 多年的亚历山大·冯·洪堡（Alexander von Humboldt）对南美洲和中美洲的探险之旅（详见引言）。甚至有人认为，所有的科学家都是洪堡的后继者，因为洪堡在他的探索旅程中对几乎所有的科学分支发展都做出了贡献。然而，我们将看到，这位伟大的探险家对于壮观的植物群、动物群和化石的看法与追随他的人截然不同。尽管才华横溢，洪堡以及与他志同道合的朋友仍然属于那个信奉宗教自然观的时代。洪堡提供了一种属于他们那个时代的世界观，尽管他并没有找到"谜中之谜"的答案，甚至没有认识到物种起源问题能够得到解决，但他的探险旅程仍然为后来的博物学家指明了道路，并直接激发了他们的灵感。

本书包括三个部分，分别聚焦于寻找物种起源的某个主要方面——总体物种的起源（第一部分）、特定动物种类的起源（第二部分）和人类的起源（第三部分）。每一部分的前面都有一个简短的导言，为其中的故事提供一些背景资料。我对章节的安排以突出科学家、科学发现和构想之间的关系为着眼点。在第一部分，我们讲述了达尔文和阿尔弗雷德·华莱士（Alfred Wallace）探索起源问题的史诗般的航行，以及亨利·沃尔特·贝茨（Henry Walter Bates）发现自然选择过程有力证据的探险。在第二部分，我们回顾了古生物学中几次最伟大的探险和最惊人的发现，这些发现揭示了动物王国及其各个主要种群的起源。在第三部分，我们追踪了考古和化石记录中的一些发现，并从 DNA 记录中探索人类的起源。

这本书的英文版在自然史和进化科学的几个里程碑事件纪念日首次亮相，其实并非巧合。2009 年，我们纪念达尔文的 200 岁诞辰和他的《物种起源》出版 150 周年。颂扬我们最伟大的博物学家和那场科学革命的领袖的思想和成就是理所应当的，这本书算是我献礼的一部分。我们还纪念了查尔斯·沃尔科特（Charles Walcott）发现伯吉斯页岩（Burgess Shale）中的非凡动物 100 周年，这些动物记录了寒武纪的生命大爆发（详见第 5 章）；纪念了玛丽和路易斯·利基夫妇（Mary and Louis Leakey）首次发现古人类 50 周年，这将人类起源的研究重新带回了非洲（详见第 10 章）。

但我的目的远远不止于讲述这些著名的故事。例如，还有一个不太为人所知的纪念日理应被人们铭记，它的不为人知是一个令人担忧的问题，我希望以自己的方式来纠正。1858 年 7 月 1 日，达尔文和华莱士伟大探险的成果——自然选择理论，首次在伦敦林奈学会的一小群观众面前公开发布，随后发表在该学会主办的期刊上。由于一些不明原因，学术界对此也未达成共识，这一事件以及华莱士对它的贡献往往被忽视了。事实上，最广泛使用的大学生物学教科书通常会用很多的篇幅讲述达尔文的旅行和工作，而关于华莱士，就只剩下几句模糊的话，如"一位在东印度群岛工作的年轻的英国博物学家，他提出了一种类似达尔文自然选择的理论"。我认为，华莱士有从教科书中完全消失的危险。若真如此，那将是一种遗憾，我希望读者在阅读了第 2 章后会认同这一点。

这种遗憾不仅仅在于历史认可的缺失，还在于我们由此错过了一个关于精神与行动的伟大故事。华莱士历经两次长途探险，其间还遭遇了一次海难，他在亚马孙和印度尼西亚的丛林里度过了 10 多年的漫长岁月，他在地球另一边的辛勤劳作使他产生了与达尔文相似的伟大构想。这是一个鼓舞人心的故事，它与澎湃的激情、无私的奉献、体能与忍耐的极限、不屈不挠的毅力以及发现的巨大乐趣有关。从他的奋斗和胜利中我们可以学到很多东西，也越发钦佩他的品格。

本书中的所有博物学家和科学家都是如此。事实上，在这些故事中，几乎每个人都有一个共同的最重要的经历，那就是他们的发现和想法最初都曾遭到拒绝或怀疑。有人可能会认为，发现第一个猿人或一种新的恐龙，抑或破译 DNA 中的某些关键历史片段，将会带来立竿见影的荣耀，而事实是，他们中的许多人奋斗了几十年才得到广泛的接受和认可，这才是科学突破和革命的现实际遇。

将这些博物学家凝聚在一起的探索的冲动，也将把全部人类凝聚在一起。关于人类起源的新发现表明，我们大多数人都是探险者的后代，这些探险者中一部分大约在 6 万年前从非洲移民出来并最终定居在地球的 6 大洲（详见第 12 章）。即使现在可能只是坐在安全的扶手椅或剧院座椅上，我们也都十分需要了解周围的世界。

1976 年 7 月，在维京一号飞船历史性地登陆火星的前夕，美国国家航空航天局（NASA）召开了一个专家会议，其中的专家包括作家罗伊·布拉德伯里（Roy Bradbury）和詹姆斯·米切纳（James Michener），物理学家菲利普·莫里森（Philip Morrison）和海底探险家雅克·库斯托（Jacques Cousteau），共同讨论探险的动力来源。他们中的大多数人认为，这就是人类的本能。

库斯托提出："是什么驱使人们献出自己的生命、健康、名誉、财富，只为对我们的机体、情感或是智力领域多一点点了解？我越是花时间观察大自然，就越发相信人类探索的动机只不过是一种世间万物共有的、根深蒂固的、普遍的本能冲动的高级版本罢了。"莫里森同意"这就是人类的天性"，并且认为"从长远来看，人类的探索无论是因为基因还是因为文化，都是无法阻挡的"。

因此，通过讲述这些故事，我想说的并不是科学探索的最佳时期已经过去了。书里的一些故事就发生在刚刚过去的十几年中。关于原始人、动物和植物化石的新发现经常成为头条新闻，而更多的惊喜仍然埋藏在地壳之下。挖掘生命和人类进化 DNA 记录的强大新工具，肯定会极大地拓展我们对自身自然历史的认识，未来肯定会有更多的新的故事发生。

但是，你可能会问，我们未来是否还会找到能颠覆我们世界观的东西，像 100 多年前开始的思想革命那样有着巨大影响力的东西？还有什么尚且未知的东西可以与"谜中之谜"相媲美，从而将探索推向世界的各个角落？

我想，会有的。我将在后记中探讨这种可能性。

第三部分　从古 DNA 中解读——人类起源的故事

REMARKABLE
CREATURES

S · 2

引　言

追随洪堡探险的脚步

亚历山大·冯·洪堡在墨西哥

注：这幅图呈现了岩层和瀑布的景色，洪堡和同伴在画面的左下角。

资料来源：A. von Humboldt, *Vues des Cordillères et Monuments des Peuples Indigènes de l'Amérique* (1808).

不要沿着路走；去没有路的地方，留下自己的路。

—— 拉尔夫·沃尔多·爱默生

爱默生这样称赞他："世上奇人之一，就像亚里士多德一样。他不时出现，似乎在向我们展示人类思想的无限可能性。"埃德加·爱伦·坡（Edgar Allan Poe）将自己的最后一部重要作品《尤里卡》（*Eureka*）献给他，这是一首长达150页的散文诗。托马斯·杰斐逊（Thomas Jefferson）也对他赞叹不已，两人的通信往来贯穿一生。这个人就是普鲁士博物学家亚历山大·冯·洪堡，虽然洪堡从未到过美国西部，但至少有 39 个城、镇、山峰、海湾和洞穴是以他的名字命名的，内华达州也是如此。在那个时代，只有拿破仑的知名度可与之相比。

当然这一切都是后来的事了。1799 年夏天，年轻的洪堡和他的同伴法国植物学家艾梅·邦普兰（Aimé Bonpland）不得不在他们刚登陆的南美洲天堂找寻方向。在他们之前，从来没有博物学家到过这里，展现在他们面前的一切都是新的、未经探索的。洪堡给他远在欧洲的哥哥写信："那树啊！椰子树，有十几米高，有着巨大的叶子和像手掌那么大的芬芳的花朵，我们对此一无所知。还有那些鸟、那些鱼的绚丽色彩，甚至小龙虾都有天蓝色和黄色的穿搭！我们像疯子一样四处乱撞；在最初的 3 天里，我们完全无法对任何东西进行分类；我们像狗熊掰棒子似的，边捡边扔。邦普兰一直在我耳边念叨，如果这奇迹不赶快消失的话，他会发疯的。"

奇迹并没有消失，还好，邦普兰也没有发疯，当然这其中有洪堡的功劳。

洪堡好奇心很强，同时又博览群书。两年前，当他还在欧洲时，他做了数千次实验，证实了路易吉·伽尔瓦尼（Luigi Galvani）的发现，即肌肉和神经组织是可以接受电流刺激的。因此，当他在委内瑞拉中部的卡拉沃索（Calabozo）地区的溪流中遇到电鳗这样的神奇生物时，他对动物电流的兴趣再次被激发了。他和他在当地的助手将这些一米多长的鱼带到岸边，他被这些鱼迷住了，不小心踩到了其中的一条，结果被重重地电击了一下。"我不记得我曾经受到过比莱顿瓶（一种早期的电实验装置）放电更可怕的电击。那天剩下的时间里，我的膝盖和几乎每个关节都在剧烈地疼痛。"

电鳗高达 500 伏的电流痛击并没有阻止洪堡继续各种不同的实验："我经常试着在绝缘或非绝缘的情况下去触摸电鳗，都没有感觉到一点儿电击。当邦普兰先生抓住鱼的头部或鱼身中部，而我握住鱼的尾巴，一起站在潮湿的地上，且没有接触彼此的手时，我们中的一个感受到了电击，而另一个则没有。如果两个人同时用手指触摸鱼的腹部，两个人的手指保持 2.5 厘米的距离，同时按下，有时一个人、有时另一个人会感受到电击。"

他甘愿尝试其他许多可能令人不快的实验。他和邦普兰发现了一种"牛奶树"，这种树与橡胶树同类，因其产出一种"奶汁"而得名。洪堡喝下了整整一葫芦这样的"奶汁"，这吓坏了邦普兰。而当他们的一位仆人学他喝了"奶汁"后，这可怜的家伙"吐了几个小时的橡胶泡泡"。洪堡还品尝过印第安人常用来涂抹在飞镖上的一种致命毒药。洪堡认为只有通过静脉注射它才会致命，他品尝后发现"它有一种令人愉悦的苦味"。

这就是 1800 年的自然科学实验。

但洪堡的学问和才能远远超出了他的这点好奇心。他精通科学的各个领域——植物学、地理学、天文学、地质学，以及新旧大陆人类历史的方方面面。在长达 5 年（1799—1804 年）的旅程中，他和邦普兰走过了委内瑞拉、巴西、圭亚那、古巴、哥伦比亚、厄瓜多尔、玻利维亚、秘鲁和墨西哥，收集了大量的植物、动物、地质和人体标本，绘制了无数高精度的地图，并目睹了一次日全食、一次地震和一场壮观的流星雨。他们测量了山脉，登上了厄瓜多尔境内海拔约 5 900 米的最高峰钦博拉索火山（见图 0-1），这座火山比他们之前任何人到达的山脉高度都要高。哪怕是乘坐热气球，此后的 80 年里也无人能够超越这一壮举。他们深入火山口；注意到寒冷的、向北流动的、如今以洪堡的名字命名的太平洋洋流；还研究并赞赏前哥伦布时代的文明，后者当时在欧洲还不为人所知。

图 0-1　钦博拉索火山

注：洪堡登上了左边的山峰，山峰海拔约 5 900 米，这是当时人类曾到达的最高海拔。
资料来源：A. von Humboldt, *Vues des Cordillères et Monuments des Peuples Indigènes de l'Amérique* (1808).

当然，这样的经历只有经过无数次的身陷险境才能拥有。事实上，洪堡对自己在远征中幸存的概率感到悲观，他设想自己命运的结局可能是在公海中淹死。5 年来，他躲过了当地人的袭击，避开了美洲虎的伏击，经受住了无休止的成群蚊子的袭击，与热带病顽强斗争，熬过了当局的监禁，虽不会游泳但在独木舟翻船时莫名地没有溺水，而洪堡对他的命运结局的预言差点就在他的回程中成真。

当洪堡在古巴停留时，一位美国外交官鼓励他推迟返回欧洲并前往美国访问。洪堡当时已经是托马斯·杰斐逊的崇拜者，因此他决定绕道前往美国。但 1804 年 5 月，在他从哈瓦那前往费城的途中，他的船在佐治亚州的海岸遭遇了一场猛烈的风暴。洪堡为自己的生命感到了深深的担忧。在他和邦普兰经历了这么多之后，他害怕他们可能会在航行即将结束时死去。他后来在日记中写道：

> 我情绪非常激动，担心自己将在欢乐即将来临的前夜死去，看着自己所有的劳动成果化为乌有，还让我的两个同伴一同死去（一个年轻的厄瓜多尔人陪伴着邦普兰和洪堡前往美国），在这似乎根本没有必要的前往费城的旅途中死去……

当风暴减弱，他们乘坐的船还得穿过英国海军在美国东海岸的所有港口设置的封锁线。最终他们安全抵达费城，洪堡很快就适应了新的国度。他认为美国是一个伟大的新兴国家，正在摆脱过时的欧洲秩序的束缚。他直接写信给杰斐逊，介绍自己，并说明他来访的目的。在几句热情、恭维的问候和对他过去 5 年探险的简要描述之后，他告诉总统："我很想和您探讨一个您在弗吉尼亚州任职时非常巧妙地处理过的问题，那就是我们在南半球安第斯山脉的太平洋海拔 3 000 多米处发现的猛犸象的牙齿。"

是的，没错，洪堡想和《独立宣言》的主要起草人、弗吉尼亚州前州长、美国第一任国务卿、美国第二任副总统和第三任总统谈谈化石的问题。

洪堡是从杰斐逊的《弗吉尼亚笔记》(*Notes on the State of Virginia*)中了解到他对化石，特别是猛犸象化石的浓厚兴趣的。杰斐逊是为了回应法国对其正在援助的这个新兴国家的关切而开始这项工作的。它逐渐成了涵盖弗吉尼亚州甚至美国的地理、动植物、农业、历史、风俗、经济等多个方面的综合性资料。

　　在《弗吉尼亚笔记》中，杰斐逊提到了在肯塔基州和纽约州哈得孙河谷(Hudson Valley)中发现的猛犸象化石。他利用它们的存在驳斥了法国博物学家布封(Buffon)伯爵提出的所谓美洲退化理论。布封曾声称，与欧洲相比，北美的气候更加潮湿和寒冷，导致其野生动物、牲畜和原住民的显著进化劣势。杰斐逊对此并不认同，他强调了猛犸象的巨大体形——"地球上最大的陆地生物"，并认为仅凭这一点就足以推翻布封的理论。

　　几年后，在担任美国副总统时，杰斐逊得到了西弗吉尼亚州一个山洞里的一副骨头（见图 0-2）。他分析了一条前肢和一只巨爪，并将这种未知的动物命名为"Megalonyx"或"Giont-Claw"。他首先想到它们可能属于一只体形三倍于狮子的大型猫科动物。他对自己的看法并不自信。然而，当他在法国古生物学家乔治·居维叶(Georges Cuvier)的一篇文章中看到一只巨大的地懒时，他发现了可能的相似之处。他研究的骨头实际上是一种地懒的骨骼，后来为纪念他，人们将这种动物命名为"杰氏巨爪地懒"。

　　1799 年，杰斐逊关于巨爪地懒的文章发表在《美国哲学学会汇刊》(*Transactions of the American Philosophical Society*)上，这可能是美国学者在古生物学领域公开发表的第一篇文章。但对杰斐逊来说，比科学声誉更重要的是，猛犸象和巨爪地懒的骨骼对他不断扩张的共和国的意义。当时，化石代表着灭绝物种的观点还没有得到很好的证实。杰斐逊和其他许多人并不认同上帝创造链中的任何环节会被允许消亡。杰斐逊写道："这就是大自然的经济规律，没有一个例子能证明上帝允许任何一种动物灭绝。"他相信猛犸象和其他野兽仍在地球上的某个角落游荡：

在我们大陆的内陆地区,肯定有足够的空间和范围容纳大象和狮子。我们对西部和西北部广大的地区及其所有物一无所知,我们根本无权说它不包括什么。

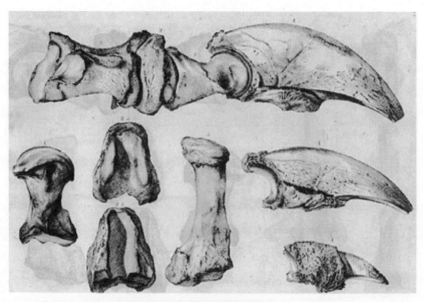

图 0-2 杰氏巨爪地懒的骨头

注:这些大型地懒的骨头是在弗吉尼亚州发现的,托马斯·杰斐逊在《美国哲学学会汇刊》第 4 卷中对其进行了描述。
资料来源:James Akin; Rare Book and Special Collections Division of the Library of Congress.

几年后,作为总统的杰斐逊派遣梅里韦瑟·刘易斯(Meriwether Lewis)和威廉·克拉克(William Clark)前往西部,要求他们考察"该地区所有的动物,尤其是被认为稀有或已灭绝的动物"。他们返回后,他又亲自资助由克拉克率领的探险队前往肯塔基州的一处大型矿区,在那里人们发现了数以百计的哺乳动物骨骼化石。其中的一半被送往白宫,堆满了尚未完工的房间,那些房间当时被戏称为"骨头房"或"乳齿象房"。

1804 年 6 月，洪堡抵达华盛顿，在 10 天的时间里，他拜会了杰斐逊、副总统詹姆斯·麦迪逊（James Madison）和其他官员。他们谈论了化石，但杰斐逊心里还有许多其他方面的忧虑。刚刚完成的对路易斯安那州的收购，使当时的美国与西班牙属美洲地区接壤了。杰斐逊非常渴望得到有关墨西哥的资料，恰巧洪堡刚从墨西哥回来，带着准确的数据、地图以及对墨西哥政治和经济形势的洞察。洪堡对杰斐逊提出的关于道路、矿山、印第安部落、农作物、定居点等的问题一一作答，而且，他非常乐意与这样一个眼光和领悟力都可跟自己相媲美的人分享自己的观点。

此后，洪堡以多种方式表现出他对杰斐逊和美国的钦佩。在他回到欧洲后的几十年间，他接待了来自美国的源源不断的各路要人——外交官、政治家、发明家和作家。最重要的是，杰斐逊的《弗吉尼亚笔记》成了洪堡写作的范本。杰斐逊对自己国家的地理、人文、历史、动植物、气候和经济等的完整描述，影响了洪堡记录自己在新大陆的旅行的写作方式。

洪堡的著作涵盖了他访问过的国家的各个方面，甚至包括这些国家的天空。他航行的全部记录包括三十几卷，在随后的 30 年里陆续出版。他作品中的 1 425 幅地图和插图非常精致，复制它们的成本不可估量。直到晚年，洪堡依然保持着惊人的产量。76 岁时，他出版了 5 卷《宇宙》（Kosmos）的第一部分，"试图以生动的图画描绘宏伟壮丽的大自然"。他的著作以及他与新旧大陆的领导人及最杰出的公民的频繁接触使他闻名于世。

正如一位历史学家所描述的那样，洪堡是"所有科学分支的大师，在他之后，历史上再也没有一个人能够做到这一点"。在洪堡之后，即使是最伟大的博物学家也只是某一方面的专家。由于洪堡的缘故，随后出现了很多的博物学家。

洪堡对这次航行的简短描述，即《新大陆赤道地区旅行记》（*Personal Narrative of Travels to the Equinoctial Regions of the New Continent*），不仅使他声名远扬，

而且激发了 19 世纪自然史和探险史中许多重要人物的灵感,具有讽刺意味的是,这些人现在都比洪堡更知名。被后人誉为现代地质学奠基人的查尔斯·莱尔(Charles Lyell)在巴黎与伟大的洪堡会面后评论道:"没有哪位英雄会因为被称为洪堡而感到有一丝的损失。"洪堡还直接赞助了年轻的瑞士博物学家路易斯·阿加西(Louis Agassiz),并说服他移居美国,成为哈佛大学的教授和美国自然史学界的领军人物。

这些博物学家也包括达尔文。19 世纪 20 年代末,达尔文还是剑桥大学的一名学生,他阅读了洪堡的《新大陆赤道地区旅行记》的全部 7 卷共 3 754 页。他对洪堡关于热带的描述非常着迷,因此一遍又一遍地阅读,还把其中的一些部分记下来,大声背诵,直到把他的朋友们逼疯。《新大陆赤道地区旅行记》第一卷是达尔文在小猎犬号航行中随身携带的为数不多的几本书之一,他经常阅读这本书,以增强自己的勇气去忍受持续的晕船,这本书后来成了他写自己的游记《小猎犬号之旅》(*The Voyage of the Beagle*)的范本。

洪堡的南美冒险故事对阿尔弗雷德·华莱士和亨利·沃尔特·贝茨产生了同样的影响,激励他们做出探索亚马孙地区的决定。

尽管洪堡的成就和影响是巨大的,但他对自然的独特看法将被受他启发的那一代博物学家所推翻。洪堡认为自然界,包括其有生命的和无生命的组成部分,是相对静止和平静的,反映了一个完整的设计和神圣的秩序。在探险之前,他写信给一位同事说,他此行的主要目的是"观察各种力量的相互作用,观察无生命环境对动植物生命的影响。我的视线将不断聚焦于这种和谐"。

洪堡并没有寻求关于生命起源的解释,因为他认为这个问题超出了自然史的范畴。与他同时代的很多人也持同样的观点。阿加西将一个物种定义为"上帝的一个想法",并宣称"自然史必须及时完成对宇宙创造者思想的分析"。

那些追随洪堡进入热带地区的人，挖掘出了一个完全不同的自然史进程，并描绘出一幅自然界所有生物之间永恒斗争的画面，这一观点将完全取代洪堡的思想。

洪堡于 1859 年 5 月去世，就在《物种起源》清晰地阐述出这一新的世界观的 6 个月之前。

著名历史学家戴维·麦卡洛（David McCullough）指出，洪堡最重要的影响是证明"人们对于地球上生命的多样性、生命形式的无限丰富性知之甚少，需要探索的东西还有无限多"。对于那些不满足于潮湿、寒冷、灰色的英格兰地区有限资源的年轻昆虫收集者来说，洪堡故事中的探险地具有不可抗拒的吸引力。再加上在未知之地旅行的极度冒险和浪漫，以及与自然奇观邂逅的刺激，有那么多人追随他的脚步也许就不足为奇了。

REMARKABLE
CREATURES

第一部分

三次伟大的探索——
物种起源开始了

统治吧，不列颠尼亚！不列颠尼亚，去统治海洋！

这首有着数百年历史的、振奋人心的英国爱国合唱曲，在19世纪上半叶比任何时候都更加真实地反映了当时的现实。当其他国家刚刚从战争和政治动荡中恢复过来时，英国海军早已统治了海洋，并帮助其幅员辽阔、欣欣向荣的帝国扩大着全球贸易。一种由武装押运的"邮包船"以及后来的商船组成的系统，将邮件和包裹运送到全球各地的许多偏远村镇。如果当时有人希望漂洋过海去探索遥远的未知之地并搜集奇异的标本，那么成为一名英国人会有助于他实现自己的心愿。

三次伟大的航行和三位伟大的英国博物学家，对自然选择理论的形成以及支持自然选择理论的证据的搜集是至关重要的。当然，最著名的航行是达尔文乘坐英国皇家海军小猎犬号所进行的那次。尽管达尔文因其对自然史和进化论的无可争议的贡献而名扬四海，但他登上这艘船的起因、他当时的观点和动机，以及他是如何开始以如此不同的方式看待世界的，却并没有太多人知道，甚至常常被人误解。

登上小猎犬号的这位神学院学生，当时看起来不太自信，并不像一位会带来未来巨大变革的人物。达尔文出发时也确实没有为支持或反对任何伟大思想去搜集证据的计划。他的进化论是在航行完成后逐渐形成的，他思考自己所看到的，并开始私下质疑当时的主流思想。与达尔文不同，阿尔弗雷德·华莱士和亨利·沃尔特·贝茨从一开始就有关于进化的想法。19世纪40年代中期，物种可能发生变化的观点在大众中逐渐流传。正是在那个时候，华莱士向他的朋友贝茨建议，一起去亚马孙河流域收集数据，以"解决物种起源问题"。

这三位探险家从英国出发前往南美洲丛林的时候，都很年轻。达尔文22岁，贝茨23岁，华莱士25岁。然而，与出身于富裕家庭、在剑桥接受教育，并拥有在武装海军舰艇上成为博物学家的优势的达尔文不同，贝茨和华莱士是自学成才的业余爱好者，他们必须乘坐从事贸易的商船前往亚马孙河流域，而且为了支付航行的费用，他们需要把珍贵的标本运回英国出售。

一到亚马孙河流域，这两位好友很快就分头行动，希望能去往更多的地区。4年后，华莱士回国了，随后又独自进行了一次漫长的航行，登上了马来群岛的许多岛屿；贝茨则在亚马孙丛林里度过了长达 11 年之久的艰难但收获颇丰的岁月。

这些都是真正的史诗般的旅程，充满了痛苦和欢乐。这三个人收集了大量的昆虫、鸟类和其他可带走的动物标本，他们对物种的多样性、物种内部的变异和不同物种及品种的地理分布都产生了极大的兴趣。正是这种兴趣让他们每个人都有了各自的发现：达尔文有了关于"自然选择"以及"不同物种是共同祖先的后裔"的想法（详见第 1 章）；华莱士强化了关于生物个体间"生存斗争"的独立概念，并划定了亚洲和澳大利亚动物之间的界线——"华莱士线"（详见第 2 章）；贝茨则发现了拟态现象，这为野外环境中的自然选择提供了最好、最及时的证据（详见第 3 章）。在《物种起源》出版之后，进化论与达尔文永远地联系在了一起，但该理论的形成及其早期能为科学界所接受，很大程度上要分别归功于华莱士和贝茨。

尽管达尔文的旅程比华莱士和贝茨早了近 20 年，但当后面的两人返回英国时，他们的工作有了交集。从此，这三位探险家成为一生的朋友，并一直保持通信联系。

REMARKABLE
CREATURES

S.2

第 1 章

达尔文的物种起源探索之路

儿时的达尔文和他的妹妹凯瑟琳

注：达尔文后来在自传中写道："我的学习速度比我妹妹凯瑟琳慢得多，我觉得我是个在很多方面都淘气的孩子。"

资料来源：*More Letters of Charles Darwin: A Record of His Work in a Series of Hitherto Unpublished Letters*, edited by F. Darwin and A. Seward (D. Appleton and Co., New York, 1903).

每一个旅行者都一定记得那种强烈的幸福感，它来自在文明人很少或从未踏足过的蛮荒之地进行呼吸的简单想法。

—— 查尔斯·达尔文,《小猎犬号之旅》

13 岁的查尔斯·达尔文和大多数家庭中的弟弟一样，很喜欢与哥哥一起制造恶作剧。大他 5 岁的拉斯对化学产生了兴趣，带着查尔斯①在家中花园的小棚子里设计了一个简陋的实验室。这两个男孩仔细阅读化学手册，经常看到很晚，并试着调制一些有毒或有爆炸性的混合物。他们的父亲是一位富有的医生，所以他们的业余爱好总是能得到充足的资金支持。他们购买了试管、坩埚、盘子和其他各种实验仪器。当然，如果没有火，化学就不会那么有趣，所以男孩们花钱买了阿尔冈灯（Algand lamp）——一种他们用来加热化学物质和气体的油灯。他们羽翼未丰的实验室还备有防火瓷盘，这是他们的舅舅乔西亚·韦奇伍德（Josiah Wedgwood）二世所提供的，他是当时英国最大的陶器制造商。

查尔斯享受着他那臭烘烘的实验室小棚使他在同学中赢得的声望。他也因性格开朗、随和而广受欢迎，有些同学和他一起到乡下去采集昆虫或猎鸟。

① 本章以查尔斯代指查尔斯·达尔文。——编者注

他就读的寄宿学校离他家不到两千米，所以他对周围的树林和溪流都非常熟悉。

然而，校长对查尔斯的化学实验和他对古典文学的懒散态度都没有什么好印象。查尔斯不是个好学生。学校要求他死记硬背的那些古代地理、历史和诗歌，他都觉得兴味索然。他经常逃课，去树林或回家与他的狗一起玩耍。如果不能在学校的就寝时间前赶回学校，他就会被锁在校外，甚至有被开除的风险。每当遇到这种情况，他总是一边飞快地跑回宿舍，一边大声地祈祷上帝保佑他准时到达。他对自己的祈祷总是能得到回应，一直感到非常神奇。

他父亲逐渐察觉到查尔斯不喜欢上学。罗伯特·达尔文（Robert Darwin）身材高大、神情威严，是一言九鼎的一家之主，大家都尊称他为"博士"，他是查尔斯崇拜的对象。罗伯特开始担心查尔斯正在浪费光阴。有一天，他的怒火终于爆发了："除了射击、狗和捉老鼠，你什么都不关心，你将成为自己和家族的耻辱！"

在查尔斯 16 岁的时候，他父亲决定提前两年让他退学，然后把他送到爱丁堡大学，在那里他可以跟他的哥哥一起进入医学院学习。罗伯特希望查尔斯能追随他和祖父的脚步，成为一名医生。

远离医学，接近自然

在爱丁堡，查尔斯学到了许多知识，包括动物标本学、自然史、动物学等，同时，他也逐渐意识到自己并不想成为一名医生。

这所大学的医学院提供了英国最好的医学培训，但在 19 世纪 20 年代，这却是一种可怕的折磨。查尔斯被他的解剖学教授恶心到了，这位教授浑身血迹斑斑、脏兮兮地从解剖台上下来，径直站到了教室的讲台前。查尔斯还发现手术竟是如此令人作呕。在那个年代，手术前病人没有麻醉，因此手术速度是至关重要的，手术看起来跟肉铺屠夫干的事没有太大区别。在目睹了对一名儿童进行的外科手术后，查尔斯逃离了手术室，并发誓再也不回来了。

查尔斯对一些课程感到厌恶，对另外的课程又感到无聊，于是开始寻找别的消遣，而不是去听课。他父亲听到他学医兴趣减退的风声时，便通过查尔斯的姐姐苏珊给查尔斯带信：

> 他希望我告诉你，他认为你随意挑选讲座来听的做法一点儿也不好……忍受大量乏味和枯燥的功课是非常有必要的，但是如果你还不停止你目前放纵的生活方式，你学习的课程将毫无用处。

在恐怖的医学院之外，爱丁堡确实提供了有吸引力的远足目的地。查尔斯喜欢沿着福斯湾令人流连忘返的海岸线行走，寻找所有被冲上海岸的海洋生物。在城市里，他遇到了一名来自圭亚那的被解放的奴隶，约翰·埃德蒙斯通（John Edmonstone），埃德蒙斯通同意教他制作鸟类标本。查尔斯是一名优秀的学生，他陶醉在埃德蒙斯通讲述的热带故事里，埃德蒙斯通对南美洲热带雨林的描绘，对于身处苏格兰刺骨寒风中的查尔斯来说，无异于一剂完美的解药。

第一学年结束后的夏天，查尔斯如释重负，高兴地回到家里，再次在附近的树林里闲逛。在继续他的医学学习方面，他做了一些尝试。他父亲鼓励他读祖父伊拉斯穆斯写的关于生命与健康的书，书名为《动物法则》（*Zoonomia*），又叫《有机生命的法则》（*Laws of Organic Life*）。在这本多卷的大部头中，祖父对从疾病的根源到生命的历史等诸多话题发表了意见。在生命的历史这个话题上，至少可以说，他是非传统的：

> 如果动物的种和属是逐渐产生的，则相反的情况也可能会发生，即某些种类可能因环境要素的巨大变化而消失。通过观察贝壳和某些植物

的石化作用，我们可以清楚地了解这一点。可以说，这些石化作用就像半身雕像和勋章一样，记录了遥远时代的历史。

毫无疑问，查尔斯很欣赏他祖父的书，但这个年轻人很可能忽略了书里更重要的哲学思想。

在爱丁堡的第二年，他离医学更远了，而更接近自然史。他找到了一位自己非常喜欢的教授——动物学家罗伯特·格兰特（Robert Grant），格兰特也是一位研究爱丁堡附近的潮汐池中大量存在的海洋动物的专家，有人认为格兰特对这些海洋动物非常着迷。格兰特无限的热情和幽默感赢得了查尔斯的好感，他们成了经常一起在海滩漫步的同伴。格兰特教查尔斯该寻找什么，查尔斯认真地记下了关于苏格兰海绵、软体动物、珊瑚虫和海鳃的笔记。

格兰特游历广泛，博览群书，是一位自由的思想家。他驳斥了当时英国盛行的正统观点，即化石记录了上帝一系列的造物事件，每个物种都是被特别创造出来的、恒久不变的。格兰特是法国自然主义的追随者，他们认为生命作为自然法则的产物，一定是变化的。他向查尔斯介绍了让－巴蒂斯特·拉马克（Jean-Baptiste Lamarck）的著作以及他关于获得性遗传的观点。他还带查尔斯去参加一些会议，会上就这些话题进行了激烈的辩论。

格兰特教会了查尔斯如何既提出小问题，也思考大问题，并说明了两者之间的联系。但最终，查尔斯无缘成为一名医生，也未能从事其他任何相关的职业：他从医学院退学了，没有获得任何学位。

准备加那利群岛的旅行

父亲不得不为他毫无事业心的儿子找件体面的事儿干。当时的富裕家族总有一种巨大的恐惧，害怕他们有继承权的儿子会仅仅满足于依靠家族的财富生活。

如果不做医生或律师，查尔斯适合干什么呢？什么样的职位能让他以最少的雄心壮志获得最受尊敬的地位？英国圣公会。

当时，英国圣公会将教区拍卖给出价最高的人，然后由出价最高的人安排一名家庭成员担任教区牧师，这是一种常见的做法。教区牧师的生活是非常舒适的，有着宽敞的住所和一些土地，还有从教区信徒和投资中获得的收入。查尔斯将有足够的时间追求他的爱好。为此他必须获得圣职，而这需要先获得剑桥大学或牛津大学的学士学位并学习一年的神学。因此查尔斯来到剑桥，这里几乎所有的教员都是神职人员。

离开爱丁堡之后，查尔斯决心从头再来，但是他的决心很快受到了当时席卷英国（包括剑桥）的一股狂潮——收集甲虫的挑战。捕获各种各样稀有品种的甲虫，正成为一项竞技运动。它迎合了查尔斯与志同道合的同伴在树林里嬉戏的爱好，以及他对于获得认可的渴望，因此他很快就沉迷其中了。

查尔斯带着最好的装备，雇用了助手在树林的废弃物中仔细寻找，并花了大笔的钱从其他收集者那里购买标本。有一天，他从一棵树上剥下一块树皮，发现了两只罕见的甲虫，他迅速地一手抓住了一只，却在这时又发现了另一只。情急之下，他将一只手中的甲虫塞进嘴里，以便腾出手去抓第三只。不巧的是，被他塞进嘴里的是一只庞巴迪甲虫，它喷射出一种难闻的混合物，迫使他恶心地吐了出来，同时也失去了另外两只。

查尔斯在头两年的大部分时间里，都在追逐着这样的"战利品"，但最终，他再次下定决心努力学习，为年底的关键考试做准备。考试范围包括《福音书》《新约》的拉丁文和希腊文译本的部分内容，以及威廉·佩利（William Paley）牧师写的几本关于上帝存在的证据和基督教真理的书。事实上，查尔斯的宿舍正是佩利在剑桥时曾住过的，佩利清晰的逻辑给他留下了深刻的印象。

最终查尔斯通过了考试，同时又恢复了他的甲虫收集活动，但他也受到了植物学教授约翰·史蒂文斯·亨斯洛（John Stevens Henslow）牧师的积极影响。每周五晚上，亨斯洛都会在家里举办小型聚会，讨论自然史的同时也小酌怡情一下。其他教授偶尔也会来分享他们的专业知识与热情。在这里，查尔斯仿佛找到了归属感。亨斯洛把他罩于自己的羽翼之下庇护着，人们经常看到他们俩一起散步，全情投入地交谈，查尔斯成了"和亨斯洛一起散步的人"。

亨斯洛经常带着学生们在剑桥周边考察各种各样的植物。查尔斯非常渴望得到他的认可，他曾跳进卡姆河的淤泥，为他的导师抓来一个稀有物种。他将亨斯洛视为圣职博物学家的榜样，并赞美他是"我见过的最完美的人"。

亨斯洛不是像格兰特那样大胆的自由思想者。剑桥大学的要求之一是遵守英国圣公会的 39 条教规，其中的每一条亨斯洛都支持。查尔斯认定自己将在他的指导下完成那一年的神学学习。首先是通过期末考试，考试内容包括更多的荷马、维吉尔和佩利的著作，外加一些数学和物理课程。最终，在参加考试的 178人中查尔斯排名第 10。

在 39 条教规上签字并宣誓遵守后，他获得了学位，而亨斯洛则继续扮演着导师的角色。他鼓励查尔斯在读万卷书的同时行万里路，以开阔眼界。

为了鼓励他，亨斯洛把洪堡的《新大陆赤道地区旅行记》借给了查尔斯。以前的查尔斯可能很难读完这部 7 卷本的书，而现在的查尔斯则狼吞虎咽般读完了它，并开始向往着洪堡所描述的其在南美洲和中美洲旅行过的那些地方。加那利群岛是离英国最近的热带天堂，因此查尔斯开始策划一次旅行。亨斯洛和三个朋友最初对跟他一同旅行很感兴趣。查尔斯的父亲拿出一笔钱，还清了他所有的债务并支付了所有的探险费用。

亨斯洛认为，为了更大程度地利用好这次旅行，查尔斯需要接受一些地质学方面的培训，因此他请早年间培训过自己的地质学教授亚当·塞奇威克（Adam Sedgwick）牧师安排了一次辅导课程。塞奇威克是英国地质学的领军人物，后来他命名了泥盆纪和寒武纪。他带着查尔斯到威尔士进行了一次实地考察。查尔斯发现自己拥有学习地质学的天分并深深爱上了地质学。

当查尔斯跟着塞奇威克进行这次考察时，从他的加那利群岛之行的一位同伴，还有亨斯洛那里，却传来了退出的消息，只剩下一个同伴。而在结束考察回家的路上，查尔斯又收到一条消息，说他最后的这位同伴突然去世了。他对这一损失感到十分震惊，并对他的探险尚未成行就面临夭折深感失望。他回到家，筋疲力尽，不知道下一步该怎么办，却等来了亨斯洛的一封信，信中带来一个令人震惊的消息：查尔斯被邀请参加一次环游世界的航行。

小猎犬号起航了

这份邀请函几经辗转而来。罗伯特·菲茨罗伊（Robert FitzRoy）船长遵照英国海军部的命令，将率领英国皇家海军小猎犬号舰船去往南美洲南部进行详细的勘测航行。这位船长在上次掌舵远航时，曾经在漫长航程的压力之下想要自杀。菲茨罗伊深知作为海军的船长在如此漫长的远征中所面临的压力和孤独，因此要求海军部邀请一位"受过良好教育的科学界人士"加入航程，以便"更好地抓住每一个收集有用信息的机会"。博物学家登上军舰随船航行并不罕见，菲茨罗伊对在漫长旅途中至少能有一位学识渊博的同伴共进晚餐并愉快交谈很感兴趣，就像他对有可能收集到的信息感兴趣一样。

海军部首先向亨斯洛和另一位博物学家发出了邀请，他俩都婉拒了，但都推荐了查尔斯。亨斯洛写信给他的学生："我认为你就是他们正在寻找的那个人。"

查尔斯对此感到欢欣鼓舞，而他的父亲却正好相反。查尔斯的父亲认为英国海军舰船的水手都非常粗鲁，航行充满了危险，舰船有可能最终就成了水手们的棺材。他认为这次航行风险很大，而且又会耽误查尔斯获得圣职的前程。查尔斯闷闷不乐地写信给亨斯洛，说他无法违抗父亲的意愿。

带着失望的心情，查尔斯前往舅舅乔西亚的家，想散散心。他父亲让他带了一封信给舅舅，在信中父亲解释说，他反对这次航行有很多理由，但"如果你的想法与我不同，我希望查尔斯听从你的建议"。

然而，韦奇伍德夫妇却是支持查尔斯去参加这次探险的。乔西亚让查尔斯将他父亲的反对理由仔细列出，以便他逐一做出回应。查尔斯后来回忆道，这些理由仍然历历在目：

- 作为一名未来的牧师，这样的行为并不光彩。
- 这是一项疯狂的计划。
- 在邀请你之前，他们一定邀请过很多别的博物学者。
- 而他们之所以都拒绝了邀约，一定是对舰船的远航有明显的反对意见。
- 航行归来后你将再也不能安定下来过一种稳定的生活了。
- 航行中的食宿将是极不舒适的。
- 对于再次改变职业规划，你应该认真考虑。
- 它将是一项无用的事业。

乔西亚舅舅给父亲写信，说服他改变了主意，并转而表示："从现在开始我将尽我所能地为这次航行提供帮助。"

查尔斯欣喜若狂，几乎没有时间准备，就开始着手购买设备、新手枪和来复枪，收拾行装，与菲茨罗伊船长见面。这艘舰船小得有点令人吃惊。英国皇家海军小猎犬号只有不到 30 米长，7 米多宽，只有两个小的船舱（见图 1-1）。1.8

米高的查尔斯不得不弯着腰才能进入他那未来几年的住所，住所中还安放着一张大的海图桌，一名 19 岁的军官和一名 14 岁的海军军校生菲利普·金（Philip King）与他共住于此。查尔斯将睡在一张悬挂在海图桌上方的吊床上，距离上面的天窗不足 1 米。临行前查尔斯四处奔走，向朋友和家人告别，并在最后一刻向博物学家们寻求着建议。亨斯洛送给他一份临别礼物——一套洪堡所著的《新大陆赤道地区旅行记》，并建议他也带上莱尔的新作《地质学原理》（*Principles of Geology*），以帮助他解读将要看到的地貌。这些书和一本《圣经》后来成为这位年轻的神学学生航程中的亲密伙伴。

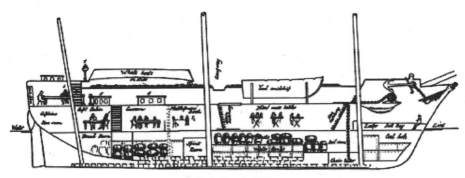

H.M.S. Beagle 1832

图 1-1　英国皇家海军小猎犬号侧面图

注：查尔斯的同船伙伴菲利普·金绘制的一张图纸，查尔斯与菲利普·金共住一个船舱。
资料来源：*Journal of Researches into the Geology and Natural History of the Various Countries Visited by H.M.S. Beagle*, by Charles Darwin (facsimile edition of 1839 first edition, Hafner Publishing Company, New York, 1952).

　　与父亲道别是最难的，他从来没有离家如此之久。这次航行计划为 2 年，但查尔斯和他的父亲当时都没想到，最终竟用了 5 年的时间。而且，他真的可能有去无回。当哥哥拉斯在普利茅斯（Plymouth）为他送行时，查尔斯试图甩掉这些念头。1831 年 12 月 10 日，小猎犬号进行了后来才知道的三次起航尝试中的第一次；然而，它因遇上一场飓风而受阻，菲茨罗伊被迫下令返港。12 月 21 日，退潮时他再次下令出发，结果却遭遇搁浅。好不容易等到涨潮，脱离了搁浅的境地，另一场飓风再次将他们送回港口。最后，1831 年 12 月 27 日，22 岁的查尔斯和他的船员们终于成功出发，前往加那利群岛和南美洲。

航行中的标本采集

起航没多久，他就感到痛苦不堪了。当小猎犬号在比斯开湾（Bay of Biscay）那臭名昭著的汹涌海浪中颠簸时，查尔斯吐光了他吃的所有东西。他蜷缩在吊床里，开始怀疑这次航行是一个巨大的错误。他翻出洪堡的书以寻求一点鼓励，期待着再次踏上陆地的那一刻。

经过 10 天的折磨，这艘船抵达了加那利群岛的特内里费岛（Tenerife）。查尔斯终于看到了洪堡所描写的那座大山，但他的兴奋是短暂的。小猎犬号被要求隔离，因为当地政府害怕水手传播在英国爆发的霍乱。但菲茨罗伊并不打算等待，他命令任何人不得上岸，舰船随即起航开往佛得角群岛（Cape Verde Islands）的圣地亚哥。

圣地亚哥将查尔斯从晕船的痛苦和绝望中解救出来。虽然风景变成了火山，但鸟类、棕榈树和巨大的猴面包树还是给查尔斯留下了深刻的印象。他还对一片在海平面以上约 9 米处发现的贝壳和珊瑚产生了兴趣。回想起前不久刚接受的塞奇威克的培训以及阅读过的莱尔的书，查尔斯开始思考：是海平面下降了还是岛屿上升了？未来几年里，他一直在思考这个问题。

几周后，舰船再次出发，准备穿越边境前往巴西。当他们穿越赤道时，晕船的恶心又回来了，再加上酷热难耐，查尔斯只能躺在自己的船舱里，感觉自己好像"在温暖融化的黄油里被炖煮着"。

穿越大西洋的时候，他不断地干呕。舰船刚刚抵达巴西沿岸的巴伊亚州

（Bahia），他就急切地下了船。查尔斯赶往森林，森林没有让他失望。鲜花、水果和昆虫的色彩，树木植株的气味，以及所有动物声响的合奏，一下子充斥了他所有的感官。他写信给亨斯洛："我以前只是钦佩洪堡，现在则几乎是崇拜他。唯有他，才能说清楚进入热带地区时心中所产生的感受。"查尔斯开始收集他能收集到的一切。

在巴伊亚州待了几周后，小猎犬号继续航行并抵达里约热内卢，查尔斯再次下船外出探险。这已成了这次航行的基本模式。小猎犬号从一个港口航行到另一个港口，船员们进行航行调查和地图绘制，而查尔斯则前往内陆进行标本采集工作。菲茨罗伊船长全情投入他自己的工作，这也为查尔斯的考察之旅留出了很多时间。

在船上，同样有一个基本的日常安排。查尔斯在给姐姐的信中解释道：

> 我们早上8点吃早餐。在这里，永远不变的格言是，抛开所有的礼节，不用等待任何人，一吃完饭就立刻走开。在海上，每当风平浪静时，我就研究海洋动物，这在大海中数不胜数。而当波涛汹涌时，我不是晕船了就是设法阅读一些航海游记。下午1点我们吃午餐。你们这些只在岸上行走的人，对于船上生活的想象完全是错误的，我们从未（也不会）吃咸肉。下午5点是我们的下午茶时间。

在整个航行过程中，查尔斯的同船伙伴们所吃到的肉中，有相当一部分是查尔斯设法弄来的。受益于他少年时在森林中的经历，查尔斯是一位好猎手，他的这项技能使他在小猎犬号的船员中享有崇高的地位。

查尔斯还在舰船靠岸时，找到了一艘可以帮他运送标本回英国的船只。航程开始8个月后，他将收集的第一箱标本寄给了亨斯洛，以获得妥善的保管。

发现古生物的遗迹

深入内陆腹地探险需要了解一些当地的基本情况，而查尔斯总是能够找到愿意陪伴他的不同性格的人。在巴伊亚布兰卡（Bahia Blanca）——一个位于巴塔哥尼亚边缘（也是潘帕斯高原的边缘）的阿根廷西海岸定居点，查尔斯发现了当地的高乔人（Gauchos）——"迄今我所见过的最野蛮原始的一个部落"。查尔斯被他们五颜六色的衣服和斗篷所吸引，还注意到他们携带马刀和火枪。他们经常与当地其他部落发生冲突，但同时他们也是"众所周知的完美骑手"，并且知道在哪里可以找到为数不多的淡水水源。查尔斯和小猎犬号的军官得到了他们的帮助，向他们学会了当地人烹饪鸵鸟蛋和犰狳（查尔斯称其"味道和外观像鸭子"）的方法。

当查尔斯在阿根廷的蓬塔阿尔塔（Punta Alta）附近稍南一点的海岸边考察时，他发现了一些贝壳和大型动物骨骼的化石。他使用鹤嘴锄把其中他猜想可能是"犀牛"的一部分刨了出来。第二天，他在较软的岩石中又发现了一副硕大的头骨，花了好几个小时才把它取了出来。两周后，他再次发现了一块颚骨和一颗牙齿，他认为这些是巨型地懒的骨骼。但他对自己的判断不是很自信，所以他把这些骨骼（菲茨罗伊曾开玩笑说"这些货物明显就是垃圾"）装进板条箱子运了回去，以便远在英国的专家能够破译它们的身份。

最终，经专家确认，查尔斯发现的是古生物的遗迹，包括一种名为雕齿兽的类似犰狳的巨型生物，一种已经灭绝的水豚的近亲——箭齿兽，以及三种地懒——大地懒、磨齿兽（见图 1-2）和舌懒兽。

查尔斯等了很久才得到他的化石已经安全抵达的消息。在那个年代，无论是包裹还是乘客的航行安全都没有保障，不久，查尔斯就将切身感受到这一点。

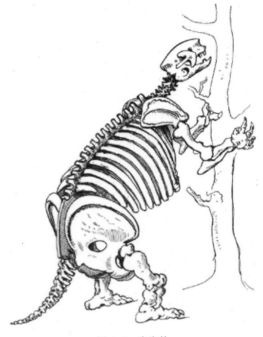

图 1-2　磨齿兽

注：一种巨型地懒。
资料来源：*A Naturalist's Voyage Around the World: The Voyage of the H.M.S. Beagle*, by Charles Darwin (D. Appleton and Co., New York,1890).

达尔文海峡

小猎犬号继续沿南美洲东海岸向南航行，驶向火地岛，这将是查尔斯第一次与最原始状态的人类相遇。

他一直期待着这次游历。在之前的航行中，菲茨罗伊船长曾把几个火地岛人（Fuegians）带回了英国，给他们穿上英式服装，让他们接受英式教育（见图1-3）。现在这些前"原始人"中的三个将被送回到他们的同胞那里，希望他们能将一些文明的种子传播到火地岛。

查尔斯和菲茨罗伊一起划着小船上岸，去见当地人。当地人的外表和行为让查尔斯感到无比震惊，无法相信他们即将送回的那三名"传教士"就在不久前还是如此野性难驯。这种对比引发了他们对原始人和文明人之间差异与共性的思考。

图 1-3　火地岛人

资料来源：*Journal of Researches into the Geology and Natural History of the Various Countries Visited by H.M.S. Beagle*, by Charles Darwin (facsimile edition of 1839 first edition, Hafner Publishing Company, New York, 1952).

小猎犬号绕着风高浪急的合恩角（Cape Horn）继续前行。他们紧靠着海岸航行，不时地驶进海湾以躲避恶劣的天气。沿途，查尔斯试图将注意力放在欣赏风景和观察野生动物上，但长达两周的寒冷、大风和巨浪还是让他们付出了惨重代价。他在日记中写道："我几乎一直都在晕船，我不知道这坏天气还要持续多久，但我知道，我的精力、忍耐力和胃都撑不了多久了。"

当天气进一步恶化时，小猎犬号迷失了方向，受到了巨大的冲击。在巨浪的不断撞击下，船员们不得不舍弃了舰船上的一艘小艇。海水倾泻在甲板上，开始向船舱里倒灌。幸运的是，当船员们打开舷窗，舰船回到了正常的位置，海水流了出去。查尔斯觉得，只要巨浪再多一次撞击，一切就都结束了。这是菲茨罗伊船长所经历过的最猛烈的狂风。惊恐万分的查尔斯在日记中写道："愿上帝保佑小猎犬号远离狂风巨浪。"

他们沿着海岸缓慢前进，试图为他们的火地岛传教士们寻找到适合的定居地。很快，他们就进入了景色壮丽的比格尔海峡（Beagle Channel）。冰川从山上一直延伸到海中，并在那里形成了一座小小的冰山。但是表面的平静误导了人们，当一支登陆的小分队在冰川附近的岸边用餐时，一大块冰从冰山上脱落下来，砸向水面并激起一阵大浪，大浪冲向他们停靠在岸边的登陆小艇。幸好查尔斯和几位水手反应迅捷，在海浪即将冲走小艇前紧紧抓住了船上的绳索。如果他们失去了小艇，将处于一个可怕的境地，即在没有任何补给的情况下滞留在一个充满敌意的国度。

菲茨罗伊船长对查尔斯的行为印象深刻，第二天，他将一大片水域命名为"达尔文海峡"，以表彰"在这艘装满货物的小船上，心甘情愿地忍受着长途航行的不适和风险的查尔斯·达尔文"。船长还将一座山峰以查尔斯的名字来命名。

查尔斯当然很感谢船长的美意，即使它们处于南美洲大陆最偏远的南端，这位24岁的地质学家也为能拥有以自己名字命名的地貌而感到荣幸。

但是，随着航程进入第二个年头，查尔斯在继续着他的探险和收集工作的同时，越来越关心自己的工作在英国是如何被看待的。他将更多的化石发运回国，包括一个几乎完整的大地懒化石和一桶桶的标本。由于从发送货物或信件到收到回复需要等待很长的时间，查尔斯总是忧心忡忡。亨斯洛收到了吗？自己收集的东西有用吗？他持续的晕船和思乡病也一直折磨着他。他在给亨斯洛的一封信中承认了他对漫漫航程的担忧："我不知道，我该怎样坚持下去。"

1834年3月，当小猎犬号抵达南大西洋的马尔维纳斯群岛时，来自英国的邮件已在等待着查尔斯，他终于得到了回复。在6个月前，也就是1833年8月31日亨斯洛所写的一封信中，他告诉查尔斯，他的大地懒化石"被证明是最有趣的"发现，并在那年夏天的英国科学促进会上展出。导师温和地鼓励他的学生："如果你打算在整个航程结束前返回，不要急于做出决定。我想你总会找到一些东西能帮助你鼓足勇气。"然后他补充道："把你能看到的所有化石上的大地懒头骨碎片都寄回家。我能预见到，你收集到的哪怕最微小的昆虫，都可能是新的发现。"

亨斯洛发来的消息和鼓励正是查尔斯所需要的。他又满腔热忱地继续他的地质学考察和标本收集工作，并期待着航行的下一站——南美洲西海岸和安第斯山脉。

发现陆地上升的证据

每一次新的探险都是与大海的又一次对抗。小猎犬号驶过麦哲伦海峡前往南美洲西海岸，这是一条避开凶险的合恩角的"捷径"（见图1-4）。但是，在5月底6月初的时候，这样的航行并不轻松。查尔斯紧紧地抓住吊床，注视着天窗上的冰凌。

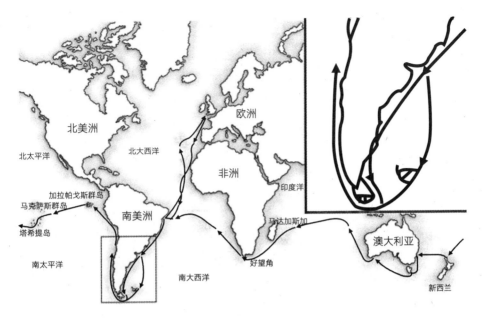

图1-4 英国皇家海军小猎犬号航线图

资料来源：Leanne Olds.

　　这趟航程的每一段都出现过许多危险的预兆。在北上前往智利的途中，一位船友去世了，船员们在海上为他举办了肃穆的葬礼。当小猎犬号在智利海岸附近的岛屿间勘探时，他们远远瞥见岛上有一名男子挥舞着一件衬衫，似乎在求助。他们赶紧派出一队人员上岸救助。结果，他们发现了5名美国船员，他们都是乘坐一条小艇从一艘捕鲸船上逃脱的，可是还没等他们抵达陆地，小船就翻了。查尔斯注意到这些人的状况都非常糟糕，他们在这岛上仅仅依靠捕食贝类和海豹，已经生活了一年多。

　　在南美洲大陆，查尔斯享受着更多的地质旅行。他在海拔近400米的地方发现了生活着现代贝类的海床，在安第斯山脉海拔近4 000米的地方，他也发现了贝壳化石。海洋生物怎么会出现在距离海面如此之高的地方呢？

在智利的瓦尔迪维亚（Valdivia）附近的森林里，他找到了部分答案。一天早上散步休息时，他感到大地在颤抖，剧烈的摇晃使他无法站立。当他回到城里，发现已是一片狼藉，房屋倾斜着，市民们都还处于惊恐之中。

小猎犬号继续向北航行，他们看到沿途到处都是废墟。康塞普西翁市（Concepcion）内的房屋都已被震成一地瓦砾。居民们形容这次地震是有史以来最严重的一次；它还引发了海啸和大面积的火灾，许多人仍被埋在废墟之中。

在海边，查尔斯观察到贻贝生活的海床现在已经移到了距离水面仅几英尺（1英尺约等于0.3米）的地方，这就是陆地上升的证据。正如莱尔所写，大山是经过一小步一小步的上升积累而成的，现在查尔斯成了这一过程的目击者。

他在安第斯山海拔2 000多米的一个斜坡上，于一片树木化石中发现了更令人震惊的证据。树木怎么会被埋在如此高海拔的砂岩里？查尔斯用地质学理论解密了这一惊人的景象：

> 我曾经看到大西洋海岸边有一簇秀美的树木舞动着它们的枝条，而当海洋向着安第斯山脉的底部推进了1 000多千米后，这些直立的树木就被淹没在海洋的深处了。在那里，它们被沉积物质覆盖着，但地下力量再次展现了它们的威力，我现在看到，那片海床形成了一连串海拔超过2 000米的山峰，上面有曾经埋在海底的树木。

陆地下沉，山峰上升，查尔斯开始从动态发展的地质学角度思考这些问题。在秘鲁海岸边的圣罗伦索岛上，他仔细检查了上升到海平面以上的贝壳层。在其中的一层台地上，他惊奇地发现，跟贝壳同时存在的还有棉线、编结的灯芯草（辫状海草）和印度玉米茎秆的头部，这些都是早期人类居民的遗迹。查尔斯推断，自从人类最后一次在此居住以来，这个岛已经上升了20多米。

地质学方面的思考在这段时间内成为查尔斯思想中最重要的一部分。在秘鲁海岸之外，他开始思考他即将到访的太平洋岛屿。小猎犬号的任务之一是到风景如画的珊瑚岛周围进行测量，并观察环绕它们的珊瑚环礁是否如当时所认为的那样位于上升的火山口边缘。虽然查尔斯还没有亲眼见过珊瑚岛，但他重新考虑了一下情况，得出了相反的设想。如果山体真的在下沉呢？那么，需要充足光线的珊瑚会在下沉的板块周围向上生长。如果是这样的话，美丽的环状珊瑚礁就不会坐落在火山口边缘，而会环绕着下沉的部分。这是他第一次提出自己的理论。

查尔斯写信给亨斯洛，说他期待着下一站的到来，原因有两个：这会让他离英格兰更近，也会让他有机会看到一座活火山。但这一次，让他心潮澎湃的是动物而非风景。小猎犬号驶向距海岸近1 000千米的加拉帕戈斯群岛（见图1-4）。

爬行动物的天堂

1835年，这已经是查尔斯航行的第4年了，9月15日，他抵达了加拉帕戈斯群岛。有人可能会认为，这些岛屿现在与达尔文的名字如此密不可分，其一定是这位年轻博物学家的伊甸园。事实并非如此。到达那里的最初几天，他在日记中写道："从发育不良的树木上几乎看不到生命的迹象。黑色的岩石被直射的太阳光线炙烤得像火炉中的红炭一样，空气中弥漫着闷热的气息，植物也散发着令人不快的气味。这个地方简直就像地狱里未开垦的部分一样。"

但他也发现了一处海湾，有很多的鱼、鲨鱼和海龟在这里游弋，这里的岛屿是"爬行动物家族的天堂……海滩上黑色的熔岩岩石是最恶心、最笨拙的大型（近1米长）蜥蜴经常光顾的场所……这里成了它们的栖息地"。在一次散步中，查尔斯遇到了"两只非常大的乌龟（龟壳周长约2米）。其中一只正在吃仙人掌，然后静静地爬走了……它们太重了，我几乎无法把它们抬离地面。在黑色熔岩、无叶灌木和大型仙人掌的衬托下，它们看起来像是最原始的古老动物，或者更确切地说，像是来自其他星球的居民"（见图1-5）。他在淡水泉的附近发现了大量的乌龟，并被它们成群结队地来回爬行所逗乐。

图 1-5　加拉帕戈斯乌龟

资料来源：*A Naturalist's Voyage Around the World: The Voyage of the H.M.S. Beagle*, by Charles Darwin (D. Appleton and Co., New York, 1890).

在詹姆斯岛（James Island）上，查尔斯收集了他能采集到的所有的动植物标本。他好奇地想弄清楚，这些植物是和南美洲大陆的植物一样的，还是这些岛屿所特有的。他也注意到了岛上的鸟。詹姆斯岛上的知更鸟与其他两座岛上的看起来不太一样。鸟儿会从一座岛飞到另一座岛，查尔斯面临的首要挑战是如何采集它们的标本，然后才是如何进行鉴定。

查尔斯确实解开了关于海鬣蜥以及它们的食物的谜团。一位前任船长断定它们以海鱼为食。但是当查尔斯剖开几只海鬣蜥的胃时，他发现里面塞满了在水下岩石的薄层上生长的海藻。虽然海鬣蜥看起来很可怕，但它们出色的游泳能力和潜水耐力令人钦佩。查尔斯指出，这些习性在所有蜥蜴中都是独一无二的，与岛上陆地鬣蜥的习性截然不同。

结束了在气温近 60℃ 的沙滩上长达 5 周的徒步考察后，查尔斯和小猎犬号继续向西航行。

新物种的起源

这一次，查尔斯终于能享受穿越热带海洋到塔希提岛的长途航行了。海军少尉菲利普·金后来回忆起当时快乐的情景："这位年轻人向我描述热带夜晚的美妙，温暖的微风从我们头顶的船帆中穿过，舰船行驶在波光粼粼的海面上。"

小猎犬号逐个到访了新西兰、澳大利亚和科科斯群岛（Cocos Islands）。在那里，查尔斯第一次看到了环绕着美丽的蓝色潟湖的珊瑚礁。他涉水观察珊瑚礁，沉浸在珊瑚礁的奇观中，并证实了他对珊瑚礁形成过程的推断。

小猎犬号随后驶向非洲，于 1836 年 5 月底到达。在好望角，查尔斯和船长一起上岸拜访了天文学家约翰·赫歇尔（John Herschel）爵士，查尔斯在剑桥学习期间读过他的书。赫歇尔对地质学很感兴趣，对莱尔的观点非常认同，并与其一直保持通信往来，但他认为莱尔《地质学原理》的第二卷没有抓住重点。

莱尔的新书是查尔斯在航行途中收到的，它集中讨论了关于物种外观的问题。物种可以改变或"变异"的概念在法国和英国已经流传了几十年，但并没有得到普遍的认同。缺乏证据是很多人不能接受该观点的主要原因，但更重要的原因则是它与造物主创造生物的观点是冲突的，包括莱尔和查尔斯的老师们在内的大多数权威人士认同神创论。

尽管莱尔对化石非常了解，但他也不认同物种出现和消失的原因是进化。与同时代的其他地质学家一样，莱尔坚持物种不变的观点，认为每一个物种都是被特别创造出来而永恒不变的。他将化石记录中显示的物种传承解释为"物种在特定的时间和地点被连续创造出来，以便能够在特定的时间内繁衍和生存，并在地球上占据特定的位置"。

赫歇尔则不这么认为。如果像莱尔充分证明的那样，地球环境发生了变化，为什么地球上的生物不会变化呢？赫歇尔看到了环境变化与"谜中之谜"——新物种的起源的联系。他是否向查尔斯充分透露了自己的想法无人知晓。但很明显，在回家的路上，以及之后，这个问题深深地引起了查尔斯的注意。

亨斯洛将查尔斯的 10 封来信编辑成一本小册子出版发行，查尔斯的姐姐写信告诉他，他的名字在英国引起了很多人的关注。查尔斯因此对未来充满向往。他开始计划自己的归程，同时有序安排自己的工作。他手头已经积攒了大量有关地质学、动物学和植物学的笔记和标本，他开始将它们归类整理以备发表。由于菲茨罗伊船长痴迷于海图的制作，这次航行的最后一段比预期的更长。小猎犬号没有沿着非洲西海岸北上回到欧洲，而是返航回到巴西，以进行最后一次的测绘勘查。

一直没有摆脱晕船困扰的查尔斯给家里写信："我现在极其厌恶、憎恨大海。"但他还是很好地利用了这段时间。他开始集中精力充实自己的鸟类学笔记，并试图解开关于加拉帕戈斯群岛鸟类的谜题。他得出的结论是，加拉帕戈斯群岛的知更鸟在外观上与智利的知更鸟极为相似，但他相信还有更多信息可以挖掘：

> 我手头有分别从四座较大的岛屿上采集的标本。查塔姆岛（Chatham Is.）、阿尔伯马尔岛（Albemarle Is.）上的两种看起来是一样的，但另外两种是不同的。在每一座岛屿上，每一种标本都是单独存在的，所有种类的习性无法区分。这让我回想起来，那些西班牙裔的南美人可以从身体的形态、龟甲的形状以及总体的尺寸立刻判断出一只乌龟来自哪个岛屿。当我看到，在这些彼此相邻的、仅有少量物种的岛屿上，这些身体结构稍有不同的鸟类占满了自然界的这一角落，我只能怀疑它们只是不同的变种而已。我所知道的唯一一个类似的情况是，东福克兰岛上一种像狼的狐狸和西福克兰岛上的一直存在着明显的差异。如果说这些言论有最起码的根据，那么群岛的生态就很值得研究了，因为这样的事实会推翻物种不变论。

当航行结束时，查尔斯已经在以全新的视角思考"谜中之谜"了。

变化的物种

这是一次欢乐的凯旋。

5 年来，查尔斯一直无法与朋友、家人和导师见面。看到他平安回家，他的亲人们如释重负，他父亲更是倍感自豪。离开时，查尔斯是一个对未来没有方向的甲虫捕手；回来时，他却出现在英国科学界精英的酒会上。他最渴望见到亨斯洛，并就如何处理他的标本征求他的意见。

莱尔也想见见他。莱尔邀请查尔斯到自己在伦敦的家中共进晚餐。莱尔被智利地震的故事惊呆了，他把查尔斯介绍给那些可以帮助他对收集来的材料进行科学分析的人。化石、鸟类、植物，甚至海鬣蜥都找到了热心的接收者。

查尔斯打算写一本关于此次远航的书。他把日记借给他韦奇伍德家族的表亲看，他们都非常支持他的想法。菲茨罗伊计划编写一部三卷本的小猎犬号游记，由他本人、前任船长和查尔斯共同撰写。

当查尔斯开始写作时，专家们正在仔细研究他收集的材料。鸟类学家约翰·古尔德（John Gould）是一位颇有造诣的博物学家和插图画家，他很快就意识到查尔斯收集的加拉帕戈斯鸟类都是近亲。被查尔斯认作是"大嘴雀"和"乌鸦"的鸟，实际上是雀鸟。在短短几天的鉴定中，古尔德确认了 12 种地雀，后来修改为 13 种，这些地雀都是全新的品种（见图 1-6）。知更鸟的"变种"则有三个。正如查尔斯推测的那样，它们与生活在智利的同类有着亲缘关系，但它们并不完全相同。

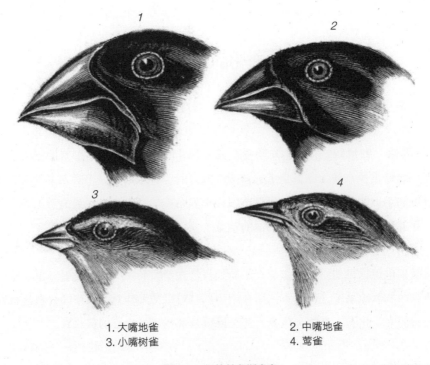

1. 大嘴地雀　　　　　　　　2. 中嘴地雀
3. 小嘴树雀　　　　　　　　4. 莺雀

图 1-6　加拉帕戈斯雀鸟

资料来源: *A Naturalist's Voyage Around the World: The Voyage of the H.M.S. Beagle*,
by Charles Darwin (D. Appleton and Co., New York, 1890).

　　这里有一个关键的问题，查尔斯不知该如何解释，即所有这些新的鸟类品种，每一种都单独存在于一个岛屿上，而各个岛屿上的环境并没有显著的差异。因此，如果每种鸟都是因它所在的岛屿而被创造出来的，为什么它们会不同呢？这个问题不容忽视。查尔斯认为，应当是原始鸟类迁移到不同岛屿后发生了某种变化，产生了新的品种。

　　查尔斯知道这很难解释，更难说服其他人相信，因为这违反了物种不变论，挑战了神创论，他站在了危险之境。他感觉自己被撕裂了。他渴望得到认可并跻身科学精英的行列，但他知道物种的"演变"是禁忌的话题。无论是他新获得的支持者，还是他在剑桥的导师，都不会支持这种离经叛道的观点。

他几近疯狂地写作，试图巧妙地处理关于这些加拉帕戈斯群岛的动物的问题：

> 我从来没有想到，相距仅几英里的岛屿，在相同的自然环境下，其中的生物是如此不同。因此，我没有试图从分隔的岛屿上制作一系列标本。每一个旅行者，当他刚刚发现某个地方有什么特别的东西值得他注意时，都不会匆匆离开……很明显，如果几个岛屿有相同属但不同种的动物，当把这些动物放在一起时，它们将具有广泛的特征。但在本书中，限于篇幅无法讨论这个复杂的话题。

由此，他在之后长达 20 年的时间里都在回避这个话题。当他写下这些文字时，他已经确信物种会发生变化，但他并没有亮出他的底牌。而当年轻的阿尔弗雷德·华莱士读到这篇文章时，他认为"谜中之谜"是伟大的达尔文忽略了的一个开放性问题，这促使他展开了自己的探险之旅。

查尔斯在 7 个月内完成了《1832—1836 年在菲茨罗伊船长指挥下的小猎犬号访问过的各国的地质学和自然史研究日志》（简称《小猎犬号之旅》）的撰写工作。但由于菲茨罗伊一直没有完成他的那部分写作，这本书拖了两年也没有出版。在公开场合，查尔斯只能止步于此。私下里，他投身于物种"演变"的研究。

达尔文的物种理论

查尔斯很快为科学界的精英圈所接纳，并因其收集标本和地质研究工作而受到推崇。在完成游记后，他开始以笔记的方式记录物种的演变。

他回忆起南美洲的鸵鸟。在航行的早期，他听说了另一种较小的鸵鸟，这种鸟生活在里奥内格罗河（Rio Negro River）流域之外的巴塔哥尼亚南部。这种身材娇小的鸵鸟很罕见，查尔斯非常想找到一只，但它们行踪不定，很难捕获，他的运气也不好。一天晚餐时，当他在一只他误以为是雏鸟的鸟身上使用刀叉时，他突然意识到，他实际上是在吃这种难以捕捉的鸵鸟。大惊失色的他抢救出了一些尚未煮熟和尚未食用的部分。几年后，回到英国，约翰·古尔德给这只重新组装起来的鸵鸟标本起名叫"达尔文三趾鸵鸟"。

令查尔斯感到困惑的是，在里奥内格罗河附近，大美洲鸵鸟与小美洲鸵鸟的领地是相互重叠的。与不同品种的加拉帕戈斯雀鸟不同，并没有边界将它们分隔开。这两个物种让他注意到，或许其拥有共同的原始祖先。

查尔斯打开一本新的笔记本，编号为"B"，在扉页上用粗体字写下"动物法则"这几个字，从他祖父在近40年前停笔的地方重新开始，这也是当年他作为一名苦苦挣扎的医学生第一次读到的与物种起源相关思想的地方。他匆匆记下自己不断涌现的想法。在第15页，他回忆起澳大利亚的动物并潦草地写道：

> 地域隔绝得越久，差异会变得越大。漫长的岁月可能会催生两个不同的种类，但每个种类都有其代表，就像在澳大利亚那样。这是以那个时期没有哺乳动物存在为前提的；像在世界的其他地区一样，澳大利亚的哺乳动物是由不同种群繁殖而产生的。

在第20页：

> 我们可以把大地懒、犰狳和树懒看作一些更古老的物种的后代，另一些分支则消亡了。

在第21页：

> 有组织的生物群体就像一棵分叉不规则的树，有些枝条分支更多，因此形成属群。当很多顶芽死去，新的顶芽正含苞待放。

在第 35 页：

如果假定一个国家的动物由于来自同一分支而具有相似性……

　　然后，在第 36 页，在宣言式的"我想"之后，他画了一张示意图，代表了一个新的自然史体系，一棵生命之树，其中祖先在根部，而其后代则在上面（见图 1-7）。

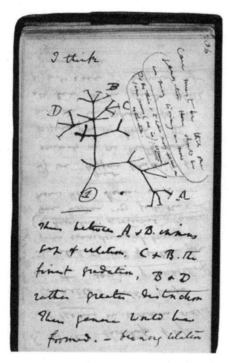

图 1-7　生命之树

注：来自"B"号笔记本的一页，达尔文记录了他的新观念：不同时期的生命，就像一棵树一样联系在一起，祖先在树的根部。
资料来源：剑桥大学图书馆系统许可复制。

他的笔记在动物学、地质学和人类学的领域里从一个话题延伸到另一个话题。每一个条目都是一个慢慢形成的更大画面中的一个片段。

生命是一棵树，大枝小杈连接着物种，就像一个家族的成员。但是枝杈是怎么形成的呢？为什么一些新的形态会出现，另一些则会消亡？

在接下来的一年里，他翻阅了各种各样的书，试图回答他脑海中一直思考的问题。1838 年 9 月 28 日，他打开了托马斯·马尔萨斯（Thomas Malthus）的书《人口论》（*Essay on the Principle of Populations*）。马尔萨斯提出，疾病、饥荒和死亡对人口增长有着限制作用，阻止了人口以几何级数增长。他解释说，由于这些限制的存在，自然界中繁殖的后代总是超量的。那么如何将可能的幸存者与其他人区分开来呢？查尔斯很清楚：更强壮，适应能力更强的才能存活下来。在笔记中，他写道："人们可能会说，有一种力量试图将各种适合的构造物塞进自然经济的空缺中，或者更确切地说，通过挤出不太合适的构造物来形成空缺。所有这些构造物成形的最终原因，一定是发展出了合适的构型，且适应了变化。"

查尔斯由此意识到，最终的结果将是新物种的形成。

他的"物种理论"由此诞生，并在未来几年中不断发展壮大。他很快将大自然在塑造物种方面的角色与人类在培育杂交品种方面的作用联系起来。"我的理论中有一个很好的部分，那就是人类驯化的生物种群的形成方式与自然界物种的形成方式完全相同，但后者要完美得多、速度要慢得多。"这一自然过程被称为"自然选择"。

查尔斯也重新校准了生命时钟。天文学家赫歇尔认为，"上帝创造万物的日子"可能在"数亿年"前，受其影响，查尔斯认为地球和生命的历史要比地质学家所推断的古老得多。

但即使他对自己理论的信心日益增加，所有这些想法仍未公开发表。尽管天文学打破了长期以来的偏见，地质学也开始取得类似的进展，但他知道，大多数人仍然认为生物的起源是神圣的。查尔斯已不再信奉神创论，他认为这没有任何意义。在构思他的物种理论的几周内，他在"N"号笔记本上写道："我们可以认为卫星、行星、太阳、宇宙，甚至宇宙的整个系统都受到规律的约束，但是对于最小的昆虫，反倒希望它是通过特殊的行为被一下子创造出来的。"他的物种理论相对于神创论的信条完全是异端邪说，而他当然知道离经叛道者不会得到什么好的下场。

1839 年，他的《研究日志》看起来广受好评。查尔斯越来越出名了。有一天，他收到一封从德国波茨坦寄来的信，是洪堡亲笔写的。在信中，洪堡对他赞不绝口，宣称他对查尔斯的影响是"我卑微的工作带来的最大成功"。查尔斯激动不已。他感谢他的英雄道："您的来信给了我莫大的快乐。您的著作《新大陆赤道地区旅行记》，我反复地阅读并抄录了很多段落，它们总是出现在我脑海中，应该是我感到如此荣幸，这是一种很少发生的满足感。"

要把他积累的个人声誉全押在他的物种理论上，实在是太冒险了。

亲爱的老哲学家

查尔斯没有时间，也根本不想回到神学研究上去。他完全沉浸在科学研究中，总觉得如果他在回家的头几年里不努力总结航行的成果，他的内心将不堪重负。虽然他的住宅再也装不下他的雄心壮志，但他仍渴望安定下来，建立一个家庭。就在他 30 岁之前，他娶了他的表妹埃玛·韦奇伍德（Emma Wedgwood）。他俩从小就认识，查尔斯向埃玛透露了自己物种理论的想法。埃玛是一位虔诚的基督徒，她担心查尔斯的异端思想可能会妨碍他们永远在一起。这是一种微妙的平衡。埃玛知道查尔斯正在研究伟大的理论，但查尔斯非常在意埃玛的担忧。他还有另一个理由要为自己的理论保密。

1842 年，查尔斯将他的笔记和几年的思考提炼成一份 35 页的物种理论草稿。他综合运用了他在航行中以及此后所学到的关于动物的地理分布、它们的变异和化石的古老程度的所有知识，提出了一种全新的物种起源观点，一种完全明确反对神创论的观点。查尔斯解释了他得出物种不是一成不变的结论的许多原因。他总结了他的理论的证据，即现存物种是从早期物种进化而来的，并解释了这是如何通过自然选择实现的。他描述了一种新的自然观：一场涉及了不可估量的浪费、饥荒、死亡和变化的战争。

查尔斯对神创论的批判是直截了当的。在分别描述了爪哇、苏门答腊和印度三个犀牛物种之间的细微差异后，他指出造物主会创造出如此相似但又略有不同的犀牛形态的物种这一说法很难令人信服："现在，神创论者认为这三种犀牛是被上帝创造出来的……我也可以认为，行星在它们各自的轨道上运转，不是因为存在万有引力，而是因为造物主明确的意志。"

两年后，他将这份草稿扩写成了 230 页的文章。这篇文章的目录与后来《物种起源》一书的目录非常相似，而后者直到 1859 年才正式出版。《物种起源》中很多著名的论点与段落在这篇文章中都已出现，包括展现出达尔文崭新而宏大的人生观的结尾段落。

但查尔斯认为，当时就发表这篇文章是不明智的，甚至是鲁莽而不计后果的。这将意味着与他的老师和支持者——莱尔、亨斯洛、塞奇威克，以及其他的科学界权威人士决裂，这将是职业性的自杀行为。他也肯定会冒犯菲茨罗伊船长，一位热情的神创论者，他曾热情地欢迎他登船，并照顾了他 5 年。最终，他只是与几个值得信赖的密友——莱尔、植物学家约瑟夫·胡克（Joseph Hooker）、托马斯·赫胥黎（Thomas Huxley）和埃玛分享了这篇文章。1844 年 7 月 5 日，他给妻子写了一封信：

> 我刚刚写完我的物种理论的草稿。我相信，我的理论即使最终只被

哪怕一位称职的评判者所接受，那也将是科学发展的一大进步。

因而，我写这封信的原因是：万一我突然去世，它可以作为我最郑重的也是最后的请求。请你拿出 400 英镑去出版这本书，并请你本人或亨斯利（埃玛的兄弟）力所能及地宣传这本书。

然后，他开始研究藤壶等涉及植物学、动物学和地质学的各种课题。多亏了他的父亲和埃玛的父亲，查尔斯独立且富有，舒适地生活在自己的庄园里，他的生活围绕着他的工作、埃玛和他们的 10 个孩子（其中 7 个孩子活到了成年）。作为一个宠爱孩子的父亲，他经常给孩子们讲他在小猎犬号上的冒险以及他的船友们的故事。

查尔斯作为父亲和丈夫的行为举止与他的船友们回忆的一样，他们从未见过他发脾气，也从未听他在长途旅行中对任何人说不友好的话。正是出于对这些品质和能力的钦佩，他们给了他一个无比贴切的绰号："亲爱的老哲学家"。

小猎犬号的航行将激起另一波博物学家探险的浪潮，查尔斯将扮演与当年洪堡相同的角色。20 年后，这群新航海家中的一位的来信，最终促使他打破对物种起源问题的沉默，公开发表了他的理论和最伟大的著作。

REMARKABLE
CREATURES

S·2

第 2 章

华莱士的探险之路

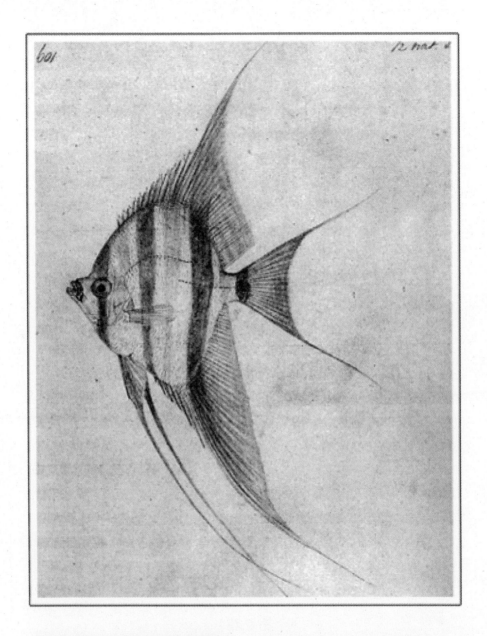

从海伦号帆船火灾和海难中抢救出来的草图

注：这幅亚马孙河神仙鱼的画，是华莱士在他回家的航程中设法保存下来的所有笔记和标本中为数不多的草图之一。在摄影时代之前，它展示了博物学家必备的一个重要技能：绘画。

资料来源：*My Life*, by Alfred Russel Wallace (New York: Dodd, Mead, and Co.).

所有的真理一旦被发现就很容易理解，关键是要发现它们。

——伽利略

该收拾行装回家了。

阿尔弗雷德·华莱士当时正航行在亚马孙河的里约多斯乌佩斯（Rio dos Uaupés）支流上，距离大西洋约 3 200 千米，比之前来的任何欧洲人走得都远。自 1848 年 5 月与亨利·沃尔特·贝茨一同来到这里以来，他花了近 4 年的时间进行探索和收集，最后的两年半则只剩下他独自一人。但在最后的 3 个月里，他因黄热病卧床不起，精疲力竭，无法继续工作了。他的弟弟赫伯特跟随他来到了巴西，陪同他走到里奥内格罗河，就转头回家了。但华莱士不知道的是，赫伯特当时已经得了黄热病，还没来得及登上回英国的船就去世了。

那时，华莱士已经收集了一大批动物，包括猴子、金刚鹦鹉、鹦鹉和巨嘴鸟，他希望能将这些动物一路带回伦敦动物园，然而喂养它们的费用让他捉襟见肘。他还有几年来收集的标本，有的随身携带，有的则存放在河流的下游地区，他还没能将它们运回英国出售。

华莱士开始梦想着绿色的田野、整洁的花园、美味的面包和黄油，以及家中舒适的一切。他带着 34 只活生生的动物和许多箱标本和笔记登上了海伦号（Helen）帆船，启航返回英国。

"船着火了，快过来看看吧！"那天早餐刚过，船已离港 3 周，正航行在百慕大以东的某个地方，船长非常忧虑地跑进华莱士所在的船舱。此时，浓烟正从船舱里冒出来。

船员们竭尽全力，依然无法扑灭燃烧的火焰。随后，船长命令放下救生艇。仍然虚弱的华莱士看着眼前的情景，希望这只是一场发热引起的噩梦。可惜，事实并非如此。他只能回到自己那闷热、烟雾弥漫的船舱，拿起一个小锡盒，扔进去一些草图（见本章首页背面图）、笔记和一本日记。然后他抓住一根绳索想跳进救生艇，结果却滑倒了，手也被绳子割伤。当他受伤的手碰到海水时，疼痛变得无法忍受。好不容易爬上救生艇，却发现它在漏水。

华莱士眼睁睁地看着他携带的动物在火海中灰飞烟灭，最后是海伦号，连同他所有的标本。就这样，华莱士仰卧在大西洋中部的一艘漏水的救生艇上，他还完全没有意识到自己的损失。他一直看着在身边嬉戏的海豚，并乐观地认为自己绝不会葬身于此。但是风向变了，日复一日不停地吹向这敞口朝天的小艇。华莱士被晒伤了，皮肤起泡，口干舌燥，无尽的海浪早已将他浸透，他只能不停地将海水舀出小艇，直到筋疲力尽，也几乎快被饿死了。侥幸的是，在海上漂流了10 天后，他们终于获救了。

登上救援船乔德森号（Jordeson）的头一个晚上，华莱士失眠了。他在日记中写道："现在，当危险过去了，我才充分地意识到我的损失是多么巨大……怀着将众多新的美丽生物从蛮荒之地带回家的美好希望，我度过了无数个辛劳的日子；它们中的每一个都给我留下了美好而深刻的回忆，这一切本该证明这段旅途并非虚度光阴，并将在今后的许多年给我带来职业生涯的荣耀和无穷的乐趣！可现在一切都化为了泡影，我甚至连一个标本都没能留下，无法用其证明我曾走过的未知之地。"

事实上，危险并没有过去。乔德森号也两次遭受强风暴袭击。其中一次船帆被飓风扯破了，一个巨浪砸破了华莱士所在船舱的天窗，把正在睡觉的他浇得浑身湿透。另一次则是在英吉利海峡，当时他们都快到家了。风暴击沉了许多船只，乔德森号的货舱里的积水有一米多深。

华莱士在航行回家的路上曾多次发誓："如果我这次能平安回到英国，就永远不会再出海了。"如果他信守诺言，他的故事将到此结束，也就不再会有人听说过阿尔弗雷德·华莱士这个人了。

幸好没过多久，他就违背了自己的誓言。

下一站：马来群岛

幸运的是，他遇到了塞缪尔·史蒂文斯（Samuel Stevens），这位经纪人将华莱士在海难发生前设法运回英国的东西出售了。史蒂文斯在伦敦和华莱士见了面，给他买了一套新衣服，史蒂文斯的母亲一直照顾着华莱士，直到他的身体完全恢复。此外，史蒂文斯还颇有远见地为华莱士的收藏品买了 200 英镑的保险。尽管这比华莱士所希望的通过出售其从亚马孙河流域带回的宝物应该获得的钱要少得多，但也足以让他免于沿街乞讨度日。

这次标本的丢失，并没有阻止华莱士继续冒险，反而激发了他的决心。他的航行没有结束，他对探索和收集的欲望还没有得到满足，对物种起源的兴趣也没有一丝减退。就 1852 年的科学界而言，物种起源的谜团仍未解开。尽管达尔文早在 10 年前就完成了相关论文，但其内容只有少数人知道，而华莱士并不在其列。此时华莱士 29 岁，不像达尔文，他还不准备安顿下来。

他开始考虑下一次旅行，而最大的问题是"去哪里"。这既要考虑科学问题，又要考虑现实问题。他曾听热情的年轻动物学家托马斯·赫胥黎说过："英国的科学无所不能——除了无法支付报酬。"对于像赫胥黎和华莱士这样白手起家的打工阶层来说，这是一个痛苦的事实。华莱士不得不收集能卖个好价钱的猎物，因此他排除了返回亚马孙河流域的可能性。虽然他曾经的同伴贝茨仍在那里，并几乎游历了整个区域，但是，他必须去一个全新的地方。

他一直在考虑马来群岛，这是东南亚和澳大利亚之间的一大片岛屿。除了爪哇岛上的动物和植物外，该地区的其他动植物尚未经探索。在那里的荷兰人聚居地，人们已发现了许多自然历史片段，这使华莱士相信马来群岛不仅能为探险者提供良好的探索环境，还拥有丰富的可供挖掘的宝藏。这些岛屿从东到西跨越 6 000 多千米，从北到南跨越 2 000 多千米，面积几乎相当于整个南美洲大陆（见图 2-1）。许多岛屿都是火山岛，其中一个是喀拉喀托（Krakatoa）火山，在 1883 年的一次大喷发中使周围液体汽化，几乎改变了地球的气候。覆盖着热带雨林的岛屿看起来很相似，但不同岛屿拥有不同的宝藏，而正是华莱士为发现和解释这些差异所做的贡献，最终使华莱士的名字被后人留在了地图上。

最美丽的珍宝

去远东的航程要比去巴西长得多。华莱士于 1854 年 4 月抵达马来群岛，开始探索这片区域。他遇到了与亚马孙河流域完全不同的宝藏和危险。例如，新加坡岛是一个很好的昆虫采集地。然而，这个岛也有一些让人头疼的地方——"到处都是诱捕老虎的陷阱，这些陷阱用树枝和树叶小心地覆盖着，而且隐蔽得很好，有好几次我差点儿就掉进去。这种陷阱有 4 ～ 6 米深，所以一旦我掉进去几乎不可能在无人帮助的情况下从里面爬出来。"

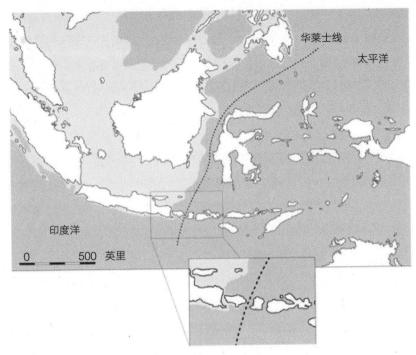

图 2-1　马来群岛和华莱士线

注：华莱士花了 8 年时间游历这些岛屿。他发现巴厘岛和龙目岛之间的狭窄海峡代表着
亚洲动物群和澳大利亚动物群之间的边界。巴厘岛曾经与亚洲大陆架相连，而与龙目岛
没有联系。这条边界现被称为"华莱士线"，如图所示延伸至整个群岛。
资料来源：Leanne Olds.

当时的新加坡老虎四处游荡，它们平均每天捕食一名居民。华莱士偶尔会听
到它们的吼叫，他用英国人典型的低调的口吻记录道："当这些野蛮的动物可能
就潜伏在附近时，捕捉昆虫就是一项相当危险的工作。"

据传，其实当地的一些原住民也同样是危险因素。一位朋友看到华莱士把床
垫直接放在架空的竹屋的地板上，赶紧告诉他这很危险。"因为周围有很多坏人，
他们可能会在晚上过来，从下面用长矛刺穿我的身体，所以他好心地借给我一张
沙发睡觉，但我从来没有用过，因为这里太热了。"华莱士回忆道。

华莱士并没有被这些危险所困扰，仍然每天做着例行的工作。早上 5 点 30 分起床，先洗个冷水澡，再来杯热咖啡。然后他会整理前一天收集的物品，最后带着他的装备再次进入森林。他手里拿着一张网，肩上背着一个大收集箱，还带着用来夹住蜜蜂和黄蜂的夹钳、用来装大大小小的昆虫的两种尺寸的标本瓶，他用软木塞塞住瓶口，拿绳子系着标本瓶挂在脖子上，有时他还会带着来复枪。

为了更好地保存标本和动物的皮毛，他利用了当地酿造的艾瑞克酒。这是一种用各种发酵的水果、谷物、甘蔗或椰子汁蒸馏而成的酒，约含 70% 的酒精。这种酒在当地很受欢迎，所以华莱士通常都有充足的存货。然而，一些原住民对这种酒的气味异常敏感，因此他家里或野外营地里存储的酒经常成桶地失踪。华莱士制订了防御策略，将死去的蛇和蜥蜴放入酒桶中，但即使是这番操作也没能阻止其他人来偷喝他的存货。

原住民不明白他为什么如此小心地保存着这些鸟类、昆虫和植物，还用光了上好的艾瑞克酒。华莱士告诉他们，自己国家的人会去研究它们，但原住民对此毫无兴趣，他们坚信在英格兰肯定有更好的东西。在那里，华莱士遇到的一些部落似乎更喜欢他们自己的收藏，比如好战的达雅克人（Dyaks）喜欢将敌人的颅骨成捆地吊在他们长廊的天花板上。

尽管这听起来有些凶残，土著部落的人还是跟华莱士讲述了他们对森林的认识，并帮助他找到了想要的东西。华莱士潜行在马来群岛最美丽、最珍贵的宝藏——红毛猩猩、猴子、壮观的极乐鸟和硕大而璀璨夺目的蝴蝶之间。他沉思着：

> 大自然似乎已经采取了一切预防措施，以确保这些宝贵的财富不会因为太容易获取而失去价值。首先，这是一片开阔的、没有海港、荒凉的海岸，暴露在太平洋汹涌的海浪之下；其次，这是一个崎岖多山的国家，覆盖着茂密的森林，沼泽、悬崖和锯齿状山脊为中部地区提供了几乎不可能跨越的屏障；最后……

无论在森林里待了多少年，他捕捉新事物的兴趣丝毫未减：

我曾看到一只巨大的蝴蝶停在伸手够不到的叶子上，它的颜色很黑，上面有白色和黄色的斑点。我一下子就看出它是东热带的骄傲——"大鸟翼蝶"，或称"鸟翼凤蝶"（见图 2-2），属一个新种的雌性蝴蝶。我非常渴望得到它并找到一只同种的雄性蝴蝶，在这个属种中，雄性总是非常美丽。在接下来的两个月里，我只看到过它一次。我开始对得到其标本感到绝望，直到有一天，我看到一丛美丽的灌木，有一只大鸟翼蝶在它上面盘旋，但它飞得太快了，我无法追上，结果它飞走了。第二天，我去了同一处灌木丛蹲守，成功地捕捉到了一只雌性蝴蝶，第三天又捕捉到了一只雄性蝴蝶。这种蝴蝶翅膀的宽度近 20 厘米，蝶翼颜色是天鹅绒般的黑色和火焰般的橙色，后一种颜色取代了近缘种蝴蝶的绿色。这只昆虫的美丽和光芒是无法形容的。当我把它从网中拿出来，展开它那美丽的翅膀时，我的心脏开始剧烈地跳动，血一下子涌到头上，我感觉自己几乎要晕倒，就像我害怕快要死去时一样。那天剩下的时间里，我的头一直在疼。

图 2-2　鸟翼凤蝶

注：印度尼西亚的大鸟翼蝶受到收藏家的高度追捧。来自不同岛屿的大鸟翼蝶之间的差异性促使华莱士开始思考物种的本质，并怀疑神创论不能解释这种多样性。华莱士在巴詹岛（Batjan）上发现的这种形态的大鸟翼蝶又叫红绿鸟翼凤蝶。

资料来源：Barbara Strnadova.

华莱士的物种理论

华莱士可不仅仅只会赞美蝴蝶。他密切关注着自己发现的物种的多样性，每个物种个体之间的差异性，以及它们的分布情况。这些不仅是一个职业收藏家的实际工作，也是使他转变为科学家的催化剂。

当达尔文对进化理论保持沉默的时候，华莱士却不然，他将自己的想法写出来，并希望它们尽快登上英国的杂志和期刊。其中一些是简短的考察记录，而另一些则透露了更大胆的想法。像达尔文一样，华莱士对一些他们都观察到的事实和结果感到困惑，而且也得出了一些与达尔文非常相似的结论。但是制约着达尔文的那些顾虑，对华莱士没有产生任何影响。华莱士需要得到认可，并且无所畏惧。

1855 年，在马来西亚沙捞越州（Sarawak）等待雨季结束的时候，华莱士将地质学和自然史的线索联系在一起，提出了一条新的法则："每一个物种的产生，都与一个已经存在的近亲物种，在空间和时间上存在着重合。"

华莱士认为物种之间的联系就像"一棵长出枝条的树"。他指出，新物种来自旧物种，就像新的枝条从老树干上生长出来一样。这个想法现在听起来可能不太出格，但在当时非常大胆。它针对的是当时广为接受的神创论，即每一个物种都是在一瞬间被特别创造出来的，以适应它所生存的环境。而且，他还得出了一些达尔文苦苦思索了近 20 年但一直未发表的论点。华莱士欣然接受了揭示地球持续变化的地质学现象和明显反映生命进化的化石记录所展现的不断进化的图景。他简单地推断，过去真实的情况必定适用于现在："目前地球上生命的地理分布，必定是地球表面本身及其生物先前所有变化的结果。"简言之，地球和生命是一起发展进化的。当时人们已开始习惯于地球发展变化的说法，但一点也不认同生命进化的观点。

华莱士用他对物种分布的各种考察结果来支撑他的"沙捞越法则",特别是分布在岛屿上的物种。以加拉帕戈斯群岛为例:"该群岛几乎没有自己特有的动植物群,其中大多数动植物都与南美洲的动植物群关系非常密切,对此,迄今还没有任何、哪怕是猜测性的解释。"他这是在批评达尔文,因为达尔文一直在回避这个问题。华莱士继续说:"就像其他新形成的岛屿一样,在风和洋流的作用下,经过一个足够漫长的时期,首批定居在岛上的原始物种灭绝了,只留下了改造后的类型。"也就是说,南美洲现在虽然没有与加拉帕戈斯群岛相同的雀鸟品种,但两地雀鸟之间却有着十分密切的近缘关系,说明南美雀鸟一定曾在该群岛上存在过。

华莱士指出,鸟类、蝴蝶和各种植物的某些种群仅在特定的地区存活。他注意到在亚马孙河流域,一些种类的猴子仅生活在河的一侧。"如果没有自然的法则限定它们的繁殖和分布,它们就不可能成为现在的样子。"他所说的"限定"是指一个物种在陆地上的散布程度受到河流、山脉等地貌特征的限制。

当他的论文第一次发表时,几乎没有人阅读或注意到它。华莱士没有听到任何来自英国的反馈,除了一些指责,认为他应该专注于标本采集,而不是建立理论。

但他还是收到了老朋友贝茨的来信。虽然仍在亚马孙河上游安营扎寨,但贝茨还是设法得到了一份刊载华莱士论文的期刊。贝茨衷心祝贺华莱士提出了新理论,他认为这"就像真理本身一样,这个理论如此简洁明了,那些阅读和理解它的人都会被它的简洁所震撼"。

华莱士线

华莱士经常从一个岛跑到另一个岛。他总共进行了96次旅行,行程超过20 000千米,并在8年的时间里多次游历了其中的一些岛屿。他时刻保持灵活变通。通常情况下，能搭上去哪里的船他就去哪里。他几次试图从新加坡到苏拉威西岛（Sulawesi）上的马卡萨（Makassar），但都没有成功。1856 年 5 月的一天，他听说有一艘中国帆船将驶向巴厘岛。他并不打算去那里，但他认为可以从那里找到一条经龙目岛到马卡萨的路。这次意外的绕行给华莱士带来了其探险生涯里最重要的发现。

在巴厘岛，华莱士发现了与他所到访过的其他岛屿相同的鸟类——织布鸟、啄木鸟、画眉鸟、椋鸟等，但没有什么太令人兴奋的新发现。然后，"当我抵达龙目岛，其与巴厘岛之间的海峡仅有 30 多千米宽，我想当然地以为能再次见到这些鸟，但在那里逗留的三个月里，我从未见过它们中的任何一种。"相反，他发现了完全不同的品种，其中有白色凤头鹦鹉，三种吸蜜鸟，一种当地人称之为"夸克夸克"的叫声很大的鸟，还有一种叫"冢雉"（绰号"大脚"）的非常奇怪的鸟——它用一双大脚为自己的蛋建造了非常大的护堤。在爪哇岛、苏门答腊岛、马来西亚及婆罗洲的西部岛屿上，这些种群人们都未曾见到。

这是一个谜。是什么阻止了这些物种在岛屿之间的散布？显然，鸟可以轻而易举地飞越这 30 多千米宽的海峡。华莱士在给贝茨的信中描述了这个谜题。他推测在巴厘岛和龙目岛之间存在某种无形的"边界线"。再往东来到弗洛雷斯、帝汶、阿鲁群岛和新几内亚，鸟类的变化也非常明显。苏门答腊岛、爪哇岛和婆罗洲常见的所有鸟类种群，人们在阿鲁群岛、新几内亚和澳大利亚都没有见到，反之亦然。

西部和东部岛屿上的哺乳动物的差异同样显著。西部的大岛上有猴子、老虎和犀牛，但阿鲁群岛上没有灵长类动物和食肉动物，所有的本土哺乳动物都是有袋动物——袋鼠和袋猴。

巴厘岛和龙目岛之间的界线是真实存在的，这对华莱士来说意义重大。他又把自己的想法写下来：

现在让我们来看看现代博物学家的理论是否能解释阿鲁群岛和新几内亚动物群的现象。如何解释它们的起源？为什么在全世界其他有相同气候的地区却找不到与之相同的物种？给出的一般解释应该是：随着古代物种的灭绝，在每个国家或地区，新的物种都会被创造出来，以适应该地区的自然条件。

这里所说的"创造"，是指由造物主特别创造。但是，华莱士指出，这一"理论"意味着我们会在气候相似的地域找到相似的动物，在气候不同的地域找到不同的动物，而事实并非如此。

通过比较婆罗洲（西部）和新几内亚（东部），他写道："很难找出比这两个地区在气候和环境特征上更相似的了。"但它们的鸟类和哺乳动物却完全不同。

再来比较一下新几内亚和澳大利亚："我们几乎找不到比这两个地方自然条件差异更显著的，一个承受着持续的潮湿，另一个面对的则是干旱。"华莱士推理道："如果袋鼠特别适应澳大利亚的干燥平原和开阔森林，那么它们出现在新几内亚茂密潮湿的森林肯定存在其他的原因，我们很难想象，种类繁多的猴子、松鼠、食虫动物和猫科动物出现在婆罗洲，仅仅是因为它们适应了该地域，而在另一个气候完全相似、相距也不远的地域，这些物种却一个都没有出现。"在东部岛屿的热带丛林中，树袋鼠的栖息地正是西部岛屿的猴子所占据的地盘。

这其中的原因一定是"其他的一些规律调节了现有物种的分布"。华莱士认为，这一规律正是他两年前提出的"沙捞越法则"。他再次利用地质学理论来证明自己的观点。他推测，新几内亚、澳大利亚和阿鲁群岛一定在过去的某个时候是连在一起的，因此有着相似的鸟类和哺乳动物种群。西部岛屿呢？华莱士推断，它们曾经是亚洲的一部分，因此其中的动物群与亚洲的热带动物群——猴子、老虎等有共同之处。

华莱士是对的。巴厘岛和龙目岛之间的距离虽然很近，但后来人们发现分隔它们的海沟却非常深。巴厘岛位于大陆架的边缘，而龙目岛则位于另一大陆架的边缘（见图 2-1）。巴厘岛曾与其他西部岛屿相连，但从未与龙目岛相连。这不仅仅是 30 多千米距离的问题。过去的数百万年，两者分离的程度更大，这使动物已经适应了各自生活的岛屿特有的环境。如今，这两个岛屿的距离虽变得很近，但从地质学角度讲，它们是"新邻居"。

华莱士将物种起源与物种分布的问题联系起来，并在亚洲和澳大利亚的动物群之间划定了一条分界线。他的这一发现被称为"华莱士线"，并永远为后人所铭记，而华莱士本人则成为生物地理学的奠基人。

终于，华莱士得到了来自英国的一些关注。他与达尔文建立起通信联系，信中他惋惜自己的"沙捞越法则"没有受到任何关注，甚至没有遭到反对。1857年 5 月，达尔文回信说："我认可你论文中几乎每一个字的真实性；应该很少有人会发现自己的观点与某篇理论性论文的观点竟如此一致，我想你应该也会有这种感受。"他接着解释说，他研究物种进化的问题已经有 20 年了，而且正在编写一部两年内也不见得能完成的巨著。这是达尔文在圈定自己的领域，更像是来自一位资深博物学家的善意提醒：他已经思考这些问题很久了，在适当的时候，他将公开自己所有的论点。但也许应该引起注意的是达尔文，因为华莱士离他越来越近了。

适者生存

对华莱士来说，当时的问题已不再是物种是否进化，而是如何进化。1858年初，在特尔纳特火山岛上得了疟疾、备受煎熬的他，找到了答案。

在疟疾使体温忽高忽低的情况下，华莱士除了"思考当时我特别感兴趣的问题"之外，什么也做不了。在超过 30℃的气温下，他整个人裹在毛毯里，想起了几年前读过的马尔萨斯关于人口的论文。他突然想到，制约人口增长的疾病、意外和饥荒同样也制约着动物。他想到了繁殖，动物的繁殖速度比人类快得多，如果不加以控制，地球将很快变得拥挤不堪。但他所有的经验都表明，动物种群的数量是有限的。华莱士总结道："野生动物的生活是一场生存的斗争。它们需要竭尽所能来维持自己的生存，并养活它们的幼崽。"寻找食物和逃避危险主宰着动物的生活——最羸弱的动物将会被淘汰。

作为收藏家，华莱士对物种的个体多样性很熟悉。他写道："也许所有的变异都会对个体的习性或能力产生一定的影响，不管这影响有多小。一种力量稍有增强的品种，最终将必然在数量上获得优势。"

好极了！他终于想明白了——要不然他就疯了。等到退烧后，华莱士才开始动笔写作。他仅花了几个晚上就把论文全部完成了。

他把论文标题定为"关于变种无限期地偏离原型的趋势（On the Tendency of Varieties to Depart Indefinitely from the Original Type）"。后来，他将自己的想法称为"适者生存"，这是借用社会科学家赫伯特·斯宾塞（Herbert Spencer）的术语。华莱士的论文仅仅是一份草稿，构思于距英国的科学中心 16 000 多千米外的一座地震肆虐的岛屿上的一所破旧的房子里，当时的他正处于高烧中。华莱士并没有直接把它寄给期刊社，他想找人先看看。

他把论文寄给了谁呢？当然是达尔文。

这一次，他不会被忽视了。

与达尔文的友谊

1858 年 6 月，当达尔文收到华莱士的论文时，他感到十分震惊。如果他一直密切关注华莱士之前发来的所有邮件,他本不会如此。尽管此时距离他关于物种起源第一版"论文"的发表已经过去了 16 年,达尔文还是"担心他所有的独创性,不管有多少,都会被粉碎"。

此后发生的事情至今仍然是学者们争论的话题。事实是,华莱士曾要求达尔文将手稿转交给地质学家查尔斯·莱尔爵士,达尔文照做了。莱尔和著名植物学家约瑟夫·胡克是达尔文的密友,达尔文曾向他们透露了自己的自然选择理论和许多支撑性论据。莱尔和胡克主动安排将华莱士的论文,以及达尔文关于自己的理论的一份简要概述,在即将召开的林奈学会会议上一并诵读,然后一同出版。

华莱士的个人荣誉被剥夺了吗?论文联合出版公平吗?(华莱士在事后才得知此事。)但毕竟,是达尔文创造了"自然选择"这一术语,而且他与其他科学家分享了他 1842 年的草稿,尽管是以非公开的形式。

如今,达尔文的名字和著作的确比华莱士更知名。但让我们来看看华莱士本人是如何看待这件事的。在华莱士的余生中,他一直尊崇达尔文。《物种起源》一书出版后的那一年,他写信给贝茨:"我不知道如何表达或向谁表达我对于达尔文的巨著的钦佩。我由衷地认为,无论我有多大的耐心就此课题不断地做实验,我的论文也永远无法企及这本书——它所包含的令人震撼的论点,令人钦佩的风格和精神内核。达尔文先生创建了一门新的学科和一门新的哲学,我相信人类知识从未有一个分支得到过如此完整的诠释,并且完全是因为一个人的努力和研究。"

华莱士总是提到"达尔文理论",后来他在关于自己的旅行的主要著作《马来群岛》(*The Malay Archipelago*)一书的献词中,声明"将此书献给《物种起源》的作者达尔文",这不仅是个人尊重和友谊的象征,也表达了华莱士对达尔文的智慧和著作的深深敬佩。在他的自传《我的一生》(*My Life*)中,他用了整整一章的篇幅讲述了他与达尔文的友谊,字里行间没有任何遗憾、嫉妒或怨恨。

也许对华莱士来说，他更在意的是被认可。1858年，他还不属于领导新思想革命的杰出科学家的圈子。当他听说莱尔和胡克对他的论文发表了赞美之词时，他写信给他的老朋友和同学说："我有一点儿自豪。"华莱士不需要也无意成为这个圈子的中心人物，他只想被允许进入这个圈子。这一点，他肯定做到了。

REMARKABLE
CREATURES

3·2

第 3 章

贝茨的亚马孙探险

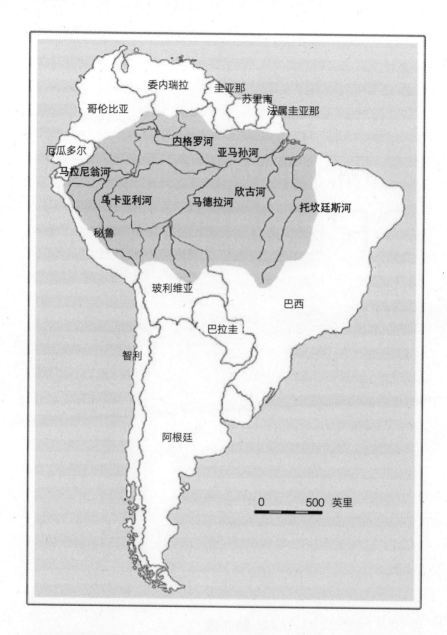

广袤的亚马孙河流域

注: 灰色区域为亚马孙河流域, 亚马孙河主要干流及其支流跨越 24 000 多千米。亨利·沃尔特·贝茨在亚马孙河流域的 11 年中, 大部分时间都在亚马孙河干流上度过, 而华莱士则冒险到了内格罗河的上游。

资料来源: Leanne Olds.

河流总是通向有人居住的地方。顺着河流，即便我们无法遇到令人愉快的情况，至少也会见识到新的事物。

——伏尔泰，《老实人》

"这是最好的时代，也是最坏的时代……"狄更斯所著、1859 年出版的著名小说《双城记》就是这样开头的。同年，亨利·沃尔特·贝茨从亚马孙河回来，他本可以用同样的话开始讲述他的故事。

最美好的时光当然就是博物学家的日常生活：

> 当长满青草的街道被露水打湿，太阳升起的时候，我通常也就起床了，然后走到河边洗澡，每天早上花五六个小时在森林里采集……下午往往非常炎热……在下雨天则忙于制作和记录标本、做笔记、解剖和绘画。我经常划着一艘邻居给我的小独木舟在河上闲逛。动物王国的不同种群不断出现新的和不同的形态，特别是昆虫。

最糟糕的日子可能是 1850 年 3 月与华莱士分开后，贝茨独自一人在上游度过的第一年：

12 个月过去了，我没有收到任何信件或汇款。我的仆人逃跑了，我的钱几乎都被抢光了。如今，我的衣服已经破烂不堪，只能打着赤脚。在热带雨林里，这可是一个极大的麻烦，尽管公开出版的旅行者指南里有着相反的表述。

在这一时期，贝茨濒临破产，孤独又无望，迫切地想回家继承家族的袜子生意。他接着往下游航行了 2 000 多千米，来到巴西的港口城市帕拉（Pará），希望能找到一艘船带他回家。然而，黄热病正在此地肆虐，贝茨也受到了病痛的打击。

但是最终，他并没有回家。他在亚马孙河流域又度过了 8 年，前后总计 11 年。11 年，他为什么要待这么久？他是怎么忍受的？

第一个问题的答案是，贝茨及时得到了一笔新的资助，同时收到了他在伦敦的代理人的一封信，信中说他的标本很受欢迎。一种新的蝴蝶品种参考贝茨的名字被命名为"卡莉西亚·贝特西"。这一切让他改变了主意，重新下定决心，按照原定计划向上游走去。

他探险的跨度是由亚马孙河流域的巨大范围决定的。亚马孙河有 1 000 多条支流，覆盖了约 700 万平方千米的范围，是所有河流系统中最大的（见本章首页背面图）。在这些年里，贝茨顺着亚马孙河干流走了约 3 200 多千米，该河流系统中 10 条最大的河流横跨 24 000 千米。旅行几乎全靠船，速度很慢。只以船桨或船帆为动力的船只，经常遭受风暴和雨水的袭击，并极易受到风向变化的影响，他只能经常乘坐一些在河上航行的定期航船，或乘坐属于当地某一部落的独木舟前行。

下面是贝茨为了去对岸猎取猴子而进行的航行中的一个经典场景：

我们总共大约有20人，船是一艘摇摇晃晃的旧船。除了人之外，我们还带了3只羊。10名印第安桨手把载着我们的船很快地划了过去，大约划到河中间的时候，一只四处走动的羊把船底踢出了一个洞。尽管水源源不断地喷涌而出，十分令人担忧，我甚至认为船肯定要沉了，其他乘客对这件事却处置得非常冷静。安东尼奥船长脱下袜子去堵漏水点，并且要求我也这样做，同时两个印第安人把船舱进的水不断往外舀。船因此成功地保持了漂浮状态，没有沉没。

区区几千米的距离，走起来已是如此艰难，那些亚马孙河流域的分支和细流看起来就漫长得似乎无穷无尽了。然而，贝茨想看到它的所有宝藏。这种激情和决心，以及绕过每一个河湾冲进森林后所得到的回报，似乎抵消了高温、疟疾、黄热病、火蚁、苍蝇所带来的痛苦以及他强烈的孤独感。

这些回报包括许多动物——河豚、食蚁兽、军舰鸟、水蚺、蜂鸟、捕鸟蛛、美洲豹、凯门鳄、风信子金刚鹦鹉、老鹰、5种巨嘴鸟、各种猴子和千姿百态的蝴蝶。贝茨总共收集了14 712种动物，其中8 000多种是全新的发现。

最终，辛劳的工作、糟糕且不足的食物以及每况愈下的身体，迫使贝茨不得不返回英国。离别是苦乐参半的：

1859年6月3日的晚上，我最后一次去看了我如此热爱的、花了这么多年的时间探索的这片壮丽的森林。我记得最悲伤的时刻是第二天晚上，马穆鲁克领港员将我们带离了浅滩，远离了陆地。我觉得我和这片有着如此多美好回忆的土地的最后一点联系被切断了。我离开英国的11年后，英国的气候、风景和生活方式历历在目，这是我从未经历过的。令人吃惊的清晰画面在我脑海一一浮现：阴沉的冬天、漫长的黄昏、晦暗的氛围、长长的阴影、寒冷的春天和懒散的夏天……为了回到这样的地方生活，我现在要离开一个永远都是夏天的国家。对有着如此巨大变化的前景感到有点儿沮丧是很自然的。

1859 年夏天，贝茨回到英国，他回来得正是时候。几个月后，达尔文的《物种起源》问世，为贝茨提供了一个具体的框架，让他思考他所看到和收集的一切。

埃加的蝴蝶

没有什么动物比蝴蝶对贝茨的影响更大了。当然，它们本身在英国就因美丽而备受推崇。由于贝茨是靠卖标本为生的，他十分关注他所到过的每个地方的蝴蝶品种。

蝴蝶的种类繁多。仅在亚马孙河上游、贝茨曾度过 4 年多时间的埃加地区及其附近，他就发现了 550 种不同的蝴蝶。这个数字超过了全英国拥有的蝴蝶品种的数量（66 个）和全欧洲的品种数（大约 300 个）。

尽管贝茨有着一双蝴蝶专家的慧眼，埃加和整个亚马孙地区的蝴蝶还是给他出了几道谜题。例如，尽管他有多年的经验，飞行中的袖粉蝶亚科蝴蝶和长翅蝶科蝴蝶，他始终无法区分。它们翅膀上的花纹非常相似，而且生活在森林的同一区域。只有在捕获后进行仔细鉴别，贝茨才能确定究竟是哪个品种。袖粉蝶中某一物种的不同形态，与几个不同品种的绡蝶相似。

贝茨总是非常小心地判断某些品种在哪里存在或不存在。他注意到，在其他任何地区或国家，都没有发现任何一种与绡蝶相似的袖粉蝶。冒充的"假货"只存在于真品种的蝴蝶大量存在的地方。他将这种现象称为"拟态"或模仿。

当贝茨读到《物种起源》时，他立刻成为当时为数不多的拥护者之一。他也是自然战争和动物在其中使用所有策略的目击证人。当他研究蝴蝶时，他意识到拟态是自然选择过程的证据。1860年，正当这本伟大的著作引发了激烈的争论之际，他与达尔文建立了通信联系。贝茨写道："我想我已经看见了大自然制造新物种的实验室。"

达尔文非常激动。贝茨没有任何正式的科学研究方面的职位，从亚马孙河流域返回后的头3年，他和家人住在莱斯特（Leicester）。他对自己没能成为任何科学机构中的一员感到有点沮丧。

但达尔文支持他，敦促他向权威科学机构展示自己的工作成果，在最有影响力的期刊上发表文章，并以游记的形式写下自己的旅程，就像达尔文为他的小猎犬号之旅所做的那样。贝茨欣然接受了达尔文的建议。他经常去达尔文的家中拜会，这是一项极少数人才享有的特权。华莱士是另一个，在华莱士返回英国后，这3位探险家一起度过了一个周末。达尔文很喜欢贝茨的来访，也很欣赏他的性格。他们结下了一种温暖的、互相扶持的友谊。

拟态，动物的伪装术

贝茨开始着手对他的收藏品进行正式的科学描述，同时撰写一本关于他的旅行的书。两者都是艰巨的任务。贝茨后来总结说，他宁愿在丛林里再待上11年，也不愿再经历一次写书的痛苦。

非凡的自制力让他在丛林探险中获得成功，同样使他成为一名成功的科学家和作家。他最重要的一篇论文，有一个令人误解的乏味标题——"对亚马孙河流域昆虫谱系的贡献，鳞翅目：长翅蝶科"，为生物拟态现象提供了证据，并对其形成机制做出了解释。

贝茨指出，几种飞蛾也模仿绡蝶的某些种类或其在当地的变种。他解释说，亚洲和非洲袖粉蝶亚科的蝴蝶与其他科的蝴蝶或飞蛾之间也具有一系列的拟态关系。最重要的是，他强调说，在这些属种中，不存在一个半球的热带物种模仿另一个半球的物种的例子。换句话说，拟态现象并不会发生在不同地区的蝴蝶之间，只有在同一地区生活的物种之间才会发生拟态现象（见图 3-1）。

图 3-1　蝴蝶的拟态现象

注：这是摘自贝茨 1862 年报告发现蝴蝶拟态行为的论文中的原版图片。中间的蝴蝶（5）是尼希米袖粉蝶，是袖粉蝶亚科的典型蝴蝶。其他的袖粉蝶（1 ~ 8）与其大不相同，因为它们模仿了其他的品种。每对，即 3/3a、4/4a、6/6a、7/7a、8/8a，都说明了袖粉蝶和其他科的品种之间的相似性。

此外，贝茨一开始就认为拟态同样发生在其他昆虫中。在亚马孙河沿岸，他发现了模仿筑巢蜜蜂形态的寄生蜂和苍蝇，它们在自己的巢穴中"自给自足"地生活。他发现了一只蟋蟀，它很好地模仿了虎甲虫，并且经常在虎甲虫常去的树上被发现。最引人注目的拟态的例子是一条非常大的毛毛虫，当它在树叶上伸展开来时，竟像是一条小蛇，吓了他一大跳。毛毛虫的头部有黑色斑点，伸长时类似于蝮蛇的头部（见图3-2）。当贝茨把标本带进村子时，看到它的人都吓了一跳。

图 3-2　外形模仿蛇头的毛毛虫

注：贝茨最早发现，许多物种模仿蛇头的外形。这是香灌木燕尾毛虫（银月豹凤蝶的幼虫）。
资料来源：Mary Jo Fackler.

贝茨试图以达尔文的眼光来看待这些现象。他提出昆虫特殊的模拟形态是适应环境的一种表现。他在亚马孙河的丛林中目睹每一个物种都凭借着自身的某些特性得以生存，这些特性使它们能够经受住"生存斗争"的考验。他知道数百个动物如何躲避敌人的策略。显然，一个物种伪装成另一个物种是这些策略中的一种。用贝茨的话说："一个本来毫无防御能力的物种与一个繁盛的种族间的相似，表明它由此在适应性方面享有了特殊的优势。"模仿毒蛇的好处是显而易见的，但究竟是什么优势使长翅蝶科蝴蝶如此繁盛，并成了被模仿的对象呢？没人知道它们是如何躲过森林中众多的食虫动物的。不过，贝茨有一个最终被证明是正确的好思路。他很清楚，有些蝴蝶在被制成标本时会分泌出难闻的液体或气体。他注意到，当他把这些标本放在外面晾干时，各种各样的丛林害虫不会把它们带走。贝茨也从未见过鸟或蜻蜓追逐飞行缓慢的长翅蝶科蝴蝶，尽管它们看似很容易成为猎物，它们休息时也没有受到蜥蜴或捕食性苍蝇扑向其他蝴蝶那样的攻击。贝茨推测，长翅蝶科蝴蝶一定很难吃，其他品种的蝴蝶通过模仿它们翅膀上的花纹来伪装自己，因此，它们虽然美味可口，但由于受到了伪装的保护，从而可以免受捕食者的侵害。

贝茨认为，拟态的起源与所有物种的起源和适应过程是一样的。袖粉蝶的例子最能说明问题。各个地区的袖粉蝶的形态取决于它所在的那个地区的绡蝶的形态和颜色，而这些形态和颜色因地而异。贝茨因此产生疑问："一个物种是如何通过自然变异形成当地族群的？"

达尔文先生最近在《物种起源》一书中阐述了自然选择理论，对这一点的解释似乎相当清楚。如果一个善于模仿的物种发生了变化，那么它的一些变种必然是对其模仿对象进行了或多或少的忠实模仿。因此，根据它被敌人追杀的紧急程度——敌人追杀模仿者，但希望避开被模仿者，它将倾向于成为一个高水平的赝品，其中相似程度不够高的则将在一代又一代后逐渐被淘汰，只有模仿得足够好的品种才能留下来传宗接代……为了在某个特定的地方生存，袖粉蝶不得不"穿上某种衣服"，而那些没能跟上这一变化的品种则被无情地淘汰掉了。我相信这个案例为自然选择理论提供了相当有力的证据。

达尔文也同意这一观点。他称赞贝茨的这篇论文为"我一生中读过的最杰出、最令人钦佩的论文之一",并向贝茨保证"它将具有深远的价值"。

对于达尔文和其他自然选择理论的支持者来说,贝茨的工作成果是进化引擎的强有力的展示。达尔文在《物种起源》中的证据在很大程度上是自然选择与动物驯化的类比。现在,他有了丰富、独立且来自大自然的证据链。达尔文担心有些人可能会忽视贝茨的工作,因此在《自然史评论》(*Natural History Review*)中的描述直指神创论者和物种不变论。他不认为许多博物学家会相信贝茨发现的每个物种都是专门为特定地区创造出来的——"生产的都是现成的,几乎就像制造商根据市场的临时需求而生产玩具一样。"事实上,达尔文认为,通过贝茨的描述,"就像我们所希望的那样,我们觉得自己就是地球上新物种形成过程的最直接的见证人"。

亚马孙河上的博物学家

拟态成为自然选择理论的支持者和反对者争论的焦点。这主要是由于人们对同一观察结果有不同的解释。当然,更好的方法是收集更多支持或反对自然选择的证据,这些证据随着生物学家对拟态的深入研究而被揭示出来。

贝茨的一个关键推论是,被模仿的物种对于捕食者来说并非美食,而本来适口的物种则通过拟态获得了保护。这暗示了捕食者知道如何避开并不美味的物种。

对于这一推论,后来者进行了许多调查,但最著名的对照研究是简·范·赞特·布劳尔(Jane van Zandt Brower)从 20 世纪 50 年代末开始进行的。利用野外捕获的鸟类,布劳尔证明,鸟类拒绝食用和避免捕食许多被认为不好吃的物种。此外,这些鸟还表现出一种倾向,即迅速学会识别难吃的蝴蝶,同时拒绝捕食与它们相似的蝴蝶。

另外，拟态预测在并不美味的形态未曾出现时，对捕食者的保护机制将不复存在。这一预测在一个有趣的蛇类拟态例子中得到了验证。

无害且非常美丽的猩红王蛇和索诺拉山王蛇与有毒的珊瑚蛇相似，因为这些蛇都有红色、黄色和黑色的环纹。根据许多蛇类爱好者不断传唱的口诀，无害蛇和毒蛇的色带序列是不同的：

> 红碰黄，会杀人。
> 红碰黑，是朋友。

北卡罗来纳大学教堂山分校的戴维·普芬尼（David Pfenig）和卡琳·普芬尼（Karin Pfennig）夫妇及威廉·哈科姆（William Harcombe）在北卡罗来纳州、南卡罗来纳州和亚利桑那州发现了几十处地点，其中一些地点珊瑚蛇和王蛇一同出现，另外一些地点则没有珊瑚蛇踪迹。在每个地点，他们都留下了 10 条由橡皮泥（一种柔软无毒的黏土）制成的 3 种假蛇：一种假蛇身上有三色环状图案，另一种身上有相同颜色的条纹图案，还有一种身上有纯棕色图案。数周后，一位科学家收集了放置在野外的橡皮泥假蛇，并对其进行了捕食者咬伤和抓痕的统计。这位科学家并不知道这些假蛇是被放在两种蛇同时出没的地方还是没有毒蛇的地方。

结果表明，在卡罗来纳州，在没有珊瑚蛇出没的地点，被攻击的假王蛇的比例（68%）远远高于有珊瑚蛇出没的地区（8%）。在亚利桑那州也发现了类似的结果，证实了捕食者在珊瑚蛇出没的地区会避免捕食珊瑚蛇的模仿者。

正如达尔文预测的那样，贝茨的工作具有深远的价值。现在，生物学家将适口无害的物种对不适口或有毒物种的模仿统称为"贝氏拟态"。

贝茨再也没有回过亚马孙河流域，但他确实完成了他的游记《亚马孙河上的博物学家》(*The Naturalist on the River Amazons*)。该书出版后，他寄了一本给达尔文，并焦急地等待着他的意见。达尔文回信说："我的评价可以浓缩成一句话，那就是，这是英国有史以来出版的最好的自然史游记。"

今天，这本书仍然是一本伟大的读物，充满了冒险的故事和对亚马孙河流域动物和人类居民的精彩描述。当他描述蝴蝶的翅膀时，就像达尔文笔下的加拉帕戈斯雀鸟那样生动，贝茨诗意地写道："因此，可以说，这些展开的薄膜就像便笺一样，大自然在上面书写着物种进化的故事。"

REMARKABLE
CREATURES

第二部分

古生物学的惊人发现——
动物王国种群的起源

《物种起源》为古生物学设定了新的征程。虽然当时的人们对化石的了解和研究越来越多，但人们并不理解它们的意义。事实上，早期古生物学史上最具有讽刺意味的就是，恐龙化石在《物种起源》出版之前就已经广为人知，解剖学家理查德·欧文（Richard Owen）对其进行了详细的命名和研究，但欧文却将其视为反对进化论的证据。在达尔文之前，大多数古生物学家对地球的悠久历史、生命的源远流长及他们手上所持有的反映远古自然史的骨骼知之甚少。达尔文则完全基于新兴的地质学，改变了这一切。

在《物种起源》中，达尔文提出区分物种或地质层的时间跨度，并不像以前认为的那样，仅仅是一千代，而是一百万代或一亿代。他写道，"地壳是一个巨大的博物馆"，其中只有一小部分被探索过，并断言，现存物种的祖先被埋在地球的岩石中，因此找到这些猜想中的祖先至关重要。达尔文非常坦率地承认，当时他的理论的关键部分还缺乏化石证据，例如主要动物种群之间没有过渡形态，或者部分动物突然出现在化石记录中，而没有任何迹象表明在它们之前有更简单的形态在逐渐发展。

还有一个非常微妙的问题，达尔文回避了，那就是人类的远古性。但他并没有愚弄任何人，因为从他那本革命性著作问世的那一刻起，每个人都在思考人类的起源。几次最大胆的探险和古生物学史上最伟大的发现填补了这一空白，并使鱼类和两栖动物、爬行动物和鸟类、猿类和人类等特定种群之间建立了联系。

我将从古生物学中最专注的一次探险开始讲述。尤金·杜布瓦（Eugène Dubois）对古代人类的探索促使他放弃了在荷兰的医生职业，前往疟疾横行的印尼（详见第 4 章）。受达尔文新理论的启发，杜布瓦认定他能做的最重要的事情是找到猿类和人类之间"缺失的环节"。他的"爪哇人"被视作两者之间的第一个链接，也成为一场激烈争论的前兆，这场争论将涵盖几乎所有随后的原始人化石的发现及其相关的主张。

第二个故事聚焦于寒武纪化石记录中的生命大爆发，这一发现也让达尔文非常担忧。对更远古的化石的探索，对动物生命起源的追寻，将查尔斯·沃尔科特引向了他的两大发现（详见第5章）。第一，在大峡谷的深处，他发现了寒武纪之前生命存在的第一个明确证据，这表明生命起源于更早、更简单的形式。第二，在加拿大落基山脉顶部的伯吉斯页岩中，他发现了最多种类的、最早的和最奇特的动物化石。这些化石记录了"寒武纪生命大爆发"——5亿多年前大型复杂动物的迅速出现，以及动物王国主要种群的早期起源。

当然，所有化石记录中最令人惊叹的动物是恐龙。勇敢的罗伊·查普曼·安德鲁斯（Roy Chapman Andrews，他有一个中文名字叫安得思）领导的蒙古戈壁沙漠探险（详见第6章），也许是有史以来最伟大的自然史探险，而他们一开始根本没有试图找到恐龙化石，而是希望找到古代人类的遗骸。他们最终发现了第一批恐龙蛋化石和偷蛋龙、伶盗龙及其他数量巨大的恐龙化石，以及当时已知的最早的哺乳动物化石，但可惜的是，没有发现古代人类的踪迹。

对恐龙的研究不仅仅是博物馆吸引人流的需要，这一研究对主要动物种群的起源和灭绝贡献了不少惊人的科学洞见。恐龙在白垩纪末期的消失是早期古生物学家所熟知的。但恐龙消失的原因一直是个谜，直到一对杰出的父子——一位物理学家和一位地质学家，在意大利一个小镇外薄薄的黏土层中发现了第一条线索。在第7章，我将讲述全球的科学家是如何像侦探一样抽丝剥茧找到了恐龙大灭绝的原因，这也是20世纪地质学、古生物学和生物学领域最重要、最具革命性的发现之一。

虽然那次灭绝标志着恐龙这个物种的终结，以及超过80%的其他陆地物种的终结，但事实证明，它并不是恐龙作为一个生物群组的终结。20世纪60年代发现的新恐龙化石和对19世纪发现的关键化石的重新审视，引发了恐龙研究的复兴和一场思想革命，人们意识到恐龙并未灭绝，鸟类实际上是恐龙的一种（详见第8章）。

对动物形态进化中"缺失的环节"的探索一直在持续。人们通过对地球上未经探索的地区的探险发现了其他一些惊人的生物化石，它们揭示了重大的进化转变。有史以来发现的最壮观的过渡时期生物化石之一在北极出土，并于2006年披露。"鱼足动物"（fishapod）是一种兼具鱼类和四足脊椎动物特征的动物，它为动物史上的一个重大事件——脊椎动物由水生向陆生演变，提供了新的线索（详见第9章）。

REMARKABLE
CREATURES

3.2

第 4 章

在爪哇寻找直立猿人

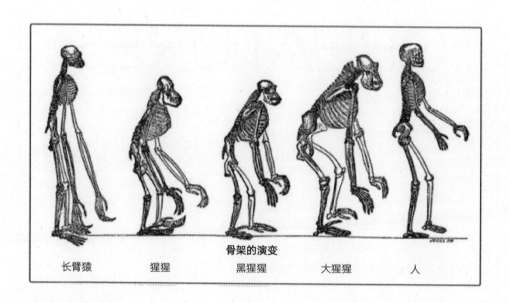

骨架的演变

长臂猿　　　猩猩　　　黑猩猩　　　大猩猩　　　人

从猿到人的进化过程
注：这是赫胥黎所著的《人类在自然界的位置》(*Man's Place in Nature*) 一书中著名的卷首插图。

没有大胆的猜测，就没有伟大的发现。

——牛顿

他的同事们都认为他疯了。

为什么这位前途光明、肯定会在荷兰顶尖的医学院升任教授的年轻内科医生和解剖学家，会为了前往远在 16 000 千米外的东印度群岛的荷兰军队任职而放弃眼前的一切？更何况，他怎么能忍心把他年轻漂亮的妻子和刚出生的孩子也带到如此遥远、陌生和危险的地方？

29 岁的尤金·杜布瓦博士恰好在华莱士和达尔文的第一篇关于自然选择的论文向全世界公开发表的那一年出生，他希望在东印度群岛发现什么呢？

他认为，在进化论提出的早期，若能发现猿与人之间"缺失的环节"，那将是最重要的发现，是进化论的终极王冠，是人类与其他动物存在联系的决定性证据，而尤金·杜布瓦这个名字将在全世界享有盛誉并获得尊重。

至少在他看来，这趟旅程并不是异想天开，而是命运攸关。杜布瓦相信，他所学到的一切，从孩提时代在家乡林堡（Limburg）对植物和化石的探索，到早期的学校教育和后来的医学培训，再到目前对人类喉部的解剖学研究，都为这一伟大的探索做好了准备。

杜布瓦小时候就喜欢研究自然。他经常去乡村，为他父亲的药房采集草药。透过卧室的窗，他可以看到马斯特里赫特（Maastricht）附近的圣彼得山，那里有着丰富的白垩层化石，因 1780 年人们在此发现了第一只沧龙^①的化石而闻名，沧龙是一种白垩纪晚期的海洋爬行动物。杜布瓦进行了多次探险，在广阔的白垩地层中搜集化石。

从他早年求学起，人类起源的问题就一直吸引着他。10 岁时，杜布瓦听说动物学家卡尔·沃格特（Carl Vogt）的一系列讲座在荷兰引起了争议。作为达尔文新理论的坚定支持者，沃格特接受了人类只是动物王国的一员而并非凌驾于其上的观点。高中时，杜布瓦的科学课老师向他介绍了达尔文、赫胥黎和恩斯特·海克尔（Ernst Haeckel）的伟大著作，这些著作发展和推广了这些思想观点。

达尔文和华莱士已经解开了"谜中之谜"。杜布瓦坚信赫胥黎在《人类在自然界的位置》中所描述的内容："人类起源的问题是所有其他问题的基础，比任何其他问题都更有趣，它能确定人类在自然界中所处的位置及其与宇宙万物的关系。"

《人类在自然界的位置》是赫胥黎在对猿类和第一批人类化石进行比较研究的基础上，对人类进行第一次详细的生物学研究的成果。虽然达尔文在他的著作中说，"人类的起源及其历史将被揭示"，但他有意避免进一步讨论这个问题。他认为很多人仍对自己的理论持反对意见，因而没有提出人类进化的明确观点。

---

① Mosasaur，源自拉丁语 Mosa（意为荷兰的"默兹河"）和希腊语 sauros（意为"蜥蜴"）。

但赫胥黎从达尔文的观点出发，直面核心问题。他呼吁采取冷静、客观的态度以及动物学的方法，并要求他的读者以外星人的视角看待人类生物学：

> 让我们将自我意识与人类的面具分离。如果你愿意的话，让我们假设自己是来自土星的科学家，对现在居住在地球上的动物相当熟悉，并且着力于探讨它们与一种新的、奇异的、"直立行走、没长羽毛"的两足动物的关系。这种两足动物是一些有进取心的旅行者克服了空间和引力的困难从那个遥远的星球带来的、可能完好地保存于一桶朗姆酒中供我们观察的。

他接着问道：

> 人类和猿类是否真的有如此大的不同，以至于人类必须自己重建一个秩序？或者，二者之间的差异比其自身彼此之间的差异还要小，因此人类必须在动物界中获得自己的位置？

赫胥黎敦促他的读者：

> 摆脱开任何真实的或想象的关于调查结果的个人想法，由此开始，我们应该着手权衡对立双方的论点，尽可能地保持法官般的冷静，就像这个问题只是与一只新发现的负鼠有关而已。

杜布瓦看到，人们很明显缺乏这种"法官般的冷静"。赫胥黎对人体结构的分析奠定了动物学的基础，也为人类起源的争论带来了新的古生物学证据。在赫胥黎看来，当时新发现的尼安德特人①遗骸和在比利时发现的第二块头骨碎片，

---

① 古人类学家将其独立归于一属，属于智人物种，被视为尼安德特人和现代人的共同祖先。《人类起源的故事》第 2 章就专门讲述了尼安德特人及其与非洲以外人群的密切关系。该书中文简体字版已由湛庐引进，由浙江人民出版社于 2019 年出版。——编者注

以及猛犸象和一头长毛犀牛的化石，是远古人类存在的确凿证据。

即使不是强烈反对，也有很多人对古代人类的想法持怀疑态度。德国著名病理学家鲁道夫·魏尔肖（Rudolf Virchow）认为，尼安德特人独特的骨骼特征是由疾病引起的畸形，其遗骸并不属于一个不同的人种或物种。

德国胚胎学家恩斯特·海克尔的观点进一步激发了杜布瓦对"谜中之谜"的兴趣。在他的著作《自然创造史》（*History of Creat*）中，海克尔从一个简单的单细胞祖先开始，推测了人类起源的历史。在赫胥黎的基础上，海克尔强调，他认为使人类与众不同的两个最重要的适应性改变是直立行走和清晰表达。海克尔断言，这些改变是人类通过"四肢和喉部的分化"这两个主要形态变化获得的。海克尔提出，由于直立行走早于言语习得，因此人类祖先的进化过程中有一个阶段，他称之为"哑人[1]或猿人阶段，哑人的身体确实在所有基本特征上都与现代人完全相同，但还不具备清晰的语言表达能力"。

海克尔和赫胥黎都不认为尼安德特人是"人和猿"之间的过渡，赫胥黎在书的结尾写道：

> 那么，我们应该去哪里寻找最初的人类呢？在较古老的地层中，比已知的任何化石都更像人类的猿类的骨骼化石，或更像古猿的人类骨骼残骸，正在等待着那些尚未出生的古生物学家前来探索研究。
> 时间会告诉我们答案。

赫胥黎写这些话的时候，杜布瓦倒不是没有出生，但他只有 5 岁。后来，当他一遍又一遍地读这些文字时，他成为古生物学家的决心越来越强烈了。

---

[1] 人们假设的一种缺乏言语能力的低等人类。——编者注

找回对古生物学的兴趣

　　杜布瓦（见图 4-1）的父亲希望他继承家族生意，成为一名药剂师。但作为一个非常独立的年轻人，杜布瓦决心继续他的自然研究。这意味着他要上医学院，因为医学生第一年的学习是完全集中在自然科学上的。1877 年，在 19 岁的时候，杜布瓦进入阿姆斯特丹大学学习。

图 4-1　25 岁的尤金·杜布瓦

资料来源：National Museum of Natural History, Leiden, Netherlands.

　　当时这所大学杰出的教师团队里包括了物理学家范·德·瓦尔斯（Van der Waals，1910 年诺贝尔物理学奖获得者）、化学家范托夫（Van't Hoff，1901 年诺贝尔化学奖获得者）和植物学家雨果·德弗里斯（Hugo de Vries，孟德尔遗传规律的再发现者之一）等。德弗里斯和杜布瓦经常谈论关于人类起源的问题。

杜布瓦很快意识到，他对成为一名执业医师没有什么兴趣，但他并没有选择达尔文那样的处理方式。他仍然努力学习，严于律己，全神贯注，将学业中涉及的每一个课题都完成得很好。他的才华得到了认可，1881 年，马克斯·弗林格（Max Fürbringer）博士向杜布瓦提供了解剖学助教的职位。这是一次意外的好运，因为弗林格自己也曾接受过海克尔的培训。在弗林格的帮助下，杜布瓦迅速从助教进入负责解剖学课程的专业部门，紧接着就晋升为讲师。这可算是一系列飞速的晋升：28 岁的杜布瓦只比正教授低一级了。

杜布瓦决定开始一项关于喉部的比较解剖学的独立研究项目，喉部让人类具备了独特的发音能力。他发表了一篇论文，但很快一股合力将他的注意力从自己的学术研究转向东印度群岛。

第一，是他发现自己讨厌教书。讲课前他非常焦虑，不想和任何人说话，也不想让任何同事去听他的课。

第二，是与弗林格的失和。杜布瓦雄心勃勃，渴望自己的工作得到认可。当他向弗林格提交第一份喉部研究的草稿时，弗林格评论说，自己以前也提出过一些相同的观点。杜布瓦担心他的研究不会被视为自己的原创。他修改了这篇文章，但对此他总有点担忧，他越来越怀疑弗林格的动机。

第三，是新化石的发现，这重新激发了杜布瓦对人类古生物学的兴趣。1886年，人们在比利时的斯皮（Spy）附近发现了更多的尼安德特人遗骸。毫无疑问，这些是古老的骨骼化石，它们驳斥了在德国最初发现的尼安德特人遗骸是一个患病个体的说法。尼安德特人和斯皮化石虽然与现代人类有所不同，但与猿类或人类祖先也有很大的差异。

杜布瓦担心，随着岁月的飞逝，"缺失的环节"很快会被找到。如果想要赢得头彩，他必须采取行动了。

前往苏门答腊岛

杜布瓦下定决心放弃一切，包括唾手可得的教授职位、教学工作、解剖实验室和弗林格的帮助，去寻找那缺失的环节。问题是：去哪里找？

肯定不是在发现尼安德特人的欧洲。达尔文在《人类的由来》（*The Descent of Man*）一书中指出，人类在进化中失去了保暖的毛发，因此他们一定起源于热带，而不是寒冷地区。这排除了北美，但留下了非洲、亚洲、澳大利亚部分地区和南美洲。但是，由于猿类只发现于旧大陆的热带地区，因此人类祖先也应该起源于此。这样就只剩下非洲和亚洲。

杜布瓦知道，达尔文倾向于非洲是因为人类与大猩猩和黑猩猩的亲缘关系。但亚洲拥有长臂猿和红毛猩猩，而海克尔认为长臂猿与人类的关系更密切。此外，那时人们在西瓦利克山脉（Siwalik Hills）发现了一种被称为西瓦利克黑猩猩的猿类化石。

这一发现的年代和地点表明，类似年代的沉积物可能会有很多。荷兰古生物学家的研究表明，此类沉积物可能存在于婆罗洲、苏门答腊岛或爪哇岛。

杜布瓦很清楚华莱士划出的那条"线"和他关于动物地理分布的研究成果。他知道马来群岛西部的动物与亚洲大陆的动物是相似的，因此在印度发现的任何动物也可能出现在这些岛屿上。

此外，迄今已知的所有人类化石都是在洞穴中发现的，而苏门答腊岛上到处都是洞穴。还有一个更实际的因素把他推到了苏门答腊岛：当时它是荷属东印度群岛的一部分。那里有他的同胞和一些熟悉的风俗习惯，他甚至可能会得到政府对远征的支持。

杜布瓦向殖民部的秘书长做了推介。他阐述了这次探险背后的逻辑，以及发现这一"缺失的环节"将给荷兰科学带来的荣耀。但秘书长却说，没有钱进行这种投机冒险。

杜布瓦必须先养活自己和家人，但他能做什么呢？他确实有荷兰殖民地所需要的技能，因为他是一名医生。荷兰军队需要他，所以他应征入伍 8 年。当他把自己的决定告诉妻子安娜时，她出人意料地支持他。但他的家人和岳父母都不赞成。他父亲认为他即将放弃的是一项受人尊敬的职业。但是没有人能阻止他。他将带着妻儿乘船前往苏门答腊岛。

寻找"缺失的环节"

从阿姆斯特丹到苏门答腊岛西岸的巴东（Padang）的航程花了 43 天，这还是走了苏伊士运河的捷径所费的时间。杜布瓦和他的家人于 1887 年 12 月 11 日抵达苏门答腊岛，慢慢在苏门答腊岛的异域风情中安顿下来。当时正是雨季，杜布瓦和怀着第二个孩子的安娜很快就明白了这意味着什么——每天都有一场瓢泼大雨，到处都是泥泞。安娜负责家务，而杜布瓦则去陆军医院报到。

那里的条件与杜布瓦在荷兰所看到或想象的完全不同。各种各样的发烧病人让他应接不暇：患有霍乱、疟疾、斑疹伤寒、肺结核和其他不明疾病的病人。工作量如此之大，他不知道自己何时或是能否去野外寻找古人类遗骸。

他勉强工作了一段时间，同时告诉他的同事们他来苏门答腊岛的原因——寻找"缺失的环节"，并组织了一次讲座来解释他的想法。然后，他以此为提纲，为《荷属东印度群岛自然史杂志》（*Journal of the Natural History of the Netherlands Indies*）撰写了一篇文章。这篇文章既表明了他对这项研究的主张，也提醒政府当局应该立即支持这项科学工作，否则将看到另一个国家来收获这份荣耀。

他在基地附近的农村进行的短途探险是不可能成功的，因此他要求调往另一个更偏远的医院，那边有更多的洞穴可探访，同时需要照看的病人也更少。怀孕已经 8 个月的安娜，不得不重新开始建设一个新家，不过搬到凉爽的高地倒是远离了巴东炎热的天气。在丈夫的照顾下，她在帕雅坎伯（Pajakambo）的家中生下了他们的第一个儿子。

杜布瓦有了更多的时间去搜寻，也有了不错的运气。他发现了一个叫利达阿杰儿（Lida Adjer）的洞穴，里面有很多犀牛、猪、鹿、豪猪和其他更新世动物的骨头。与此同时，他的文章引起了州长的注意，州长答应为他的探险提供一些劳工。杜布瓦写信给州长，谈了他的新发现。他远在国内的几位同事也在支持他的工作，他们敦促政府资助杜布瓦。

1889 年 3 月，荷兰政府批准派遣两名工程师和 50 名工人协助搜寻和挖掘苏门答腊岛的大量洞穴。终于，杜布瓦想，他可以正常工作了。当然，找到"缺失的环节"只是时间问题。

但许多洞穴是空的，或者居住着并非石化的而是活生生的动物。有一天，杜布瓦对工人们不愿进入洞穴感到懊恼，于是他爬进了洞穴狭窄的入口通道。当他爬到更深的地方，浓烈的尿臊和腐肉的气味让他难以忍受——那是老虎的巢穴。杜布瓦试图迅速退出，但他被卡住了，不得不恳求工人们把他拉出来。

杜布瓦从这一险境逃脱出来，但他无法逃脱这片土地上的其他危险。他曾被一场疟疾击倒，工作因此而中断，类似的情况之后还有很多次。疟疾很快使许多工人丧生。两名工程师中有一人死于发烧，一半的工人病得无法继续工作，其他人则辞职跑掉了。几个月过去了，什么都没有发现，在苏门答腊岛已经待了两年的杜布瓦写信给莱顿国家自然历史博物馆馆长：

这里的一切都在跟我作对，即使我尽了最大的努力，也没有达到我想象的百分之一。我发现了一些非常有用的洞穴，但仍然没有达到我所希望的最好的情况。更糟的是，我往往要在森林里连续住上好几周，住在悬垂的岩石下或临时搭建的小屋里。结果证明，从长远来看，无论我一开始多么任劳任怨，我都无法再坚持了。现在我回来了，伴随着第三次发烧，它几乎要了我的命，我不得不永远地放弃这里。

杜布瓦开始重新考虑他的计划。他从一位地质学家那里听说，爪哇岛上的化石可能比他在苏门答腊岛上发现的化石更古老。而且，前一年人们在一个岩洞中发现了一块人类头骨化石，这表明去爪哇岛更有可能成功。杜布瓦提出申请，如愿以偿被调往那里。

爪哇的直立猿人

这个四口之家，收拾好行囊，去了爪哇岛。他们在拓洛恩阿贡镇（Toeloeng Agoeng）找到了一所好房子定居下来。在这个远离任何军事基地的地方，杜布瓦可以全职从事他的科学研究。他获得了一个由两名下士领导的新团队，他们比苏门答腊岛上的工程师们更有能力。

他于1890年6月在瓦德贾克（Wadjak）开始挖掘，两年前那里曾出现人类头骨化石，发现者很快就获得了奖励。他的团队发现了各种灭绝的哺乳动物，包括犀牛、猪、猴子、羚羊，甚至还有一块人类头骨碎片。

杜布瓦随后做出了一个至关重要的决定。他将搜索范围从山里的石洞和岩屋扩大到河岸边，因为在旱季，当水位较低时，河岸上会有沉积物暴露出来（见图4-2）。在梭罗河（Solo River）的山丘和河岸上，杜布瓦的团队发现了异常丰富的沉积物，包括更多的犀牛、猪、河马、两种不同类型的大象、大型猫科动物、鬣狗、鳄鱼和海龟。

然后，在1890年11月24日，他们发现了一块带有两颗牙齿的人类颌骨碎片。虽然它的残破状况使进一步鉴定非常困难，但这对来年的工作来说是一个令人鼓舞的好兆头。挖出的骨头堆满了他家里的阳台（见图4-3）。杜布瓦想对化石以及它们被发现的地点进行详细记录，但这巨大的而且还在不断增加的工作量让他无力应对。况且他还没能获得他的奖励，如果"缺失的环节"的确是在爪哇岛或其他任何地方被找到的话。

　　在爪哇岛的第二年，挖掘工作从梭罗河上的特里尼尔（Trinil）开始。1891年9月，工人们挖出了某种灵长类动物的第三颗臼齿。杜布瓦认为这种灵长类动物类似西瓦利克黑猩猩。特里尼尔的沉积物非常丰富，他们从中挖出了更多的哺乳动物化石。第二个月，工程师们挖出了一块骨头，他们认为是龟壳的一部分。这块呈凹形、深棕色的化石，随即被送到杜布瓦家中。

图4-2　梭罗河特里尼尔的挖掘现场

注：照片约摄于1900年。
资料来源：National Museum of Natural History, Leiden, Netherlands.

图 4-3　堆放在杜布瓦家阳台上的化石

资料来源：National Museum of Natural History, Leiden, Netherlands.

很显然，这不是一块龟壳，而是一块某种灵长类动物的头盖骨的局部（见图 4-4）。它有一个像黑猩猩一样的眉嵴，但它包裹着的大脑比黑猩猩头骨包裹的更大。杜布瓦断定这是某种猿的后代。他需要拿到其他的头骨来做一些详细的比较，所以他从欧洲申请到了一个黑猩猩的头骨。

杜布瓦急于找到更多的化石，但这个工作季已经接近尾声。整个冬天他都在清理这块头盖骨并妥善保管其他头盖骨，以便与新发现的头盖骨进行详细比较。1892 年 5 月，特里尼尔的挖掘工作重新启动。首先，工人们必须从杜布瓦及其工程师们所划定的地块上清除长期雨季产生的淤泥。杜布瓦在这个地块上花了更多的时间，但到了 7 月底，在两周的工作之后，他已经筋疲力尽了。他在日记中写道："我发现在爪哇岛再也找不到比这个地狱更不适合化石研究的地方了。"之后他又发了一次高烧。

图 4-4 在特里尼尔发现的头盖骨

资料来源：National Museum of Natural History, Leiden, Netherlands.

接下来的一个月，工程师们又一次获得了非凡的发现——一块几乎完整的左股骨（见图 4-5）。杜布瓦拿到这块骨头时很高兴。他判定这种动物根本没有爬树的能力。它非常像人类。

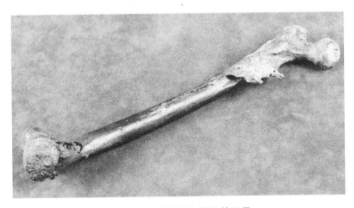

图 4-5 在特里尼尔发现的股骨

资料来源：National Museum of Natural History, Leiden, Netherlands.

现在他手上已经有了一颗臼齿、一块头盖骨和一根股骨。杜布瓦认为，这些化石虽然在不同的时间被发现，但发现地点非常接近，很有可能是属于同一个人的。其中股骨至关重要，其特征表明它来自直立行走的猿类，这个猿类很可能是一个新的物种。他把他的发现命名为 *Anthropopithecus erectus* Eug. Dubois，意为直立行走的黑猩猩。但他很快就发现自己犯了一个错误，一个美妙的错误。他用头盖骨第一次估算的这个新物种的脑容量约为 700 毫升，比黑猩猩的（410 毫升）大，但比人类的（约 1 250 毫升）小得多。但他测量的头盖骨和计算的脑容量不正确。经过重新计算，这个新物种的脑容量接近 1 000 毫升，比任何猿都大得多，非常接近但没有完全达到现代人的脑容量。他的化石不是猿，也不是人，而是介于猿和人之间的直立行走的中间物种。

他成功了。

来到东印度群岛已经 5 年，杜布瓦远离了工作、父母和祖国，在搜寻了无数洞穴、躲避老虎、与一场又一场的疟疾搏斗之后，他找到了"缺失的环节"。他将他的发现改名为 *Pithecanthropus erectus*（直立猿人），是时候告诉全世界了。

"缺失的环节"找到了

如果这是一部好莱坞电影，它就会在这里结束，我们都可以微笑着走出影院，因为我们看到，杜布瓦的孤注一掷、健康受损、辛勤工作和他家人的许多牺牲都已获得了回报，他最终非常幸运地得到了他一直追求的"奖励"。毋庸置疑，科学界的名声和赞誉一定会随之而来。

但事实并非如此。想要赢得找到"缺失的环节"这样的奖项，杜布瓦和他的化石必须经受住一场严格的审查风暴。其中一些是好的、客观的科学分析，这也是应该的，而另一些则不然。

在 1893 年的大部分时间里，杜布瓦致力于编写一部关于爪哇直立人的书稿。他首先想到他可以写一系列关于他在爪哇的工作的文章，其中会包括研究猿人的部分。但这需要处理他收集的成千上万的化石。他很快决定，他应该将全部的精力放在那些能让他获奖的化石上。

杜布瓦的这篇 39 页的论文，包含股骨和头盖骨的照片，以及其他猿类头骨的对比图。杜布瓦强调了臼齿、头盖骨和股骨的发现地点非常接近，并得出了一个难以辩驳的结论，即这些遗骸来自同一个体。在描述头盖骨的细节时，他指出了几个人类和猿类的头盖骨特征及爪哇直立人巨大的脑容量。

根据股骨特征，他认为爪哇直立人的行走方式与人类相同，身高和体形也大致相同。总而言之，爪哇直立人是介于猿与人之间的物种。他说："根据进化论，爪哇直立人是人类和猿类之间的过渡形态，是人类的祖先。"杜布瓦的论文在荷属东印度群岛首都巴达维亚（Batavia，即今印度尼西亚首都雅加达）印刷，并于 1894 年底寄到了欧洲。

没过多久，他就等来了欧洲的回应，但这些回应并不是他所预料或希望的。批评从四面八方涌来。一位德国解剖学家宣称，该头盖骨无疑是猿类的头盖骨，而股骨则是人类的股骨。他认为杜布瓦只是发现了长臂猿的化石和更多与人类远古性相关的证据。鲁道夫·魏尔肖，一位公开质疑尼安德特人的怀疑论者，他认为，这块头盖骨来自长臂猿，并拒绝接受将爪哇直立人作为"缺失的环节"。

其他的评论者则持不同的观点。一些英国科学家将这块头盖骨视为人类的。研究西瓦利克黑猩猩的古生物学家在著名的《自然》杂志上发表了一篇评论，认为该头盖骨是一个患小头症的人的，这种病症会阻碍大脑和头骨的生长。有人则认为这些骨骼可能来自原始人类，而不是一种过渡形态。

也有一些例外。美国古生物学家奥思尼尔·查尔斯·马什（Othniel Charles

Marsh）认为杜布瓦已经证明了他的结论，海克尔则毫不意外地表示支持。

但大多数意见都是否定的，这让人很受伤。杜布瓦绕过了半个地球，在原始的环境下生活和工作，取得了实际的成果，而那些欧洲学者只是舒适地坐在他们宽敞的办公室里高谈阔论。对于这些从未见过的化石，他们写出一些夸夸其谈的论文和演讲稿，无端质疑那些发现和研究这些化石的人的分析。杜布瓦认为，这种猛烈的批评肯定是由嫉妒引起的。他已经找到了"缺失的环节"，现在他们想否认他应得的荣誉！他必须回到欧洲，说服这些怀疑者。

直立猿人，猿与人类的中间物种

杜布瓦一家需要整理近 8 年积攒下的物品，并决定用什么船运回家、随身携带什么，以及将哪些东西留在爪哇。杜布瓦用 414 个板条箱，装了 20 000 多块化石，但其实他脑子里只有一件东西，那就是他的爪哇直立人。他用一个特制的木箱来装保护着珍贵化石的两个木匣子，在前往巴达维亚的路上，在开向马赛的船上，在回到阿姆斯特丹的长途火车上，他都随身带着它。

在为期 6 周的回程中，杜布瓦从战略和心理上为未来的战斗做好了准备。但大自然决定让他再多经受一次挑战。在印度洋上，他乘坐的船被一场可怕的风暴席卷，眼看就要沉没。船长命令所有乘客登上救生艇，以备弃船逃生。

就在那时，杜布瓦忽然想起他的爪哇直立人还留在座舱里。如果弄丢了它，他将没有任何东西可以证明自己的努力，也没有任何东西可以用来反驳欧洲大陆正在酝酿中的强烈抵制。他必须回去拿，他对安娜说，如果救生艇被放下，孩子们需要她来照顾，他自己则会一直抱着他"最新的孩子"——爪哇直立人。幸运的是，风暴过去了，船没有沉没，救生艇没有与船分离。8 月初，这家人终于回到了荷兰。

对杜布瓦来说，和家人的重逢并不喜悦。他还在爪哇的时候，他的父亲就去世了，因此他没有机会向父亲证明自己的一意孤行是值得的，而他的母亲对他的那箱骨头也没什么兴趣。看到爪哇直立人，她问道："我说，孩子，这有什么用呢？"他的一些批评者也提出了同样的质疑。

杜布瓦开始全身心地投入一场运动中，试图说服整个欧洲认识到他的发现的重要性和他的解释的正确性。在德国、法国、比利时和英国的科学会议和权威科学机构中，他带着爪哇直立人开始了一场巡展。

他的第一次机会出现在几周后，在莱顿举行的国际动物学大会（International Congress of Zoology）上。许多重要人物出席了会议，包括他的主要批评者、主持会议的魏尔肖。杜布瓦知道他必须保持最佳状态，才能顶住魏尔肖始终如一的怀疑和赤裸裸的嘲笑。在此之前，魏尔肖将杜布瓦对爪哇化石的解释描述为"脱离了所有经验的臆测"。

杜布瓦明智地避开了任何人身攻击，并专注于研究有关化石的合理的科学问题。他承认自己 39 页的说明在一些重要问题上的阐述不够充分，并试图填补空白。他更全面地描述了他发现的化石所处的地质构造以及同一地层中的其他动物的骨骼。他强调了股骨的人类特征、头盖骨的猿类特征及其中等的脑容量。

魏尔肖对此无动于衷，但其他人承认，杜布瓦消除了人们对其原始报告中的一些误解并澄清了一些报告中未回答的问题。最重要的是，杜布瓦允许许多有潜在影响力的科学家亲自检查骨骼。这让一些人站到了他这边。在巴黎，他获得了一个伟大的盟友——马努维耶（Manouvrier）教授。他去了爱丁堡和都柏林，赢得了更多的支持者，但这并不说明科学界对此已形成共识。

杜布瓦受到了一些官方的赞扬：大不列颠及爱尔兰皇家人类学研究所（Royal Anthropo-logical Institute of Great Britain and Ireland）授予他荣誉研究员的

称号；1896 年，他因其成就在巴黎获得了布罗卡奖（Prix Broca）。虽然野外探险是必要的，但杜布瓦还是想安定下来，建立一个基地，继续他的工作。根据荷兰议会的法案，他被任命为哈勒姆泰勒博物馆的古生物学馆长，他带着家人又搬家了。他一直在写关于爪哇直立人的文章，以便为他的理论争取更多的支持。

1898 年，当时最杰出的生物学名人聚集在英国剑桥的国际动物学大会上，其中有他的支持者，也有批评者和一些未置可否的人。海克尔当时是一位进化科学的"资深政治家"，他在杜布瓦之前登上了讲台，用他的雄辩支持了爪哇直立人，击败了传统理论的卫士魏尔肖和他的同伴。海克尔称杜布瓦是"有才能的猿人发现者"，他"令人信服地指出了杜布瓦找到'缺失的环节'的重要意义"。海克尔这一说法令人敬畏，杜布瓦只需坐下来，静静地欣赏这场演讲。

海克尔特别深入地研究了魏尔肖的观点，一点一点地列举了专家们与他不同的意见，并着重说明了魏尔肖是如何宣称尼安德特人和爪哇直立人是疾病的产物的。"事实上，这位睿智的病理学家最终做出了令人难以置信的断言，'所有的有机变异都是病理性的'，"海克尔继续说道，"必须记住，30 多年来，魏尔肖一直把反对达尔文理论并坚持这一点视为他作为科学家的特殊职责。他相当肯定人类不是从猿类进化而来的，并完全不在意现在几乎所有具有良好判断力的专家都持有相反的观点。"

尽管海克尔的支持令人欣慰，但这场争论并没有结束，杜布瓦一直在想方设法让更多人相信他关于直立猿人的观点。他通过比较动物大脑容量和体形尺寸的比例，提出了一种新的观点，并在大多数哺乳动物中发现了两者之间的一般数学关系。他问道："多大体形的猿，其大脑容量可以接近 1 000 毫升？"根据他的研究，他计算出这应该是一只 230 千克重的猿。但从直立猿人股骨的尺寸来看，其体重大概只有 73 千克。它的大脑太大了，不可能是猿类的，但却比现代人类的大脑要小。它的大脑大小中等，这正是人们所预期的，也正像他已经争论了近5 年的那样，直立猿人确实是猿和人类之间的过渡物种。

直立人

距离杜布瓦一家登船前往东印度群岛，已经过去 10 多年了。在苏门答腊岛和爪哇岛进行了数年的搜索之后，又经历了多年的批评和辩论，这对杜布瓦造成了极大的影响。他精神上不堪重负，身体极度疲惫。此外，关于手中的化石，他觉得自己已经竭尽所能并且言无不尽，他也不再像以前那样对它们那么着迷了。随着 19 世纪的结束，他宽慰自己，他已经说服了许多人，虽然不是所有人，相信了人类历史上的直立猿人的地位以及他自己在古人类学历史上的地位。

但即使是杜布瓦，也还不知道他自己的功绩到底有多大。在接下来的几十年里，许多人追随他的脚步来到亚洲，寻找古代人类的遗骸。他们的搜索结果表明，杜布瓦的发现是多么难能可贵，因为他们中的大多数人根本没有发现原始人化石。荷兰和普鲁士的科考队在特里尼尔的进一步挖掘没有任何新的发现。后来，美国自然历史博物馆领导的有史以来规模最大的陆地探险队在中国进行了长达 10 年的古人类证据搜索，也没有发现古人类化石（但他们以意想不到的方式取得了巨大成功，详见第 6 章）。

将近 40 年后，才有人在亚洲发现了更多古人类的证据。1929—1930 年，在中国的洞穴中发现了"北京人"；20 世纪 30 年代末，在爪哇发现了更多的猿人头骨。1950 年，这两个原始人类化石被认定归属于同一个物种，与人类同属，并更名为直立人。杜布瓦发现的头盖骨，被称为特里尼尔 2 号，现在是直立人的典型标本，即用以描述一个新物种的原始标本。

杜布瓦也不可能知道，在鉴定几乎每一个新的原始人化石并试图将它们列入人类起源史时，他所经历的论战是必然会引发的典型的争议性反应。他的发现的另一个影响是，由于爪哇直立人的远古性和许多其他原因，大多数人类学家确信人类的摇篮在亚洲，而不是像达尔文所猜测的在非洲。因此，20 世纪 20 年代在南非发现的古代原始人类化石被忽视，甚至不屑一提了。

直到 20 世纪 60 年代初，考古学家在非洲发现了更古老的直立人和其他原始人化石，人类起源的焦点才完全从亚洲转移到非洲（详见第 10 章）。这超出了 19 世纪伟大的化石搜寻者的最疯狂的想象，新的方法将再次涉及"谜中之谜"（详见第 11 章和第 12 章）。

REMARKABLE
CREATURES

5 · 5

第 5 章

从伯吉斯页岩发现的寒武纪大爆发

传奇人物的聚会

注：1910 年 2 月 10 日，在华盛顿特区史密森学会（Smithsonian Institution）前的街道上，查尔斯·沃尔科特（左）陪同威尔伯·莱特（Wilbur Wright）、亚历山大·贝尔（Alexander Bell）和奥维尔·莱特（Orville Wright）（从左到右）走向一辆等候着的汽车。

资料来源：Smithsonian Institution Archives（SIA 82-3350）.

我们一直重复做的事情成就了我们自己。

因此，卓越不是一种行为，而是一种习惯。

—— 亚里士多德

1910 年 2 月 10 日下午，在华盛顿特区，三名戴着礼帽、衣着考究的男子大步走到路边，坐进一辆崭新的汽车里。上车前，他们停顿了片刻，一位摄影师拍下了这张照片，这三位发明家的事迹将成为传奇，他们的名字——莱特兄弟和贝尔，将与他们的发明一起名垂青史（见本章首页背面图）。

陪同这些杰出人物上车的是查尔斯·沃尔科特，他的事迹和名字即使为后人所知，也显得微不足道。有人可能会认为，那天与这样的名人交往将是沃尔科特那一年，甚至是一生的高光时刻。

这可就大错特错了。

6 个月前，这位年近六旬的资深地质学家在骑马经过加拿大落基山脉的伯吉斯山口（Burgess Pass）时，找到了一条迄今人类发现的最古老、最重要的动物化石的主矿脉。伯吉斯页岩中非凡而奇特的动物化石标志着古生物学中最伟大的神秘事件之一，也是最令达尔文不安的神秘事件之一——寒武纪大爆发，即5亿多年前的化石记录中大型复杂动物的突然涌现。

那天沃尔科特对他的贵客显得如此漫不经心，还有另一个原因：他很习惯于在这个国家的精英圈层里走动。尽管他从未完成高中学业，也没有获得任何文凭或学位，但他仕途顺畅，历任美国地质勘探局局长、史密森学会秘书长、美国国家科学院院长，他还是华盛顿卡内基学会创始人。到1910年2月，他已经结识了4位总统，并为他们出谋划策，他还将为接下来的3位总统服务。正是沃尔科特帮助说服了麦金利总统设立国家森林保护区，并与西奥多·罗斯福总统共谋为国家纪念遗址和国家公园圈定土地。他在完成所有这些事业的同时，还设法勘查了北美的大部分地质环境，并在古生物学方面取得了两项里程碑式的成就。

他非凡的故事和奋斗历程始于他在加拿大的山巅上取得的伟大发现：三叶虫。

从三叶虫开始

查尔斯·沃尔科特生于1850年，在纽约尤蒂卡长大。他两岁时失去了父亲，在南北战争时他还是一名青少年，但他很快就长大了。由于许多人尚在联邦军队服役，年轻的沃尔科特有很多工作机会。

暑期，他开始在特伦顿瀑布附近的农场打短工。乳品是农场主威廉·拉斯特（William Rust）的主要收入来源，但与该地区的其他农民一样，拉斯特经营着一个小型石灰岩采石场，为房屋和谷仓地基提供石材，同时能有一些额外的收入。该地区以其特伦顿石灰岩而闻名，它不仅富含化石，也是一种应用广泛的建筑材料。尽管比尼亚加拉瀑布小，特伦顿瀑布仍然是纽约人的旅游胜地，这些化石在19世纪上半叶还引发了一阵收集的热潮。

沃尔科特很早就迷上了化石收集。虽然采石是一项艰苦的工作，但其中的化石确实给许多人带来了收益。他很快就学会了如何辨识石灰岩岩层中化石最丰富的地方，特别是寻找最好的三叶虫，它们比腕足动物的贝壳化石更珍贵。

到 17 岁时，他就已经积攒了一批化石收藏品，纽约州北部漫长的冬天给了他一个钻研地质学和古生物学的机会。他了解到不同的化石是如何表征不同的岩层和标记不同的地质时代的。一天，他在去往特伦顿瀑布的路上发现了一块砂岩。他取出了其中所有的化石，但没有一块属于他非常熟悉的特伦顿石灰岩类型。通过分析岩床中的砂岩层，他认为这些化石中的三叶虫一定是特伦顿时代以前的，比他收集的那些更加古老。

沃尔科特推断，它们一定来自寒武纪，寒武纪是当时已知含有化石的最早地质时期。这个名字来自威尔士拉丁语 Cambria，是由亚当·塞奇威克牧师在 19 世纪 30 年代于威尔士进行了一系列实地考察后提出来的，这些考察中包括 1831 年他和他的年轻助手查尔斯·达尔文在北威尔士进行的夏季探险（详见第 1 章）。

沃尔科特当时就下定决心继续研究那些古老的寒武纪岩石，但不是以正式的方式。沃尔科特发现工作、挣钱和收集化石比上学更有吸引力。他在拉斯特的农场里逗留还有另一个原因，就是他爱上了拉斯特的女儿卢拉。到 1870 年春天，沃尔科特 20 岁时，他在拉斯特农场谋得了全职工作，而且不到一年就和卢拉订婚了。

沃尔科特竭尽所能地找寻三叶虫，搜寻特伦顿瀑布和尤蒂卡地区，在纽约州四处寻找新的标本，并开始与远近的其他收藏者交换化石。与此同时他还坚持阅读，书目包括赫胥黎的《人类在自然界的位置》和达尔文的《人类的由来》。

在护理生病的奶牛、粉刷谷仓、打干草以及与他的新娘一起建立一个家庭的间隙，沃尔科特出于对自己的化石和地质学知识有足够的信心，因此主动去联络一些古生物学和动物学的学术领军人物。他知道自己的收藏品很有市场，而他也需要钱。纽约州立博物馆、耶鲁大学古生物学家马什和哈佛大学的博物学家路易斯·阿加西都对他的化石表示感兴趣。沃尔科特告诉阿加西，他的收藏被认为是"特伦顿地区已知最好的"，其中包括代表许多属种的 325 只完整的三叶虫，以及海百合、海星和珊瑚的化石（见图 5-1）。他的要价是 3 500 美元，相当于他好几年的工资。

图 5-1　三叶虫化石

注：这些三叶虫是沃尔科特从特伦顿石灰岩中收集的，卖给了路易斯·阿加西和哈佛大学自然历史博物馆。
资料来源：Museum of Comparative Zoology of Harvard University.

　　阿加西没有还价，于是沃尔科特拖着他的收藏品来到了剑桥镇。阿加西是一位热情的东道主，他以博物学家的身份接待了这位年轻的业余爱好者。仅仅几个月后，阿加西去世了，沃尔科特写信给他的遗孀：

　　　　我把阿加西教授当作我值得信赖和追随的导师。我从来都不知道有一位父亲是什么滋味，我的大多数朋友都强烈反对我的地质学爱好。我一直在以自己的方式奋斗，当阿加西教授接受我并把我当作一个做正确事情的人时，他向我灌输了一种热情和决心，让我继续研究自然史，这将是我永远不会泯灭的追求。

我还只是一个 23 岁的大男孩，我愿意把我的余生献给这一追求。

沃尔科特继续收集，在他的日记和笔记本上画满了关于三叶虫的草图和记录。1875 年，他在科学杂志《辛辛那提科学季刊》（*Cinicinnati Quarterly Journal of Science*）上发表了第一篇论文，描述了一种新的三叶虫。他接着还写了一系列其他的简短报告，每一篇都在技术细节和复杂程度上有所提高。但妻子卢拉身体逐渐衰弱并最终于 1876 年去世，给他最初的这些成功蒙上了一层阴影。

悲痛万分的沃尔科特不知所措，直到奥尔巴尼纽约州立博物馆首席地质学家、著名古生物学家詹姆斯·霍尔（James Hall）为他提供了一份助理工作。沃尔科特离开了特伦顿瀑布附近整洁的三叶虫农场，开始了更大的冒险。

寒武纪岩石下方的化石缺失

在奥尔巴尼的学徒期相对较短，只有不到 3 年的时间，但这是一个宝贵的跳板。霍尔是一个不易相处的人，脾气暴躁但很有干劲，对下属期望很高。沃尔科特没有让他担心，他全身心地投入详尽而系统的工作中，因为这是治疗悲痛的良药。沃尔科特学到的不仅仅是古生物学知识。霍尔与博物馆街对面的州议会中的政客们关系密切，因为博物馆的生存有赖于他们的善意和支持。每当有重要的访客来参观博物馆时，沃尔科特都不会让他的老板失望，这一诀窍多年后对他仍然很有用。作为回报，霍尔推荐沃尔科特到刚刚起步的美国地质勘探局任职。

1879 年 7 月 21 日，29 岁的沃尔科特被任命为地质学助理，成为美国地质勘探局的第 20 名雇员。他被分配到一个小组，负责绘制鲜为人知的大峡谷及其周边地区的地质构造图。这时距离独臂少校约翰·韦斯利·鲍威尔（John Wesley Powell）和他的同伴们顺着科罗拉多河的急流穿越大峡谷仅仅过去了 10 年。

沃尔科特坐了 5 天的火车到达犹他州，接着改乘犹他州南部铁路的一辆货车，最后再乘坐公共马车行驶了近 200 千米，才最终抵达了比弗（Beaver）。他将最后一个阶段描述为"我所经历过的最乏味、最不愉快的旅程"。

他的具体任务是绘制出一长幅连续不间断的地质构造图，从大峡谷中的科罗拉多河一直延伸到犹他州南部所谓的"粉红悬崖"（现在的布赖斯峡谷地区），海拔高差约 2 400 米。沃尔科特的新老板克拉伦斯·达顿（Clarence Dutton）上尉，将从边缘一直延伸到最高峰的悬崖、山坡和台地戏称为"大台阶"。每一级台阶的"抬升段"都是一个高达 600 米的悬崖或山坡，被台阶的"踏面"隔开，每一级台阶宽达 24 千米。沃尔科特沿着大台阶往下测量，从粉红悬崖的顶端开始，最后到达河边。然后，他根据每个地质层所含的化石来确定其年代。

沃尔科特骑着骡子从比弗出发，每天走 20 千米左右。他很快就能独立工作了，带着 4 头牲口和 1 个厨子。美国地质勘探局要求其属下的地质学家发挥主动性，自主地完成工作。尽管时间紧迫，沃尔科特还是顺利完成了这项任务，沿途的风景显然也很有帮助：

> 从白色悬崖的崖顶看去，风景很美，在海拔近 3 000 米的粉红悬崖上看到的景色，更是让人久久难以忘怀。南面，科罗拉多大盆地就在你面前铺陈开来。白色和朱红色悬崖的巨大峭壁被雕刻出了上百种形态……粉红悬崖从高于白色悬崖的平原上升，在清晨的阳光下，看起来像是一排熔炉在燃烧，粉红色的岩石被强烈的光线所照亮。

在旅行两个月后，他承认："到目前为止，我非常享受我的旅行。虽然很艰辛，但在许多方面，对我来说，它就像一所学校。"

沃尔科特的学校？事实上，这更像是沃尔科特给他的地质学家同伴们上的实操课。在 3 个月的时间里，仅用一台手持式水准仪、一根链条和一个高度计，沃尔科特就测量出了一段近 4 米厚、130 千米长的断面，这是一个惊人的、史无前例的壮举。从粉红悬崖的始新世岩石开始，他相继发现了白垩纪、侏罗纪、三叠纪、二叠纪、泥盆纪等各个主要地质时期的化石，在科罗拉多河发现了一些三叶虫化石，它们代表着寒武纪。天气变冷并开始下雪时，他结束了工作，将 2 500 多块化石打包装上骡背，运回文明世界。从那里出发，到达铁路需要经过 6 天的跋涉。

他的上司对他非常满意。他们把他的工资翻了一倍，很快又把他送到西部去了。沃尔科特去了内华达州和尤里卡矿区，在那里他专注于古生物学研究。然后，在 1882 年夏末，美国地质勘探局的新局长约翰·韦斯利·鲍威尔亲自向沃尔科特发出指令，要求他回到大峡谷。

由于沃尔科特在 1879 年的勘测，峡谷顶部的地质构造图已绘制得相当好，但其底部却还没有。鲍威尔是一位坚定的地质学家，想更多地了解那些自己几年前乘坐木船冲进峡谷时所看到的壮丽岩层。他认定，最好的办法是开辟一条从峡谷边缘一直往下到达科罗拉多河边的小径。这样，沃尔科特和其他人就可以在冬季的几个月里在峡谷内工作，那里的温度比峡谷的上边要高。至少，计划是这样的。

沃尔科特和一小队人从内华达州出发，前往犹他州的卡纳布（Kanab），他们乘坐火车和运货马车进行了为期 8 天的旅行，然后慢慢向南抵达峡谷。他被告知要在豪斯岩泉酒店会见鲍威尔少校，但他当时病得很厉害，可能是患了白喉之类的疾病。沃尔科特在房间里休息时，发现了一瓶松节油，他觉得它可能有助于清理充血的喉咙。他喝了一大口，虽然嘴巴和喉咙都被烧得生疼，但他觉得好多了。尽管他仍然虚弱无力，无法参与修建这条小径，但他最终及时康复，往下行走并进入峡谷，开始了连续 72 天的地质探险。

沃尔科特带领着一名化石收集助理、一位厨师和一个骡夫，开始了对寒武纪岩石地层的详细勘察。接着,他们一直沿着地质序列往下走,再往下走(见图5-2)。在峡谷中行走很困难,因为这里没有连续的河岸。沃尔科特和他的团队必须沿着峡谷的峭壁和悬崖的边缘,顺着连接一个山谷和另一个山谷的山脊艰难前行。这是一段缓慢而危险的旅程,一旦滑倒就可能意味着坠入几十米的深渊。与鲍威尔的判断正相反,冬天的峡谷内非常寒冷,这让他们苦不堪言。他们不得不与风雪搏斗,用篝火融化大块的冰,供骡马饮水。这对年轻的化石收集助理来说太艰难了,由于生活在峡谷深处和无休无止的工作,助理无法坚持了,带着沃尔科特的同情与祝福,助理被送回了家。两个多月后,剩下的队员和骡马终于重回峡谷外的小径,到达峡谷边缘的一个营地时,他们的脚都冻伤了。

图 5-2　大峡谷

注:这是从南柯围(Nun-ko-weap)俯瞰科罗拉多河的景象。沃尔科特就是在像这样的峡谷中沿陡峭的一侧艰难前行。

资料来源: Mike Quinn, U. S. National Park Service.

沃尔科特这次又绘制了约3 700米厚的地质断面图，再加上他1879年的努力，最终完成了总计7 600米厚的地质断面图，这可能是单个地质学家测量过的最大断面。但与他第一次旅行不同的是，他在这次行程勘察的大量岩石中发现的化石很少。他的上司写信给一位英国同事，谈到寒武纪岩层下方化石记录的神秘空白：

> 去年夏天，一条马道被开辟出来，年轻的古生物学家和杰出的化石猎手沃尔科特先生走进了峡谷，他发现了大量很明显的、毋庸置疑的寒武纪动物化石群。但下面的岩床是什么？它超过3 700米厚，在那里的任何地方，沃尔科特都找不到化石，我很同情所有试图在那里找到化石的人。

寒武纪岩层下方化石的缺失不仅是大峡谷中的一个谜，也是整个地球的一个谜。这是一个让达尔文都感到困惑和烦恼的谜，但沃尔科特虽然起初没有意识到这一点，却掌握了一些解谜的宝贵线索。

生命并不是从寒武纪才突然出现的

达尔文清楚地知道寒武纪岩层以下没有化石，他在《物种起源》中讨论"地质记录的不完整性"时，坦率地讲出了这一令人费解的谜团：

> 还有另一个更大的难题，我指的是动物王国几个主要分支中的许多物种突然出现在已知最早的含化石岩层中的方式……如果这一理论是正确的，那么无可争辩的是，在志留纪或寒武纪地层沉积之前，已经经过了相当长的一段时间，甚至可能比寒武纪到今天的时间还要长。在这漫长的岁月里，世界上到处都是生物……在这些假定的最早时期的岩层中，为什么我们没有发现化石，我无法给出令人满意的答案。

但是，达尔文补充道："我们不应该忘记，人类所了解的只是世界的一小部分而已。"对于达尔文和所有进化论的支持者来说，令人不解的问题是三叶虫和其他生物的突然出现，这是寒武纪化石记录中的一次进化的爆发。似乎寒武纪大爆发标志着生命的曙光，复杂的动物在短时间内突然出现，而它们之前没有任何以生物的简单形态存在过的迹象。当然，化石记录中的这一现象令人不安，因为它不符合从更简单的祖先逐渐进化的模式，如果不加以解释，达尔文承认，它"可能会被当作有效的论据"来反驳进化论。

达尔文知道，也正如沃尔科特在大峡谷所证实的那样，在寒武纪最底层富含大量贝壳类生物和三叶虫的化石层之下，有一大片显然没有生命记录的岩石。沃尔科特在其官方科学报告中描述了 3 700 米厚的岩石："在许多水平岩层上都有波纹和黏土裂缝，但没有观察到墨角藻（一种褐藻）或软体动物或环节动物的踪迹。"

他报告说，他只发现了几块其他的化石，对此他并不感兴趣："除了一个小的盘状壳、几个与三角翼足动物有亲缘关系的翼足类动物标本，以及一组模糊不清的类层孔虫，两个半月的化石搜寻几乎没有结果。"他已习惯于发现成片的大量化石，对这点发现不感兴趣是可以理解的。

当时，沃尔科特将这少量的化石归于寒武纪，并断言它们"几乎不可能是当时海洋生物仅有的代表"。但是，令人高兴的是，沃尔科特说得并不准确。在他曾到过的北美的其他地方，寒武纪岩层的下方是所谓的元古宙岩石，这些岩石明显存在着极大的不同。然而，在大峡谷中，他发现了一大片典型的沉积岩，位于寒武纪最底层含有三叶虫的岩层之下。他最初认为，根据其外观，这数千米厚的岩石也是寒武纪的。但他错了。几年后，他意识到下面那一大片沉积岩是在寒武纪之前的一段很长的时间里形成的，也就是说它属于前寒武纪时代。他在其中发现的少数化石是前寒武纪生命的第一个明确证据。生命并不是在寒武纪才突然出现的。

他首先发现的不起眼的"层孔虫",如今被称为"叠层藻",是由单细胞蓝绿色细菌（蓝藻）形成的层状圆锥形或球形结构。这些小的"盘状"化石也被证明是真正的前寒武纪生物。这些化石是在所谓的丘尔岩层群中发现的，沃尔科特将其解释为腕足类等贝壳生物的压缩残骸，并将其命名为 *Chuaria circularis*。它们其实是非常大的球形海藻的残骸。虽然它们不是腕足动物，但人们还是认为沃尔科特是第一批以细胞形态保存的前寒武纪生物的发现者。

前寒武纪化石记录的巨大空白终于被填补了。现在我们知道，这一记录可以追溯到大约 30 亿年前，正如达尔文所怀疑的那样，这一时期远远长于寒武纪到现在的时间长度（5.43 亿年）。

美国地质勘探局的工作

又过了很长时间，沃尔科特才再次回到大峡谷。有太多的地质学问题需要研究，在接下来的 10 年里，他走遍了北美各地，包括佛蒙特州、得克萨斯州、犹他州、纽约州、马萨诸塞州、加拿大与佛蒙特州边界、北卡罗来纳州、田纳西州、科罗拉多州、弗吉尼亚州、亚拉巴马州、宾夕法尼亚州、马里兰州、新泽西州、蒙大拿州、爱达荷州、魁北克省，他所有的野外勘察目标几乎都集中在寒武纪岩层。

在这一漫长的过程中，1888 年他向海伦娜·史蒂文斯（Helena Stevens）求婚成功，并迎娶了她。他们度过了一个相当愉快的蜜月，沃尔科特的传记作家埃利斯·约克尔森（Ellis Yochelson）说，这次蜜月"也相当于一次野外勘探"。在蒙特利尔进行了短暂访问后，这对夫妇前往佛蒙特州，沃尔科特向海伦娜展示了一些野外地质勘探的浪漫，然后他们一起前往纽芬兰收集三叶虫。在 3 周的时间里，他们把收集的化石装满了 10 个大桶和 2 个盒子。6 周后，他们航行到英格兰，在寒武纪的"发源地"威尔士度过了几周。他们的第一个儿子于次年 5 月出生，这漫长的地质勘探蜜月对于地质学和他们的家庭来说都是一个巨大的成功。

一个拥有如此丰富的实地勘探经验的人，对于美国地质勘探局来说是无价的，其领导人在制订计划时开始征求沃尔科特的意见。1892 年，沃尔科特被指派负责所有古生物学工作，并于 1893 年晋升为地质学家，负责地质学和古生物学研究。在此期间，鲍威尔局长与国会就西部的水资源政策以及美国地质勘探局的方向和管理发生了争执。沃尔科特开始参与向国会议员解释勘探局的工作及其优先事项。他总是直言不讳，在许多领域和问题解决方面都表现得非常出色，政治家们开始信任和尊重他。

1894 年春，鲍威尔辞职，格罗弗·克利夫兰（Grover Cleveland）总统提名沃尔科特为美国地质勘探局的新局长，参议院也很快批准了这一任命。沃尔科特将美国地质勘探局重新整合，并获得了国会的支持。在他 40 多岁的时候，家里有了 3 个小孩，这样高的职位似乎让他达到了来之不易的职业生涯的顶点和所有流浪生涯的终点。

然而，一切才刚刚开始。由于美国地质勘探局非常紧密地参与国家资源的勘探和管理，他成为华盛顿科学界和政界的重要人物。沃尔科特很快被选入美国国家科学院，并担任国家博物馆（后来成为史密森学会）的代理助理秘书长。他参与联邦机构、国会甚至白宫的活动，并且从容应对、游刃有余。当总统克利夫兰因决定裁撤森林保护区而引发众怒时，沃尔科特行动起来。他找到了一位举足轻重的参议员（碰巧是他的邻居），共同起草了一项新法案，并成功游说了内政部部长和麦金利总统。参议员提出了这项法案，森林保护区得以保留。

沃尔科特利用他的政治才能造福了许多组织。当时国家博物馆急需一座新建筑，但任何拨款都必须得到众议院议长的支持。知道议长经常沿着宾夕法尼亚大道散步，沃尔科特就特意骑着马或坐着马车尾随过去，带着议长在附近的一个公园里游览。沃尔科特从不与议长谈论正事，但议长明白他的用意，说道："沃尔科特，你可以有一栋建筑用于勘探局，也可以有一栋建筑用于国家博物馆，但不能两者兼有。"沃尔科特选择了博物馆。

当安德鲁·卡内基（Andrew Carnegie）在为华盛顿的卡内基科学研究所争取国会签发的许可证的过程中受到阻碍时，沃尔科特为其铺平了道路，成为这一著名研究机构的联合创始人。他默默无闻的做事方式为他赢得了"雪鞋查理"的绰号，因为他总能让人如沐春风。

这正是总统们在处理敏感议题时所需的技巧。当西奥多·罗斯福总统将灌溉和水利工程（如大坝和堤岸）作为其政府的一个主要议题时，他希望由沃尔科特来主持，他认为沃尔科特已经"久经考验，美国地质勘探局的工作已臻完美"。在沃尔科特拒绝了那些希望为其所在州修建水利工程的特殊利益集团之后，罗斯福对沃尔科特的信任进一步增强。很快，罗斯福要求沃尔科特承担更多的责任，例如重组政府中与科学有关的所有部门。这些部门的热情更多地集中在环境保护问题上，沃尔科特经常被召集到白宫参加有关森林、河流、公园以及政治的会议。

当时，对西部辽阔的森林、丰富的矿产和石油的勘探以及后续的开发，使得一个非常棘手的问题显现出来：他们该如何保护西部的土地并使野生动物免遭灭绝？考虑到美国缺乏合适的法律来保护史前文物、悬崖古遗址、墓地、洞穴、护堤和其他具有科学或风景价值的地区，1906年美国出台了文物法，它授权总统将他认为需要保护的土地设立为国家历史遗存或国家公园。该法案是建立国家公园管理局的先驱。科罗拉多大峡谷就是被罗斯福总统最早指定为国家历史遗存的地区之一。

到1907年，沃尔科特已年满57岁，并已在美国地质勘探局掌舵13年。但还不是考虑退休的时候，沃尔科特的工作也没有任何放缓脚步的迹象。在他的整个任期内，在承担着所属职责的同时，沃尔科特还设法定期地离开华盛顿进行野外勘察，尤其是在夏季。他分别到蒙大拿州、犹他州和内华达州进行了几次探险。等孩子们长大了一点，这些冒险就变成了家庭活动，孩子们也加入了寻宝活动。没有什么比西部的新鲜空气、一堆篝火、一匹骏马和一桶三叶虫化石更能让沃尔科特恢复活力了。在华盛顿时，他继续在办公室外的一个小房间里研究化石。在大多数人职业生涯即将结束的年龄段，尤其是在对体力要求如此之大的职业生涯中，沃尔科特仍然愿意接受新的挑战。

1906 年末，史密森学会的秘书长去世，这个机构的最高职位出现了空缺。代管委员会希望沃尔科特能接任。罗斯福不太情愿让他离开美国地质勘探局，但最终还是让步了，代管委员会得到的"不仅是一位公认的科学家，而且是一个具有坚定执行力的人"。罗斯福在白宫为沃尔科特举办了荣誉晚宴。

寒武纪大爆发时期

沃尔科特的新工作并没有改变他的习惯，夏季的野外勘探仍在继续。史密森学会的工作人员很快就了解到，在上午 10 点到下午 2 点之间，当秘书长研究他的三叶虫和其他化石时，不希望受到打扰。

他的新任命也没有改变他与罗斯福的亲密关系。沃尔科特继续被邀请到白宫参与研讨，特别是在环境保护问题上，而罗斯福则成为史密森学会的坚定支持者。1908 年，罗斯福告诉沃尔科特他正在酝酿一个大计划。1909 年 3 月，任期一结束，罗斯福和儿子克米特（Kermit）打算进行一次穿越非洲的长途旅行和狩猎探险。罗斯福写道："现在，在我看来，这为国家博物馆提供了绝佳的机会，不仅可以收集大型动物，还可以收集非洲较小的动物和鸟类。冷静地看，我认为这个机会不应该错过。"沃尔科特同意了。问题是，虽然罗斯福和他儿子的费用都有保障，但总统负担不起一名标本制作师的薪酬和运送标本的费用，史密森学会也不能。"雪鞋查理"开始行动了。史密森学会的工作人员并不知道，沃尔科特很快从私人捐助者那里筹集了 4 万美元，这在当时算是一笔小小的财富。

罗斯福决心进行一次真正的科学考察。为此，罗斯福每周阅读 5 本关于非洲野生动物的书，使自己的知识与地球上任何一位博物学家一样渊博。充分的准备得到了回报。从肯尼亚的蒙巴萨到苏丹的喀土穆，国家博物馆收集了近 12 000 个哺乳动物、鸟类、爬行动物和两栖动物的标本，其质量超过了许多欧洲博物馆。沃尔科特在驶出纽约港的一艘轮船上，迎接这位前总统的归来。

但那一年，罗斯福并不是唯一一个从野外凯旋的人。沃尔科特在加拿大落基山脉度过了后一半的夏天，就像前两个夏天一样。他、海伦娜和他们 13 岁的儿子斯图尔特冒险乘火车去了阿尔伯塔省（Alberta），并继续向前，最终到了不列颠哥伦比亚省的菲尔德。从那里，他们骑着马进入约奥山谷（Yoho Valley）。无常的天气常常使那里壮丽的景观瞬间失色，雷雨、暴雪或雨夹雪经常迫使他们不得不找寻藏身之处。

1909 年 8 月的最后几天，他们爬上伯吉斯山口，下马进行收集工作。当勘察一些被雪崩夹带下来的松散页岩块时，他们看到了很多保存完好的甲壳纲动物化石。沃尔科特从未见过如此完好的化石，也从未见过这些物种（见图 5-3），他们将许多标本带回营地。幸运的是，好天气又持续了一天，他们回到现场，在石板里发现了同样精美、保存完好的海绵化石。这些化石非常特别，沃尔科特急切地想找到落石的来源，于是他沿着山坡跑了上去。他确实发现了更多带有化石的石板，但在天气变得恶劣之前，他没有找到掉落石板的原始岩层。沃尔科特知道他的发现不同寻常，但他不得不在这个季节暂时撤退。

第二年夏天，也就是 1910 年 7 月，沃尔科特、海伦娜和他们的两个儿子斯图尔特和西德尼，以及一名驮畜管理员杰克·吉迪（Jack Giddie），急切地返回约奥山谷。骑行在前的杰克和斯图尔特回来报告说，伯吉斯山口附近的营地仍然覆盖着一米多厚的雪，这耽搁了他们 3 周。待到冰雪融化，他们立即爬上营地上方的斜坡开始搜索。他们很快发现了大量沃尔科特称之为"lace crabs"的甲壳纲动物化石，这些甲壳纲动物不到 3 厘米长，他为纪念一位同事而将其命名为"Marrella"（见图 5-4）。他们也发现了大量的三叶虫，还发现了很多让沃尔科特那双专家的眼睛都感到困惑的东西，他只能暂时以"零碎儿"这样的代号称之。

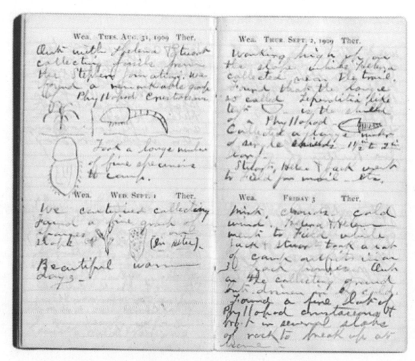

图 5-3　沃尔科特发现伯吉斯页岩化石前后几天的考察日记

注：沃尔科特在 1910 年 8 月 31 日的日记中描绘了一对甲壳纲动物和一只三叶虫，9 月
1 日的则描绘了一块海绵。

资料来源：Smithsonian Institution Archives.

　　他们仔细观察每一层石灰岩和页岩，寻找着化石带。最后，他们发现了一条两米多厚、大约 60 米长的矿脉，接着他们的开采进入了高速状态，连续开采了 30 天。沃尔科特年轻时在拉斯特的农场学会了使用炸药，这是从伯吉斯山口获取大量岩石的简便方法。他和孩子们把炸碎的石块顺着斜坡，滚到小路边，然后把它们装上驮马运到营地。在那里，海伦娜负责切割页岩、修整含有化石的岩石，并将其打包运往营地下方约 1 000 米处的菲尔德火车站。行动计划随天气状况而改变。天气好的时候，他们会进行爆破和拖运；有暴风雨的日子里，他们在营地里切割页岩，寻找里面的生物化石。

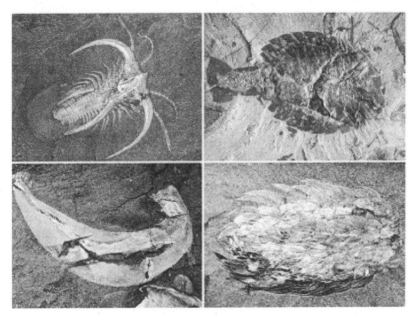

图 5-4　各种伯吉斯动物化石

注：上左，马尔三叶形虫是一种甲壳纲动物；上右，西德尼虫是一种大型节肢动物。下左，奥托亚虫是原生动物门中的软体成员；下右，威瓦西亚虫的分类至今仍存有争议。
资料来源：Smithsonian Institution.

　　一个月后，沃尔科特虽然已经筋疲力尽，却兴高采烈。他给史密森学会的一位同事写信说："这次收集到的成果很棒……找到了比我想象中更多、更精美的新东西。"他所发现的是寒武纪存在一个动物王国的清晰证据，这个王国里动物类群的多样化程度远远超乎人们的想象。伯吉斯页岩中的三叶虫和腕足类动物远多于其他寒武纪沉积物，并且伯吉斯页岩精致的品质也很好地保护了软体动物（没有贝壳或坚硬的外骨骼），这些软体动物代表了动物王国中许多其他的主要分支，包括环节动物、叶足动物，甚至还有脊索动物（见图 5-4）。节肢动物是页岩中数量最多的种类，由于三叶虫的存在，它们被作为寒武纪生物类群的代表，但它们也因其自身的形态多样性而引人注目。沃尔科特给这些生物起了各种各样的名字。例如，有一种节肢动物被他称为西德尼虫（见图 5-4），以纪念他

14 岁的儿子发现了这种类型的标本。

动物形态的多样性既令人震惊又令人困惑。沃尔科特也给诸如五眼欧巴宾海蝎、奇虾等奇异的生物命了名，他尽力将它们分类，把它们划入现有种群中的节肢动物的新目或新属。随后的研究表明，它们与现存的节肢动物种群有关，但又有所不同。其他伯吉斯动物，如威瓦西亚虫，至今仍无法进行严格的分类（见图 5-4）。

抛开它们的确切分类不谈，这些化石的意义是多方面的。伯吉斯页岩首次让我们看到了寒武纪海洋中丰富的生命形态，这个发现可以说是前无古人的。对于许多软体动物化石而言，伯吉斯页岩不仅是它们在记录中最早出现的地方，也是它们当时唯一出现过的地方。他们的发现将大多数现代动物门的起源至少追溯到寒武纪。许多生物门在寒武纪首次出现，后来科学家称这一时期为动物进化的"大爆发"时期。

一个世纪以来，这些壮观的化石使古生物学家、地质学家和生物学家提出了许多问题。其中最重要的是：是什么引发了寒武纪大爆发？在寒武纪之前漫长的时间里，生物通常都是小而简单的，为什么大而复杂的生命形态看起来是突然出现的？它们是如何出现的？

在一个多世纪后的今天，关于寒武纪大爆发我们已然知道了更多，但肯定不是全部。最可靠的事实是关于"爆发"的时间，这是沃尔科特时代的方法所无法达到的。沃尔科特认为这些化石有 1 500 万～ 2 000 万年的历史。我们现在知道，寒武纪大约开始于 5.43 亿年前，伯吉斯化石大约有 5.05 亿年的历史。

在格陵兰岛和中国澄江，科学家又发现了其他更古老的寒武纪矿床，分别有约 5.18 亿年和约 5.2 亿年的历史，其中也含有多种动物形态。虽然海绵动物和腔肠动物（如水母）的化石记录一直延续到前寒武纪，但在寒武纪之前，其他动物的清晰化石几乎不存在。化石记录表明，大多数动物群大约在 5.3 亿年前开始出现。因此，在伯吉斯动物被埋葬并成为化石之前，大爆发已经持续了大约 2 000 万～ 2 500 万年。

总的来说，寒武纪历经 4 000 万～ 5 000 万年。如此漫长的时间可能会延展"爆发"的内在含义。但与其前期相比，寒武纪标志着生命形态的巨大变化，正如我的同事、哈佛大学古生物学家安迪·诺尔（Andy Knoll）所强调的："这 5 000 万年重塑了 30 多亿年的生物历史。"大爆发是真实的，但不是一蹴而就的。

是什么引起了大爆发？前寒武纪晚期海洋中的氧气含量急剧上升。由于大型生物往往需要将氧气运送给身体各处的细胞，一些科学家认为，海洋中氧气含量的上升使大型动物的出现成为可能。然后，这些动物可能引发了捕食者和猎物之间爆发式的生态竞争，使海洋里迅速充满了各种各样的生物。

广泛的贡献

沃尔科特在 1910 年后又回到伯吉斯采石场多待了几个采集季（见图 5-5），直到 1925 年 75 岁前，他每年都回到加拿大落基山脉。他深爱的落基山脉和繁重的工作，对于怀着沉痛心情的他来说，是最好的慰藉。就在 1911 年野外勘探季节开始之前，海伦娜在一次火车事故中丧生。1913 年和 1917 年，他的两个儿子相继去世，其中一个是第一位在第一次世界大战中丧生的美国飞行员。沃尔科特写信给伍德罗·威尔逊（Woodrow Wilson）总统说，在这样的悲痛时刻，"稳定、系统的工作是一个人的救赎方式"。他真的是这么做的，此后他设法将多达 65 000 多件的伯吉斯标本带回了史密森学会，数量非常惊人，它们现在都是美国国宝。

图 5-5　在伯吉斯页岩采石场工作的沃尔科特

资料来源：Smithsonian Institution.

　　沃尔科特在其任职的 20 年期间，没有忽视国家博物馆的其他藏品需求或任务。他帮助说服底特律实业家查尔斯·弗里尔（Charles Freer）在史密森学会建立了著名的弗里尔东亚艺术画廊（Freer Gallery of East Asian Art），旨在促进"知识的增长和传播"。作为史密森学会的秘书长，沃尔科特对美国航空业的发展也有着浓厚的兴趣。1910 年 2 月的一天，他以秘书长的身份向莱特兄弟颁发了一枚奖章。后来，他又在促使国会、军方和威尔逊总统于 1915 年成立美国国家航空咨询委员会（National Advisory Committee for Aeronautics，NACA）方面发挥了关键的作用，并担任了该委员会的执行主席。1958 年，当苏联发射人造卫星"伴侣号"后，为了赶超苏联，该组织发展成为美国国家航空航天局，负责探索外太空。

从科罗拉多大峡谷的深处到加拿大落基山脉的顶峰，从前寒武纪微小遗存的收集到生命大爆发的证明，从特伦顿瀑布到白宫，从美国西部的开发到太空竞赛的开始，"雪鞋查理"留下了一串深深的足迹。

REMARKABLE
CREATURES

6.2

第6章

第一次发现恐龙蛋化石的地方

探险家安得思

注：安得思在蒙古戈壁沙漠的荒地上试图接近鸢的巢穴。他头上的护林员帽和身上的手枪是他在野外考察时的标志性装束。

资料来源：James Shackelford; American Museum of Natural History Research Library.

梦想总能成真。如若不然，大自然最初就连梦都不会让我们做。

—— 约翰·厄普代克

19世纪末，年幼的罗伊①（见本章首页背面图）在威斯康星州的贝洛伊特（Beloit）长大，贝洛伊特是洛克河畔的一个工业小镇。无论天气如何，他都尽可能在户外度过每一分钟。当他不得不留在室内时，他让母亲一遍又一遍地给他读《鲁滨孙漂流记》，尽管他已经烂熟于心了。他也梦想着有一天去一个荒岛上独自生活，自食其力。

罗伊8岁时就对大自然充满了热情。他带着双筒望远镜、笔记本和野外观鸟指南在树林中漫游。受芝加哥菲尔德自然历史博物馆参观活动的启发，他在自己家的阁楼上建了一个"小博物馆"。在那里，植物、矿物、化石、动物标本和其他"文物"被仔细地贴上标签并展出。

他的父母很爱护儿子的这种热情。在他9岁生日那天，他父亲送给他一支小

---

① 本章以罗伊代指安得思。——编者注

型单管猎枪。罗伊带着它去猎鸟，跟踪了几只漂浮在沼泽边缘的鹅。他在泥泞和水里爬行，慢慢接近它们并开枪了。3 只鹅慢慢地倒在地上，伴随着嘶嘶漏气的声音——他把别人设置的捕猎诱饵全打破了！它们的主人弗雷德·芬顿（Fred Fenton）从灌木丛中跳了出来，非常生气。罗伊吓得要死，哭着回家了。然而，罗伊的爸爸对此却哈哈大笑。原来他讨厌芬顿，他答应给罗伊买一把双管猎枪："这样你下次就可以把它们都弄到手了。"罗伊很快就得到了新武器。

罗伊喜欢露营、钓鱼和打猎，而且经常独自一人。一天晚上，在吃了由面包和熏肉组成的露营晚餐后，他蜷缩在一棵大树下露宿。夜里，他感到有什么东西在头发里蠕动，没睡醒的他伸出手去，试图拨开它。结果一个冰冷的身体缠上了他的手腕和手臂。罗伊吓得大声喊叫，浑身直发抖。那是一条无毒的束带蛇，但这一意外困扰了他好几周，并导致了他对蛇的终生厌恶。

罗伊对狩猎的热情激发了他对动物标本学的兴趣。从一本书中，他自学了制作鸟类和其他动物的标本。很快，他开始为邻近的猎人制作鸟和鹿的标本。在秋天狩猎季，他总是有很多工作可做，到了圣诞节他已经攒了很多钱。他的收入帮助他以自费的方式进入了自家附近优秀的贝洛伊特学院（Beloit College）。尽管他在动物标本的制作上很下工夫，但他不是一个很用功的学生。除了科学，他讨厌大多数学科，数学成绩也很差。伟大的非洲探险家理查德·伯顿（Richard Burton）、约翰·斯佩克（John Speke）、大卫·利文斯通（David Livingstone）和亨利·斯坦利（Henry Stanley）的故事，以及他在威斯康星州乡村多次嬉笑打闹般的狩猎经验，激发了他对探险和自然史的兴趣。

罗伊充分利用了上大学的一个重要优势——有机会见到职业的科学家。一天，他把一位来贝洛伊特学院讲课的美国自然历史博物馆地质学家堵在了墙角。罗伊解释了他对自然史的热爱，并说服这位专家去一家小酒馆看看自己制作的马头标本。对罗伊有了深刻印象的地质学家建议他写信给博物馆馆长，询问得到工作的可能性。

罗伊渴望成为一名博物学家和探险家，对于其他的职业选择他一概不予考虑。尽管他之前从未离开过芝加哥，但在大学毕业的那天，他向父母宣布，他要去纽约，并想在美国自然历史博物馆找份工作。

了不起的开始

抵达纽约的第二天，罗伊前往博物馆，去见之前预约好的馆长赫蒙·邦珀斯（Hermon Bumpus）博士。他紧张地回答了邦珀斯博士的问题，然而，博士温和地解释说现在没有空缺的职位。罗伊的心一沉，但随后他心中创业者的勇气让他脱口而出："我不是在要求一个职位，我只是想在这里工作。总得有人来打扫地板吧？！我能不能干这个？"

邦珀斯博士说："受过大学教育的人不会想打扫地板的！"

"是的，"罗伊说，"我不会去打扫任何别的建筑的地板，但是博物馆的地板是不同的。"

罗伊的坚持给邦珀斯博士留下了深刻的印象，博士当即雇用了他，还带他出去吃午饭。当时邦珀斯博士可不会想到罗伊将成为博物馆最著名的员工，并且有一天会接替他的工作。

罗伊被分配到动物标本部，他每天的工作从扫地开始，就像清洁工一样，但很快他就接到了更有趣的任务。他得到的第一个大机会是，邦珀斯博士任命他为一位科学家的助手，这位科学家计划制作一个与真的鲸鱼一样大小的鲸鱼模型。罗伊和一个朋友发现最好的方法是用金属丝网和一种特殊的纸来做。

当时罗伊甚至还从未见过鲸鱼。不久之后，一具鲸鱼尸体被冲到长岛上，罗伊和他制作模型的朋友接到了带回整具骨架的任务。陷在沙滩里的腐烂的鲸鱼尸体被海浪不断地拍打，要从它体内大量的肉和脂肪中取出骨架，是一项艰巨的任务。为此他们浑身湿透了，几乎冻僵并筋疲力尽，工作了好几天，他们终于为博物馆取回了这珍贵的、来之不易的宝贝。邦珀斯博士很为自己年轻的门生感到自豪，他向罗伊介绍了许多到访博物馆的重要客人，从著名的博物学家到20世纪初的工业巨头，如安德鲁·卡内基等。

罗伊取得鲸鱼骨架的出色表现给他带来了越来越大的名声，也给他带来了第一次真正野外探险的机会。由于他几乎没有任何观察鲸鱼行为的经验，罗伊请求他的主管让他登上在温哥华附近作业的捕鲸船。尽管持续的晕船让罗伊备受煎熬，但他终于能近距离地观察鲸鱼了，还看到了小鲸鱼的出生。由于他在第一次任务中获得的成功，在接下来的8年里，他得到了参与遍及世界不同地域的更多的鲸鱼研究的机会，特别是在接近日本、韩国和中国的远东地区。在此期间，罗伊作为博物学家的声誉越来越高，他也对东方产生了强烈的好感。例如，他"重新找到"了曾被认为已被捕杀至灭绝的灰鲸。最重要的是，罗伊的多次远征和频繁的徒步旅行为他以后的探险带来了可能，也激发了他的探索欲望，增强了他的自信。

有一次，罗伊在等待搭船离开菲律宾时，耽搁了几周。他让一艘汽艇把他和两名菲律宾助手送到了一座无人岛上。在这个被珊瑚礁环绕、棕榈树庇护的天堂里，罗伊过上了他梦寐以求的《鲁滨孙漂流记》描述的那种生活。比小说更刺激的是，他的船上只剩下5天的食物，一只坏了的螺旋桨却导致返程日期推迟了两周多。

眼看食物消耗殆尽，罗伊却一点也不在乎。他兴高采烈地在潮间水坑中跋涉，抓鱼和螃蟹，在星空下睡觉。他设下圈套诱捕鸟儿，过着世外桃源般的生活。当接他的船终于出现时，罗伊的心情反而沉重起来，因为他觉得这样自由而惬意的生活将一去不返。但其实他大可不必担心，更大的冒险就在前方。

探索亚洲梦

花了 8 年时间在世界各地追逐鲸鱼后，罗伊想上岸了。但哪里才最有可能有新的发现呢？

罗伊迷上了亚洲，尤其是中国。从他进入北平（现在的北京）的那一刻起，他就爱上了人们五颜六色的服饰，以及那些充满历史感的城墙、城垛和塑像。他对长城尤其感到敬畏。第一次来到长城时，他低着头一直向上爬，当他爬到高处抬起头来的时候，一下子感受到它所有的威严："最后，它像一条沉睡的灰蛇一样，越过群山、进入山谷，沿着陡峭的山峰向远方延展，直到我的目力所不能及的地方。地球上没有任何一个景观能像中国的长城那样让我感到震撼……我知道总有一天我会再来的。"

长城是为了保护中国北方免受外敌的侵扰而修建的。罗伊将一次又一次地穿过它的城门，去探索那片遥远而辽阔的土地。

罗伊在博物馆新任馆长亨利·费尔菲尔德·奥斯本（Henry Fairfield Osborn）的理论中找到了探索亚洲的理由。奥斯本是一位著名的古生物学家，曾领导化石探险队前往美国西部，发现并命名了霸王龙。他相信亚洲是古代人类的家园，也是欧洲和美洲许多动物的发源地。要证实这些想法，就需要对中亚的现有动物群和化石动物群有透彻的了解。为验证自己老板最感兴趣的想法去探险，还有什么理由比这更正当呢？罗伊提议组织一次探险以收集必要的科学数据。当然，奥斯本相当热心。

1916 年，罗伊首次到中国西南部的云南省进行科学考察。他带回了 2 100 种哺乳动物、1 000 种鸟类以及许多鱼类和爬行动物的完好标本，这些标本都来自之前的收集者从未到过的地区。

他曾在云南收集动物标本期间周游中国，远至蒙古、西伯利亚。罗伊热爱这项"工作"，因为这让他看到了"新的国家、新的习俗，每天都结识新的人"。最重要的是，他的旅行为未来的探索指明了方向。

他被蒙古的戈壁沙漠迷住了。他第一次乘汽车旅行，这在当时是一种新奇的交通方式，比骑骆驼更舒适、更快。穿过张家口境内的长城后，他前往乌兰巴托。五彩缤纷的峡谷、群山、沟壑和远处广阔的平原使罗伊非常兴奋，他写道：

> 再也不会有别的地方，能像蒙古那样，给我这种感觉了。一大片浅褐色的砾石消失于远处模糊的地平线，汽车与在戈壁行进的壮观的骆驼队形成强烈对比！这一切都让我激动不已。我找到了我的乐土，我对它一见如故，并深深爱上了它。

战争刚结束，1919年春，罗伊代表博物馆开始了首次深入蒙古戈壁的探险。这是一次严格意义上的动物标本采集之旅，而且是在一个几乎完全陌生的地方。罗伊又努力地为博物馆制作了1 500件哺乳动物标本，并制订了一份伟大的探险计划，这是他以前从未想象过的。

开启伟大的计划

罗伊去纽约见奥斯本教授，向他概述了自己宏大的构想。奥斯本感觉到罗伊还有话没说完，于是让罗伊将他的计划全盘托出。罗伊说，为了检验奥斯本的理论，他们"应该尝试重建中亚高原的全部历史，包括地质、化石、气候和植被。我们必须收集其现存的哺乳动物、鸟类、鱼类、爬行动物、昆虫和植物，并绘制戈壁未经勘探的那部分地图。这无疑是一项细致而缜密的工作，也是有史以来美国本土以外最大的一次陆地探险"。

罗伊已经考虑到了由此带来的特殊的后勤方面的挑战，而他在汽车方面的经验至关重要。他告诉奥斯本，如果他不使用骆驼（每天只能行走大约 20 千米），而是使用可以每天行驶 160 千米的汽车，并部署一支骆驼队充当车队的补给站，他就可以考察更大范围的土地。在冬季，带着食物和设备的骆驼队先于车队出发，这样骆驼队和车队可以在夏季时于沙漠深处会合。奥斯本向罗伊提了很多问题，而罗伊则早已想到了所有的细节。最重要的是，罗伊给奥斯本留下了深刻的印象，让他认识到此行带上在地质学、古生物学和哺乳动物学等许多领域里最好的专家的重要性。

奥斯本被说服了："罗伊，我们必须去做。这个计划在科学意义上是合理的，而且它充满了想象力。资金是唯一的障碍。"

罗伊认为他需要 25 万美元①来进行这次为期 5 年的探险。他对此也有计划。他曾与许多商业巨头接触，因此知道如果这样的冒险能给他们在上流社会带来一些声望，他们可能愿意提供支持。贝洛伊特的标本剥制师这次又对了。

他首先拜访了银行家摩根。罗伊摊开地图时，摩根全神贯注地听着。罗伊在 15 分钟内讲完了他的整个计划。当他停下时，甚至有点喘不过气来，这时摩根脱口而出："这是一个伟大的计划，一个伟大的计划。我将和你一起赌上这一局……好吧，我给你 5 万美元。现在你得出去筹集剩下的资金。"摩根把罗伊介绍给了大通国民银行（Chase National Bank）的一位银行家，这位同行捐了 1 万美元。包括洛克菲勒在内的其他纽约精英也纷纷效仿。罗伊非常享受他在华尔街的筹资经历，他对来自钢铁、石油、铁路、银行和其他行业的巨头们的冒险精神深表敬佩。

探险计划很快引起了媒体和公众的关注。罗伊收到了成千上万封自愿加入探

---

① 当时是 1921 年，换算为现在的价值，可能是 1 000 万美元。

险队的人的来信，其中许多是十几岁的男孩。但他已经非常精心地挑选了他的团队成员。

他们包括古生物学家沃尔特·格兰杰（Walter Granger），首席地质学家查尔斯·伯基（Charles Berkey），爬行动物学家克利福德·波普（Clifford Pope），汽车运输主管贝亚德·科尔盖特（Bayard Colgate），地质学家弗雷德里克·莫里斯（Frederick Morris），以及摄影师 J. B. 沙克尔福德（J. B. Shackleford）（见图 6-1）。他们相处得非常融洽，在这个探险旅程中他们的优势充分互补。

图 6-1　1922 年探险队在蒙古的查贡诺尔（Tsagon Nor）

注：第二排（从左到右），莫里斯、科尔盖特、格兰杰、巴德马贾波夫（Badmajapoff）、罗伊、伯基、拉尔森、沙克尔福德。后排，中国技术人员和营地工人。前排，蒙古语口译员和骆驼队成员。
资料来源：The New Conquest of Central Asia: A Narrative of the Explorations of the Central Asiatic Expeditions in Mongolia and China, 1921—1930, by Roy Chapman Andrews (1932). The American Museum of Natural History, New York.

随着资金和人员的到位，接下来的主要任务是物资的准备。罗伊在设备和食物的选择以及总体规划方面有着丰富的经验。他知道在沙漠里除了肉什么都找不到，所以他从美国订购了大量干果和蔬菜，包括洋葱、西红柿、胡萝卜、甜菜和菠菜，其余食物由驻扎在中国的美国海军陆战队的一支分队提供。他设法得到了一些帐篷和毛皮睡袋，因为游牧民族最擅长应对沙漠天气。他还选择了三辆道奇汽车和两辆载重一吨的富尔顿卡车。纽约标准石油公司捐赠了约1.2万升汽油和189升润滑油。最终，总重达18吨的设备和物资被运往北平，他们需要75头骆驼来驮运这一切。探险队总部设在北平，他们提前购买了骆驼，装载上物资后让它们提前出发了。1922年4月21日，这支队伍乘坐5辆车从张家口出发，穿过长城，进入了广阔的疆域。

面前的征途充满未知。其中最重要的是，他们能否找到化石。奥斯本教授注意到，罗伊也知道，在中亚高原已发现的唯一化石是一颗牙齿，它是一位俄罗斯人在19世纪90年代末发现的。有些人嘲笑这次探险毫无意义，他们认为沙漠是一片沙砾荒原，罗伊一行也许应该去太平洋里寻找化石。还有人说，在一个"地层完全被沙子掩盖"的地方浪费像伯基和莫里斯这样的著名地质学家的时间，简直就是犯罪。但罗伊的团队很快就证明怀疑者们错了，而且大错特错。

为地球生命史谱写新的篇章

车队迅速地向戈壁进发。营区的建立和拆除总是进行得非常顺利。在选定扎营地点后的30分钟内，帐篷就已搭建完成，篝火也燃起了。然后，每个团队成员都会负责完成自己的特定任务。汽车运输主管会给汽车油箱加满油，并彻底检查每辆车的螺栓是否松动或轮胎是否有破损。地质学家则把当天的工作记录誊写下来。摄影师给他的相机换上新的胶卷，并为当天的照片做好记录。动物标本剥制师则忙着给哺乳动物们设置陷阱。如果营地附近有露出地面的岩石，古生物学家们就会立刻去寻找化石。

探险进行到第四天，罗伊和他的队员们在某个地方扎营，而伯基、莫里斯和格兰杰则在几千米外停下来寻找化石。正当罗伊欣赏着沙漠中美丽的日落时，格兰杰和其他的地质学家大笑着走进营地。格兰杰从口袋里拿出几块化石，眼中放光，他大声说道："好了，罗伊，我们完成任务了。我们在一小时内捡到了20多千克重的骨头，东西就在这里。"

他们确认了其中一些牙齿是犀牛的，但不能确认其他骨头碎片属于哪些哺乳动物。那也没关系。天亮时，每个人都很高兴，都急着再去寻找化石。第二天早上，伯基双手捧着化石来吃早饭，他们恰好就在另一处发现了化石的地方扎营。格兰杰对其中的一根腿骨有点疑惑，它不是哺乳动物的。他来到伯基发现它的地方，在那里又发现了一块保存完好的巨骨，是恐龙的骨骼。伯基高兴地宣布："我们站在爬行动物时代早期的白垩纪地层上，这是在喜马拉雅山以北的亚洲发现的第一个白垩纪地层和第一只恐龙。"

罗伊之前所有乐观的预估都很快得到了验证，他们就坐在富含哺乳动物和恐龙化石的矿床上。在这里还有很多可以勘察的地方，但他们没有时间庆祝或进一步勘探。他们不得不继续前进，以便与前面 500 多千米处的骆驼队保持同步。

在杰出的蒙古人梅林的带领下，骆驼队计划于 4 月 28 日与车队会合。果然，当罗伊接近会合点时，他看到美国国旗在其中的一头骆驼背负的行囊上飘扬。经过 38 天的跋涉，梅林提前一小时到达了指定地点。骆驼排成一条纵队蜿蜒地在沙漠中延伸，景象非常壮观（见图 6-2）。

当探险队穿越沙漠时，经常要面对可怕的敌人——沙尘暴。罗伊描述了其中一次大风暴所带来的混乱和影响：

> 慢慢地，我感觉到空气在震颤，并发出持续的咆哮，咆哮声越来越响亮。我这才明白，一场可怕的沙漠风暴即将来临。浅浅的盆地像爆发的火山口一样冒烟，黄色的"风魔"在平原上盘旋。北面一片不祥的黄褐色沙暴以赛马般的速度向前推进。我急忙返回营地，仿佛有一千个尖叫着的风暴恶魔向我的脸上投掷沙子和砾石。呼吸都变得困难，什么都看不到了。

图 6-2　1925 年抵达火焰崖的探险队

资料来源: *The New Conquest of Central Asia: A Narrative of the Explorations of the Central Asiatic Expeditions in Mongolia and China, 1921—1930*, by Roy Chapman Andrews (1932). The American Museum of Natural History, New York.

狂风一直刮了 10 天,刮得队员们都神经衰弱了。但风暴过后,他们又一次欣赏到了壮美的沙丘、淡紫色远山映衬下的红色夕阳,以及从地下露出头来的化石宝藏。

沙克尔福德有一种发现化石的神奇本领。一天,在一个沙漠湖的岸边,他被一根从岸边露出的巨大腿骨绊倒了。一些蒙古人曾告诉过探险队员,有些"骨头和人的身体一样大"。这根腿骨就是证据。它是俾路支巨兽(意为"俾路支省的野兽",以 1913 年在巴基斯坦发现它的地方命名)的肱骨。罗伊和格兰杰随后发现了这种巨兽的头骨,这是有史以来发现的最大的陆地哺乳动物,它将近 5 米高、8 米长,重达 15 吨。

格兰杰满载而归。仅在一天之内,他就发现了 175 块各种食肉动物、啮齿动物和食虫动物的完整或部分头骨。在附近,他还发现了一具小喙恐龙的完整骨架。

尽管沙漠的条件很艰苦，但这些藏在如此偏远的地方的化石，实际上是幸运的。在中国，由于龙是权力的神圣象征，骨化石长期以来被解释为龙的骨骼。2 000多年来，这些"龙骨"，也就是灭绝的哺乳动物和恐龙的骨骼，被收集、研磨成粉末，并用于传统的民间药物。如果戈壁遗址更接近文明地带，它们可能早已经被破坏了。

　　到了9月1日，是时候离开戈壁了。天气正在变冷，成群结队的鸟儿从北部冻土带向南飞去。探险队携带的水已经不多了，罗伊也担心再待下去，会被暴风雪困住。

　　一天，沙克尔福德为了寻找水源而到处溜达，来到一个巨大的红色砂岩盆地的边缘。他沿着山坡往下跑，朝着一块支棱着一根白色骨化石的突兀岩石走去，这化石似乎正等着破土而出。原来这是一种不常见的有角恐龙的头骨，后来为纪念罗伊而被命名为安氏原角龙（*Protoceratops andrewsi*，见图6-3）。沙克尔福德报告说发现了一些骨头化石，所以探险队决定在此扎营。

图6-3　安氏原角龙暴露在火焰崖上

资料来源: *The New Conquest of Central Asia: A Narrative of the Explorations of the Central Asiatic Expeditions in Mongolia and China, 1921—1930,* by Roy Chapman Andrews (1932). The American Museum of Natural History, New York.

第二天，他们发现这片美丽的荒地"铺满了白色的骨骼化石，全都是探险队成员未知的动物骨骼"，但他们不得不把进一步的勘探留给来年。受夕阳下岩石反射的火一样的光芒的启发，罗伊将此地命名为"火焰崖"，探险队就此返回北平。

探险队的科学成果远超预期。他们发现了小型恐龙的完整骨架和大型恐龙的部分骨骼，乳齿象、啮齿动物、食肉动物、鹿、巨型鸵鸟和犀牛的头骨，以及白垩纪的蚊子、蝴蝶、鱼等的化石。沙克尔福德用长达 2 000 米的胶片拍摄了他们探险和戈壁生活的场景。几乎所有标本都是科学新发现。奥斯本教授送来祝贺："你们为地球的生命史谱写了新的篇章。"

但探险队员们知道，他们只是刚刚触及了表面。他们开始为下一年重返火焰崖做准备。

第一个被发现的恐龙蛋化石

第二年，探险队再次离开北平前往戈壁。扎营后，罗伊和另一名司机回到张家口寻求更多补给。他们差点失败。当靠近一个深谷时，罗伊很警惕。他知道，一周前有来自俄罗斯的汽车在这里被抢劫。当他发现一名骑在马背上拿着步枪的男子时，他掏出左轮手枪，"砰"的一声开枪将男子吓跑。但随后他看到前面有四名武装骑手。小径太窄，他无法掉头，所以他发动引擎，沿着小径冲过去试图吓跑骑手的马。他成功了。强盗们不得不紧紧抓住受惊的马，罗伊紧接着开了几枪。用他的话说，这"太有趣了"。车队沿着他们的汽车在 10 个月前留下的轨迹，跋涉了几百千米到达了火焰崖。下午，他们扎下营地，开始四散寻找化石。到了傍晚，每个人都收获了自己的恐龙头骨。

第二天，新团队成员乔治·奥尔森（George Olsen）在午餐时报告说，他认为自己发现了一些蛋化石（见图 6-4）。其他人嘲笑了他一番，但还是很好奇，跟着他回到了现场，想看看他说的到底是什么东西。

图6-4　乔治·奥尔森在火焰崖上发现的第一窝恐龙蛋化石

资料来源: *The New Conquest of Central Asia: A Narrative of the Explorations of the Central Asiatic Expeditions in Mongolia and China, 1921—1930,* by Roy Chapman Andrews (1932). The American Museum of Natural History, New York.

　　我们刚刚的不以为然突然消失了。可以肯定它们真的是蛋化石。其中三个暴露在外面，显然是从它们旁边的砂岩岩壁上"钻"出来的……这太令人难以置信了，尽管我们试图以各种方式将它们解释为地质现象，但毫无疑问，它们真的是蛋化石。我们确信它们一定是恐龙蛋化石。确实，以前从未有人知道恐龙会下蛋……尽管在世界各地发现了数百个恐龙头骨和骨架的化石，但从未发现过一个恐龙蛋化石。

恐龙蛋化石！罗伊后来承认："这大大超出了我们的想象。"

恐龙蛋化石并不是唯一的发现："当其余的人都趴在地上的时候，奥尔森刮掉了岩壁顶部松动的石块。令我们惊讶的是，一个小恐龙的骨架，就躺在恐龙蛋化石上方 10 厘米的地方。"这是一种全新的恐龙。奥斯本教授后来猜测这是一个被当场抓住的偷蛋贼，并将其命名为偷蛋龙。

几天后，探险队又发现了一窝 5 个蛋化石，然后又发现了另一窝 9 个蛋化石。在两个裂成两半的蛋化石中，他们可以清楚地看到恐龙胚胎的骨骼。那一年总共发现了 25 个蛋化石，在随后的几年中他们发现了更多的恐龙蛋化石（见图 6-5）。

图 6-5 探险队发现的更多的恐龙蛋化石

注：左边是奥尔森，右边是罗伊。椭圆形的蛋化石在他俩之间。
资料来源：*The New Conquest of Central Asia: A Narrative of the Explorations of the Central Asiatic Expeditions in Mongolia and China, 1921–1930,* by Roy Chapman Andrews (1932). The American Museum of Natural History, New York.

但这些蛋化石并不是寻宝行动的终点。探险队在附近 5 千米范围内一共发现了 75 块头骨。一下子发现这么多化石造成了一个问题。化石标本是用在面糊里浸泡过的布来包裹的。然而，在 3 周内，面粉消耗殆尽。罗伊在队内进行了民意调查：他们应该停止工作还是继续将剩下的面粉用于包裹化石标本？队员们一致同意"把面粉留作工作之用"，所以他们只剩下茶和肉作为食物。他们还用完了用来包裹化石的粗麻布，所以不得不临时别的东西来凑合。开始，他们剪下所有帐篷的篷布，然后使用他们的毛巾。最后，他们用自己的衣物，包括袜子、裤子、衬衫、内衣，甚至罗伊的睡衣。在被以这样的方式保存下来的众多恐龙化石中，奥斯本鉴定出了几个新种，包括拥有大爪子的敏捷捕食者伶盗龙和霸王龙的近亲特暴龙。

来自火焰崖的收获共装满了 60 个补给箱和汽油空罐，重达 5 吨。在这堆化石中，藏着一块尚未被发现的"小宝石"：一块只有 2.5 厘米长的小头骨，与恐龙蛋化石一样，被发现于白垩纪岩层中。格兰杰给它贴上了"无法辨认的爬行动物"的标签。然而，等到后来他们在博物馆打开包装并仔细研究后发现，很明显，它不是爬行动物，而是哺乳动物。这是迄今出土的、生活在白垩纪的哺乳动物最完整的标本，清楚地证明哺乳动物与恐龙生活在同一时期。但这一标本只能算是反映早期哺乳动物生活的惊鸿一瞥。寻找更多的哺乳动物将是下一次探险的首要任务。

在远古哺乳动物的足迹上

1925 年，在他们第三次到达火焰崖时，罗伊带来了一封信，这封信是博物馆的古生物学负责人 W. D. 马修（W. D. Matthew）写给格兰杰的。在信中，马修强调了那个微小的哺乳动物头骨的重要性，并写道："请您尽最大努力找到其他头骨。"罗伊和格兰杰就此讨论了一会儿后，格兰杰表示："嗯，我想这是命令。我最好快点开始。"他立刻前往火焰崖，一小时内就带着另一块哺乳动物的头骨化石回来了。后来，他和助手们在烈日下花了很多天，在数千个砂岩块中搜索，以寻找更多的头骨。这是一项乏味而艰苦的工作，好在他们又发现了7 块头骨，大多数是下颌骨。格兰杰把这些易碎的化石放在他的手提箱里妥善保管。

探险结束后，罗伊把这些宝贝带到了纽约，交给了马修博士。随后的分析显示，它们属于两个食虫动物家族（见图 6-6），是哺乳动物进化史中第一个"缺失的环节"。化石显示，在恐龙时代结束之前，哺乳动物已经分化为有袋类和胎盘类两大类。火焰崖上还发现了多瘤齿兽类的化石，这是哺乳动物的一个古老分支，也是唯一一个已经完全灭绝的主要分支。

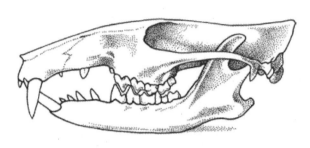

图 6-6　早期哺乳动物的头骨

注：这是一种类似鼩鼱的哺乳动物，与恐龙一起生活在白垩纪，它的头骨大约有 5 厘米长。
资料来源：Leanne Olds.

罗伊相信，这些化石是整个探险队最有价值的发现，格兰杰连续 7 天的密集搜寻"可能是整个古生物学史上最有价值的工作"。

平原上的蛇

从火焰崖往东返回的路上，探险队又发现了大量所处地质年代更年轻、体形更大的哺乳动物化石。他们找到了两块巨兽化石，其中包括一块类似犀牛的巨大头骨，此前仅在美国发现过。在一个新的挖掘地，多达 27 只哺乳动物的下颌骨化石暴露在一片岩层外，还有更多的下颌骨则躺在它们的下方。这些化石来自一只奇怪的爪蹄动物和几十只叫作脊齿貘（貘的近亲）的小型有蹄动物。罗伊得出结论，该地区一定曾经有过大量的这种哺乳动物，就像这里也有过大量的恐龙一样。

在他们探索的这片土地上，比化石还多的是毒蛇。白天，他们在帐篷的附近就发现了 3 条蛇，而且所有队员在外出寻找化石时都看到过蛇。

对罗伊来说，蛇太多了。一天晚上，气温降到接近冰点，毒蛇们爬进营地取暖。一切都乱套了。一名汽车工程师在夜里醒来，发现他的帐篷门附近有一条蛇。他在帐篷里四处查看，发现他睡的帆布床的每条腿上都有蛇，还有一条蛇在油箱下面。地质学家莫里斯喊道："天哪，我的帐篷里全是蛇。"

蒙古人不愿杀蛇，因为营地正位于寺庙附近的一个圣地内。美国人则没有这样的束缚，迅速杀死了 47 条毒蛇。大家都很紧张。罗伊看到一根绳子时也以为是蛇，直接跳了起来。格兰杰则袭击了一个实际上是管道清洁器的东西。没有人被蛇咬，但在被蛇骚扰了两天后，这支队伍赶紧收拾行装，离开了毒蛇窝，动身前往北平。

一生的冒险

1925 年探险队离开火焰崖时，罗伊指出，这小小的地方带给他们的收获——第一枚恐龙蛋化石、100 块新种的恐龙头骨和其他骨骼，以及 8 块白垩纪哺乳动物头骨，比预期更多。这可能是他最后一次看着那美丽的红色岩层，也许自己的探险队再也不会"穿越茫茫的沙漠，来到蒙古这个史前宝库"，他为此深感惋惜。这的确是最后一次。

1928 年和 1930 年，罗伊和他的探险队又两次远征到戈壁的不同地区。而在 1926 年、1927 年和 1929 年，战争和排外情绪阻止了探险队的进入，持续的政治动荡则最终彻底结束了进一步的实地考察。

他们并没有发现远征队最初出发时的主要目标——古代人类的遗骸。但他们的发现带来了足够多的线索，让后来的许多科学家研究了很多年。时至今日，戈壁上的哺乳动物化石和恐龙化石仍然是人们深入研究的对象。

罗伊出名了，恐龙蛋化石让他登上了《时代》杂志的封面。因为这次远征的总部设在纽约，并且得到了非常杰出的实业家的支持，新闻界对他的事迹进行了广泛的报道。罗伊的演讲吸引了大批的人，他还写了许多受欢迎的杂志文章和几本关于探险的书。他获得了许多荣誉，包括只有最勇敢的探险家，诸如罗伯特·皮里（Robert Peary）、罗伯特·斯科特（Robert Scott）、欧内斯特·沙克尔顿（Ernest Shackleton）、罗阿尔德·阿蒙森（Roald Amundsen）和理查德·伯德（Richard Byrd）才能获得的奖牌。1935 年，罗伊成为美国自然历史博物馆馆长，他曾在那里满怀激情地扫地。

在纽约高层的社交圈里，罗伊夫妇与著名探险家威廉·毕比（William Beebe）、飞行员查尔斯·林德伯格（Charles Lindbergh）和阿梅莉亚·埃尔哈特（Amelia Earhart）等人关系密切，也与众多的电影明星往来。罗伊也算是个明星。在新闻短片和报纸上，罗伊总是戴着他的护林员帽，腰间挂着左轮手枪，他成了新一代探险家兼科学家的形象代言人。如果再加上对蛇的厌恶，罗伊的形象有点像电影《夺宝奇兵》中的主角印第安纳·琼斯（Indiana Jones），也许这并非巧合。乔治·卢卡斯（George Lucas）是该系列电影的创作者，据报道，他的灵感来源于 20 世纪 40 年代和 50 年代 B 级电影系列中的人物，而这些人物的创作者，则很可能受到了罗伊等人的冒险故事的影响。

在自传《吉星高照：一生的冒险》(Ander a Lucky Star: A Lifetime of Adventure)中，罗伊回忆起他小时候"一直想成为一名探险家，在自然历史博物馆工作，住在野外"。最后，他承认自己能够梦想成真是多么幸运，对他来说，"冒险就在拐角处，而世界充满了拐角！"

REMARKABLE CREATURES

2.5

第 7 章

中生代结束的那一天

路易斯·阿尔瓦雷茨（Luis Alvarez）和沃尔特·阿尔瓦雷茨（Walter Alvarez）父子
注：两人在意大利古比奥附近，勘查露出地面的石灰岩岩层。沃尔特·阿尔瓦雷茨
（右）的右手就放在白垩纪石灰岩岩层顶部的代表白垩纪与第三纪①（K-T）的分界线上。
资料来源：Photograph courtesy of Ernest Orlando Lawrence, Berkeley National
Laboratory.

---

① 新地质年代表已停止使用第三纪这个概念。——编者注

获取知识的开端是去探索未知的东西。

——弗兰克·赫伯特，《沙丘》

古比奥镇位于意大利中部翁布里亚（Umbria）大区的因尼诺山（Monte Ingino）山坡上，是伊特鲁里亚人在公元前 2 世纪至公元前 1 世纪之间建造的，至今仍有许多保存完好的古建筑，记录了其辉煌的历史。它的罗马剧院、执政官府邸、各种教堂和喷泉分别是古罗马、中世纪和文艺复兴时期的壮观纪念物，这使其成为意大利的旅游胜地之一。

20 世纪 70 年代初，年轻的美国地质学家沃尔特·阿尔瓦雷茨来到古比奥，但吸引他的不是古老的建筑，尽管它确实让实地考察变得更加有趣，真正吸引这位地质学家的是保存在城墙外的岩层中更古老的自然史。就在古比奥城外，存有一位地质学家的梦想——地球上最大、最连续的石灰岩岩层之一（见本章首页背面图）。该地区山坡和峡谷沿线的岩层呈现迷人的粉红色，当地人称之为 Scaglia Rossa。Scaglia 的意思是"鳞片"或"薄片"，指的是该岩石可以很容易地切割成方块，就像罗马剧院等建筑所用的材料；Rossa 指的是它的粉红色。这个巨大的地层由许多岩层组成，总体厚度约 400 米。这些岩石曾经是一个古老的海床，代表着地球大约 5 000 万年的历史。

长期以来，地质学家一直利用岩层中的化石来帮助识别地质年代，就像沃尔科特在大峡谷中所做的那样，沃尔特在研究古比奥周围的地层时也遵循了这一策略。在这里的石灰岩中，他发现了被称为有孔虫的微小生物的外壳化石。有孔虫是一类单细胞原生生物，只有用放大镜才能看到。但在分隔两个石灰岩层的仅 1 厘米厚的黏土层中，他没有发现任何化石。此外，在黏土层下方年代较远的岩层中，有孔虫的体形远远大于黏土层上方年代较近的岩层中的有孔虫（见图 7-1）。他勘查了古比奥的每一处岩石，都发现了那层薄薄的黏土，以及其上下有孔虫相同的分布形态。

图 7-1　第三纪有孔虫（上）和白垩纪有孔虫（下）

注：从白垩纪末期至第三纪初期，有孔虫体形发生急剧变化，这种现象在世界范围内普遍存在，沃尔特·阿尔瓦雷茨对此深感困惑。这些标本来自古比奥以外的不同地方。

资料来源：Brian Huber, ©Smithsonian Museum of Natural History.

沃尔特对此感到十分困惑。是什么导致了有孔虫的这种变化？变化得有多快？没有有孔虫的黏土薄层代表了多长时间？

这些看似十分简单的微小生物，以及在意大利厚达 400 米的岩层中仅约 1 厘米厚的黏土层，是如此不起眼，但正是对这些小问题的刨根问底，让沃尔特有了一个真正惊天动地的发现并填补了生命史上最重要的一页的空白。

K-T 界线

从化石分布和其他地质数据可知，古比奥的岩层横跨白垩纪和第三纪的部分时期。这些地质时期的名称来源于早期地质学家对地球历史上主要时期的看法，以及一些特定时期的标志性特征。在其中一个时期划分方案里，生命史分为三个时代：古生代（"古代生命"，最早期的动物时代）、中生代（"中代生命"，恐龙时代）和新生代（"近代生命"，哺乳动物时代）（见图 7-2）。白垩纪以该时期地层特有的白垩沉积而得名，形成了中生代最后三分之一的时期。第三纪则开始于6 500 万年前的白垩纪末。

沃尔特和他的同事比尔·劳里（Bill Lowrie）花了几年时间研究古比奥地层，从第三纪至白垩纪的岩层中分别采样。开始的时候，他们对尝试破译地质历史很有兴趣。他们的策略是将地球磁场的反转与之关联起来，其在含有有孔虫化石的岩石的质地和纹路上留下了明显的标记。他们学会了通过识别某些岩层中的有孔虫特征以及白垩纪和第三纪岩石之间的边界来确定它们在地层中的位置。这个边界总是出现在有孔虫体形急剧变小的地方。边界下面的岩石是白垩纪的，上面的岩石是第三纪的，两者之间有一层薄薄的黏土（见图 7-3）。该边界被称为 K-T 界线，K 是 Cretaceous 的传统缩写，T 代表 Tertiary。

当另一位地质学家阿尔·菲舍尔（Al Fischer）指出，K-T 界线出现的时期与所有动物灭绝中最著名的一次——恐龙灭绝的时代大致相同时，沃尔特对这些微小的有孔虫和 K-T 界线更感兴趣了。

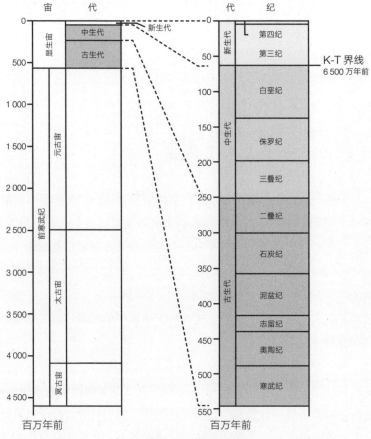

图 7-2 地质年代表

资料来源：Leanne Olds.

　　沃尔特当时对地质学理论还比较陌生。在获得博士学位后，他在利比亚一家跨国石油公司的勘探部门工作，直到卡扎菲上校将所有美国人都驱逐出境。他在地球磁场反转方面的研究进展很顺利，但他意识到古比奥有孔虫的突然变化和K-T界线出现时期的恐龙大灭绝之间有着一个更大的谜团。

图 7-3　古比奥的 K-T 界线

注：下面古老、富含化石的白色白垩纪石灰岩与上面较暗的第三纪石灰岩之间有一层薄薄的黏土（用硬币标记），三者记录了白垩纪末期海洋生物的突然变化。
资料来源：Frank Schönian, Museum of Natural History, Berlin.

　　沃尔特想弄清的第一个问题是：那个薄薄的黏土层需要多长时间才能形成？要回答这个问题，他需要一些帮助。孩子们在学习中寻求父母的帮助是很常见的。然而，当这个"孩子"到了 30 多岁时还要这样做，则是极不寻常的。但很少有孩子像沃尔特一样，有着那样优秀的父亲。

从原子弹到宇宙射线

　　沃尔特的父亲路易斯·阿尔瓦雷茨对地质学和古生物学知之甚少，但他对物理学很精通，是促进核物理学诞生和发展的中心人物。1936 年，路易斯从芝加哥大学获得物理学博士学位，然后在加州大学伯克利分校的欧内斯特·劳伦斯手下工作。欧内斯特因发明回旋加速器而获得 1939 年诺贝尔物理学奖。路易斯早期的物理学研究被第二次世界大战打断。在战争的头几年，他致力于开发雷达和地面控制进场系统，以帮助飞机在能见度低的恶劣天气下安全着陆，他因此而获得了罗伯特·科利尔奖，这是航空界的最高荣誉。

在战争中期，他参与了曼哈顿计划，这是美国秘密开发核武器的最高机密项目。路易斯和他的学生劳伦斯·约翰斯顿（Lawrence Johnston）为两颗原子弹中使用的炸药设计了雷管。随后，曼哈顿项目负责人罗伯特·奥本海默（Robert Oppenheimer）让他负责测量爆炸释放的能量。路易斯是见证了最初两次原子弹爆炸的极少数人之一。他以科学家的身份飞往新墨西哥州的沙漠，参与第一次原子弹试验，随后不久又随战机飞往日本广岛，目睹了原子弹的投放。

战后，路易斯重返物理研究领域。他开发了大型液氢气泡室来追踪研究粒子的性能。1968 年，路易斯因在粒子物理学方面的成就而获得诺贝尔物理学奖。

这似乎已是一个人辉煌职业生涯的最高点。几年后，他的儿子沃尔特来到伯克利，加入了地质系。这对父子因此有了很多的机会一起讨论科学问题。一天，沃尔特给了他父亲一块经过打磨的古比奥含 K-T 界线的岩石样本，并解释了其中的奥秘。当时已经 60 多岁的父亲很感兴趣，他们两人开始头脑风暴，讨论如何测量 K-T 界线附近的岩石沉积速率。他们需要某种原子计时器。

路易斯是世界著名的研究放射性衰变的专家之一，他首先建议测量 K-T 界线黏土中铍 -10 的丰度。这种同位素是由于宇宙射线与黏土中的氧原子发生核反应而不断产生的。黏土沉积的时间越久，铍 -10 的含量就越高。路易斯让沃尔特联系了一位懂行的物理学家。但就在沃尔特准备开始的时候，他发现，书中的铍 -10 的半衰期是错误的，其实际的半衰期更短，6 500 万年后剩下的铍 -10 含量太少，无法测量。此时路易斯想出了另一个主意。

岩石样本中的太空尘埃

路易斯想到，陨石中铂族元素（铂、铑、钯、锇、铱和钌）的含量是地壳中的 1 万倍。他计算出，大体上，来自外太空的尘埃雨应以恒定的速率落下。因此，通过测量岩石样本中的太空尘埃（铂族元素）数量，可以计算出它们形成的时间。

这些元素的含量并不算多，但可以测量。沃尔特认为，如果黏土层沉积用了几千年，它将含有可检测到的一定量的铂族元素，但如果它沉积得更快，将不含这些元素。

路易斯认为，最好的测量对象是铱，而不是铂，因为铱更容易被检测到。他还知道谁能进行测量：伯克利辐射实验室的两位核化学家弗兰克·阿萨罗（Frank Asaro）和海伦·米歇尔（Helen Michel）。

沃尔特给了阿萨罗一组来自古比奥 K-T 界线岩石的样本，但几个月过去了，他没收到任何反馈。阿萨罗的分析速度很慢，他的设备有时无法工作，他还有其他项目要做。

9 个月后，沃尔特接到了父亲的电话，阿萨罗那里有了结果。他们原来预计铱的含量约为百亿分之一，阿萨罗的测量结果却是十亿分之三，大约是预期含量的 30 倍，比岩床其他岩层中发现的含量都高。为什么那薄薄的一层黏土里有这么多铱？

在他们陷入猜想之前，首先要弄清楚的是，含有高含量的铱仅仅是古比奥周围岩石的异常情况，还是一种普遍现象。沃尔特找到另一处暴露在外的 K-T 界线黏土层，在那里他们可以取样。这是在丹麦哥本哈根以南的斯特文斯·克林特地区。当看到黏土沉积层时，他马上意识到"丹麦海底曾经发生了一些不愉快的事情"。悬崖的表面几乎全是白色的石灰岩，其中富含各种各样的化石。但那薄薄的黏土层是黑色的，散发着硫黄的臭味，里面只有鱼骨化石。沃尔特推断，当这些"鱼泥"沉积下来的时候，海洋就是一个缺氧的墓地。他采集了样本，并把它们交给了弗兰克·阿萨罗。他们发现在丹麦的"鱼泥"中，铱的含量是正常含量的 160 倍。

在 K-T 界线上一定发生过非比寻常的、非常糟糕的事情。有孔虫、黏土、铱、恐龙等种种迹象都是证据。但是，究竟发生了什么呢？

撞击地球的小行星

阿尔瓦雷茨父子立刻得出结论，铱一定来自外太空。他们想到了超新星，一颗恒星的爆炸会导致其内部的元素散落到地球上。这个观点以前曾在古生物学和天体物理学界流传。

路易斯知道重元素是在恒星爆炸中产生的，因此，如果这个思路是正确的，那么在 K-T 界线的黏土中也应该有含量不同寻常的其他元素。可测量的最重要的同位素是钚 -244，其半衰期为 7 500 万年。它仍然存在于黏土层中，但会在普通的地球岩石中衰减。严谨的测试没有发现钚含量的升高。这很令人失望，但至少他们排除了一种理论可能。

路易斯一直在设想各种可能导致了全球性生物灭绝的场景。在此过程中，他除了认为可能太阳系在穿越一团气体云时，太阳变成了一颗新星，还想到铱可能来自木星。这些猜想都站不住脚。加州大学伯克利分校的天文学家克里斯·麦基（Chris McKee）提出，可能是小行星撞击了地球。起初，路易斯认为这只会产生一股潮汐般的巨浪，他无法想象这股巨大的浪潮如何杀死蒙大拿州和蒙古的恐龙。

后来他想起了 1883 年喀拉喀托岛上的火山爆发，这是一场有明确记载的灾难。当时，数千米长的岩石被炸入大气层，细小的尘埃颗粒在地球上空盘旋，并在高空中停留了两年甚至更长的时间。他还从核弹试验中得知，放射性物质会在空中迅速混合。也许一次巨大撞击产生的大量尘埃会在几年内把白昼变成黑夜，从而使地球冷却，并使植物停止所有的光合作用？如果是的话，这样的一颗小行星该有多大呢？

根据黏土中的铱测量值、球粒陨石中铱的浓度以及地球的表面积，路易斯计算出这颗小行星的质量约为 3 000 亿吨。然后他推断出这颗小行星的直径为 6 千米～ 14 千米。

与地球 1.3 万千米的直径相比，这个直径似乎并不算大。但是考虑一下撞击产生的能量。这样一颗小行星如果以 25 千米每秒的速度进入大气层，时速超过 80 000 千米。它将以 10^8 兆吨 TNT 当量的能量撞击地球，并在大气层中撞出一个 10 千米宽的洞。有史以来最大的原子弹爆炸释放的能量相当于 1 兆吨 TNT 当量，而这颗小行星的威力是它的 1 亿倍。带着这样的能量，撞击出的陨石坑直径将达到 200 千米，深度将达到 40 千米，大量物质将被喷射到大气中去。

这对父子终于找到了有孔虫和恐龙灭绝的原因。

中生代世界的末日

这颗小行星在大约一秒钟内就击穿了地球的大气层，将挡在它前面的空气加热到太阳表面温度的好几倍。撞击地球时，小行星瞬间蒸发了，一个巨大的火球喷发进入太空，撞击出的岩石颗粒一直喷射到地月距离一半远的地方。巨大的冲击波穿透基岩，然后又反射回到地表，将融化的基岩碎片射向大气层的边缘以及更远的地方。第二个火球从受到冲击的石灰岩基岩上喷出。在距离爆炸地点几百千米的半径范围内，所有生命都被毁灭了。而在更远的地方，喷射到太空中的物质高速落回地球，就像数以万亿计的流星在重回大气层时被加热，引发了整个大陆的森林大火。海啸、山体滑坡和地震进一步毁坏了撞击点附近的地貌。

在地球的其他地方，毁灭来得稍晚一点。

大气层中的碎片和烟尘挡住了阳光，黑暗可能持续了数月。这导致光合作用无法进行，基于此的食物链彻底断裂，食物链中处于较高位置的动物相继灭亡。K-T 界线不仅标志着恐龙的灭绝，也代表着箭石、菊石和海洋爬行动物的终结。古生物学家估计，50% 的海洋生物或者说 80%～90% 的海洋物种灭绝了。在陆地上，所有体重超过 25 千克的动物都没能幸存下来。

这是中生代世界的末日。

小行星撞击留下的陨石坑

路易斯和沃尔特·阿尔瓦雷茨、弗兰克·阿萨罗和海伦·米歇尔在 1980 年 6 月发表在《科学》杂志上的一篇论文中总结了整个事件，包括古比奥有孔虫、铱含量异常、小行星理论和生物灭绝场景。这是一篇跨越不同学科领域的杰出、大胆的综合性论文，其在研究范围上可能是现代科学文献中任何一篇论文都无法比拟的。

由于担心科学界不认可他们的理论，该团队尽可能多地寻找合适的样本进行检测，他们甚至远赴新西兰的 K-T 岩床进行铱元素含量分析，只是为了再次验证其发现。样本显示出铱元素含量峰值高达正常值的 20 倍，再一次证实了这种现象是全球性的。

他们的担心有充分的理由。现代地质学诞生后的前 150 年里，人们一直强调渐进变化的力量。地质学已经取代了《圣经》中关于灾难的故事。地球上发生灾难性事件的想法不仅令人不安，而且被认为是不科学的。在"小行星撞击地球"论文发表之前，科学界普遍认为恐龙灭绝的原因是气候或食物链的逐渐变化导致其无法适应环境。

一些地质学家对灾难假说嗤之以鼻。一些古生物学家根本不相信小行星理论，他们指出当时化石记录中恐龙骨骼的位置，最高才位于 K-T 界线以下 3 米。也许小行星撞击时恐龙已经消失了？另一些古生物学家则指出，由于恐龙骨骼非常稀少，人们不应该指望在分界线上找到它们。相反，他们认为，关于有孔虫和其他生物的丰富化石记录更能说明问题，有孔虫和菊石一直存在于 K-T 界线附近。当然，还有一个更大的问题需要解释：那个巨大的陨石坑到底在哪里？对怀疑者和支持者来说，这都是该假说的一个明显缺陷，因此搜寻工作就此展开，以弄清楚撞击区域是否真的存在。

当时，地球上只有三个直径不小于 100 千米的陨石坑，但没有一个年代相符。如果这颗小行星撞上的是覆盖地球表面 2/3 以上的海洋，那么搜寻者可能就没那么幸运了。况且当时人们还没有绘制出精细的深海地图，第三纪之前洋底的很大一部分在地壳板块的持续运动中被埋到了地球深处。

在小行星理论提出后的 10 年里，人们寻找了许多线索和踪迹，但最终多数走进了死胡同。因为屡次失败，沃尔特开始相信，撞击实际上是在海洋中发生的。然而这时，一个有希望的线索出现在得克萨斯州一条河的河床中。布拉索斯河（Brazos River）流入墨西哥湾，其沙质河床正好位于 K-T 界线附近。当熟悉海啸留下的矿床类型的地质学家仔细勘查时，发现其河床中有着 50 ~ 100 米高的巨大海啸才能留下的特征。

当时，许多科学家都在搜寻撞击地点。亚利桑那大学的研究生艾伦·希尔德布兰德（Alan Hildebrand）是其中最坚持不懈的人之一。他得出结论，布拉索斯河的海啸岩床是一个关键的线索，它表明陨石坑的位置是在墨西哥湾或加勒比海。在显示陨石坑的可能位置的所有地图上，他发现了哥伦比亚北部海床的一些圆形特征。他还了解到墨西哥尤卡坦半岛（Yucatán Peninsula）海岸有一些圆周重力异常，即质量浓度不同的地方。

希尔德布兰德努力地寻找其他的线索，以证明自己的思路是正确的。撞击事件的两个证据是在高温高压下形成的玻璃状球体，被称为玻璃陨石（见图 7-4），以及极小的"撞击"石英颗粒。希尔德布兰德注意到一份报告称，海地一处遗址的晚白垩纪岩石中有玻璃陨石。当他来到提交这份报告的实验室时，马上认出了这种材料就是撞击产生的玻璃陨石。然后，他去了海地，发现那里的矿床含有有史以来发现的最大的玻璃陨石和撞击石英颗粒。他和他的导师威廉·博因顿（William Boynton）推测，撞击地点应该在以海地为中心的 1 000 千米以内。

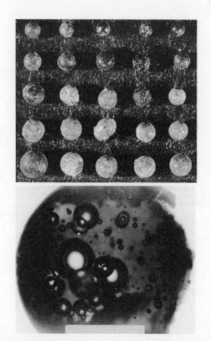

图 7-4　来自怀俄明州多吉溪（上）和海地贝洛克（下）的玻璃陨石

注：这些玻璃状的陨石小球是在强烈的撞击产生的高温下形成的，并像雨点一般落在地球上的大片区域。玻璃陨石内的气泡是颗粒被喷射出大气层后在真空中形成的。
资料来源：Alan Hildebrand and the Geological Society of Canada（上），J. Smit, *Ann. Rev. Earth Planet. Sci.* (1999) 27: 75–113（下）。

希尔德布兰德和博因顿在一次会议上介绍了他们的发现后，《休斯敦纪事报》

（*Houston Chronicle*）记者卡洛斯·拜亚斯（Carlos Byars）联系了他们。拜亚斯告诉希尔德布兰德，为墨西哥国家石油公司工作的地质学家可能早在多年前就发现了这个陨石坑，因为格伦·彭菲尔德（Glen Penfield）和安东尼奥·卡马尔戈（Antonio Camargo）曾研究过尤卡坦半岛的圆周重力异常。墨西哥国家石油公司不允许他们公布属于公司的数据，但他们在1981年的一次会议上确实提出，他们绘制的地貌特征显示可能是陨石坑，那是在阿尔瓦雷茨父子提出小行星理论的一年后。彭菲尔德还曾写信给沃尔特提出了这个想法。

1991年，希尔德布兰德、博因顿、彭菲尔德、卡马尔戈及其同事们正式提出，在尤卡坦半岛的希克苏鲁伯（Chicxulub），位于地下800米处，直径180千米（几乎正好是阿尔瓦雷茨团队预测的大小）的陨石坑就是长期寻找的小行星撞击形成的陨石坑（见图7-5）。

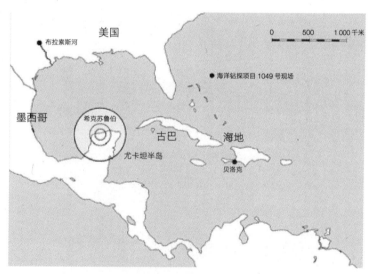

图 7-5 希克苏鲁伯陨石坑的位置和发现关键撞击证据的地点

注：这张地图显示了存在各种撞击证据的位置：布拉索斯河、海地、海洋钻探项目1049号现场（见图7-7图注），以及尤卡坦半岛。
资料来源：Leanne Olds.

为确定希克苏鲁伯的陨石坑是不是真的，关键的测试必不可少。第一个问题是推断岩石的年代，这不是一项容易的任务，因为坑被掩埋了。最好的方法是测试几十年前墨西哥国家石油公司钻井时采集的岩心样本。检测结果是令人惊叹的。一个实验室得出的数据为 6 498 万年，另一个实验室得出的数据则为 6 520 万年。二者相近得惊人，即陨石坑形成的年代与 K-T 界线的年代完全相同。

海地玻璃陨石的年代也可追溯到这个时期，撞击时喷发出的物质形成的沉积物也可追溯到这个时期。详细的化学分析表明，希克苏鲁伯的陨石坑中含有高水平的铱，它和海地玻璃陨石为同一来源。此外，海地玻璃陨石的含水量极低，内部气压几乎为零，这表明其在大气层外的弹道飞行中已经凝固。

在 10 年多一点的时间里，一个一开始似乎是激进的、对一些人来说甚至是古怪的想法，得到了各种间接证据的支持，并最终得到了直接证据的证实。地质学家们随后发现，覆盖尤卡坦大部分地区的喷射物质，在全世界 100 多个存在 K-T 界线的地方有所沉积（见图 7-6 和图 7-7）。

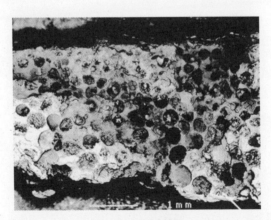

图 7-6　K-T 球粒层

注：这是格鲁吉亚第比利斯（Tbilisi）附近一处保存完好的遗址。矿床的放大图显示了一层大小逐渐变化的因撞击而喷出的球状物，顶部颗粒较小，底部颗粒较大，其铱含量也很高（86 ppb）。

资料来源：J. Smit, *Ann. Rev. Earth Planet. Sci.* (1999) 27: 75–113. used with permission.

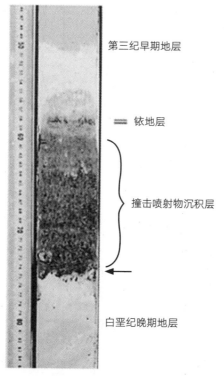

第三纪早期地层

铱地层

撞击喷射物沉积层

白垩纪晚期地层

图 7-7　海洋岩心样本中记录的 K-T 撞击事件

注：该岩心样本是在佛罗里达州以东约 500 千米处（海洋钻探项目 1049 号现场）钻探而得，完美地呈现了 K-T 撞击事件。左边的刻度显示，在距离撞击地点几百千米外的海底沉积了一层近 15 厘米深的喷射物质。值得注意的是，在密度更大的喷射物质的顶部有一个含铱层。

资料来源：Integrated Ocean Drilling Program.

　　巨大陨石坑的发现是小行星理论的一大进步，但对沃尔特来说却是苦乐参半。他的父亲路易斯于 1988 年去世，刚好在陨石坑被发现之前。

新生代的开始

　　然而，路易斯的想法一直影响着地质学和 K-T 界线的研究。2001 年，一个科学小组运用路易斯测量太空尘埃粒子累积量的思路来估算 K-T 界线所处年代的长度，这也是沃尔特当初问他父亲的第一个问题。他们用氦的同位素氦-3代替铍或铱作为计时器。研究人员估算出 K-T 界线时期黏土的沉积时间约为 1 万年。他们还检查了突尼斯一处保存完好的 K-T 界线，其底部有一个非常薄（2～3 毫米厚）的黏土层。这一层中包含着撞击石英颗粒和从撞击地区喷出的其他残留物质，这些物质在大气中扩散，然后慢慢沉降回到地表。据估计，这薄薄的沉降层是在大约 60 年的时间内沉积下来的。

这些发现表明，花了大约 1 万年的时间，海洋食物链和生态系统中极微小的动物种群才重新恢复到撞击前的发展水平，但许多大型海洋和陆地动物再也没有出现。

随着中生代世界的毁灭，一个新的时代出现了——新生代，即哺乳动物时代。这些物种通常体形较小，比如安得思在亚洲探险中发现的那些，它们占据了白垩纪消亡时空出的生态位。哺乳动物迅速进化出各种体形的物种，包括大型食草和食肉动物。在 1 000 万年内，大多数代表着现代秩序的生命形态出现在新生代的化石记录中。恐龙的灭绝反倒成就了哺乳动物的繁盛。

其他影响地球生命史的撞击

在希克苏鲁伯发生的这一撞击事件，引发了人们对寻找其他可能影响了地球生命史的类似撞击事件的浓厚兴趣。K-T 灭绝并不是有记录以来最大的一次。这一"荣誉"可能属于二叠纪至三叠纪过渡时期，在大约 2.51 亿年前的二叠纪晚期，当时的物种中可能有 90% 在不到 20 万年的时间内灭绝了。虽然许多关于这种大规模灭绝的猜想正在调查研究中，但最近有人提出了两个大型候选陨石坑可能是二叠纪撞击的证据，一个是澳大利亚西北海岸外直径 200 千米的贝德奥特陨石坑，另一个是埋在南极洲威尔克斯地（Wilkes Land）冰下的更大的陨石坑。

希克苏鲁伯的发现也启发了天文学家们，他们开始在太空中搜寻其他可能撞击地球的小行星。在地球轨道附近有数千颗小行星。1989 年 3 月 23 日，一颗直径为 300 米的小行星在与地球相隔 60 多万千米的地方穿行而过，而那里正是地球在 6 个小时前所处的确切位置。如果它撞上了地球，将造成超过 1 000 兆吨 TNT 当量的爆炸，那将是有史以来最大的爆炸。

我们现在明白，地球上生命的历史并不是自莱尔和达尔文以来的几代科学家们所设想的有序、渐进的过程。在我们的星球上已经有 170 多个不同大小的撞击点被确认，未来还会有更多。

我们也知道，虽然长期以来人们一直认为 K-T 大灭绝标志着恐龙时代的终结，但事实并非如此，有一个群体仍然非常活跃，详情将在下一章揭示。

REMARKABLE
CREATURES

8.2

第 8 章

鸟类，还是长着羽毛的恐龙

恐龙的足迹

注：当这样的足迹在 19 世纪首次被发现时，它们被认为是古代鸟类的足迹。这条印有几个物种的脚印的白垩纪的道路，发现于科罗拉多州莫里森（Morrison）郊外的"恐龙岭"上。

资料来源：Photo © Joe McDaniel.

鸟的价值不在于它的体重和体形，而在于它与大自然的关系。

——拉尔夫·沃尔多·爱默生

令人难以置信的是，曾有一段时间，古生物学家对寻找恐龙不再感兴趣了。到了 20 世纪 30 年代，在前几十年寻找恐龙的狂热浪潮过后，博物馆的大厅和储藏室里塞满了这种巨兽的遗骸，人们已对它见怪不怪了。此外，这些遗骸通常被视为已经灭绝的、行动迟缓且步态笨拙的爬行动物留下的，后者也许正是由于自身的这种笨重而灭绝。研究人员将目光转向了其他有着现代后代的物种，比如哺乳动物。

但约翰·奥斯特罗姆（John Ostrom）不以为然，他对恐龙的痴迷源于其早期对进化理论的兴趣。20 世纪 40 年代末，作为家乡纽约州斯克内克塔迪市联合学院（Union College）的医学预科学生，进化理论是他的一门必修课程。课程开始的前一天晚上，他开始阅读古生物学家乔治·盖洛德·辛普森（George Gaylord Simpson）的《进化的意义》（*The Meaning of Evolution*）。奥斯特罗姆着迷了。他通宵达旦地读完了这本书，甚至写信给辛普森，告诉他这本书是如何吸引他的。作为回应，辛普森邀请奥斯特罗姆来哥伦比亚大学学习。奥斯特罗姆于是放弃了医学预科课程，转而主修地质学（这一经历听起来是不是很熟悉？），他那当医生的父亲感到非常失望。1951 年，奥斯特罗姆前往哥伦比亚大学攻读博士学位，但他决定不与辛普森一起研究哺乳动物化石，而是与美国自然历史博物馆的爬行动物馆馆长、孤独但充满激情的内德·科尔伯特（Ned Colbert）一起研究鸭嘴龙。后来，奥斯特罗姆先后在纽约市立大学布鲁克林学院（Brooklyn College）和贝洛伊特学院（Beloit College）任教，之后成为皮博迪自然历史博物馆古脊椎动物馆的馆长。该馆收藏着大量的恐龙化石，它们都是 19 世纪末的传奇人物奥思尼尔·查尔斯·马什从美国西部搜集而来的。

成为馆长后，奥斯特罗姆立即开始了自己的野外探险，前往蒙大拿州和怀俄明州勘查三叶草地层。从 1962 年夏天开始，他的团队勘查了许多色彩斑斓的蛮荒之地。到第三年结束时，他们已经找到了几十个有希望的遗址。1964 年 8 月，一天下午的晚些时候，奥斯特罗姆和他的助手格兰特·迈耶（Grant Meyer）正在标记和绘制发现的遗址，以备将来挖掘。在两个遗址之间行走时，他们发现右边的一个斜坡上，离他们几米远的地方有几只爪子和几块骨头。他俩急忙跑过去，却差点被一只从泥土中突出来的大爪子绊倒。

因为那天只是做标记和绘制的工作，所以他们没有随身携带镐、凿子、铲子或其他挖掘化石所需要的工具。他们只好用一把折叠刀、一支小画笔和一把小扫帚，赶在夜幕降临之前，挖出了这只大爪子的更多部分、一些肋骨、一条脊椎和一只完整的脚。

那天晚上，奥斯特罗姆一直在想着那些骨头。他确信它们属于某种小型食肉恐龙，但他说不出是哪种恐龙："尽管还需要小心确认，但我几乎可以肯定，我们发现了一些全新的东西。"

第二天，以及接下来一周的每一天，他和迈耶都会回到现场，继续清理骨头周围的岩石和松散的泥土，然后打包运输。经过 8 天缓慢而仔细的工作，他们收获了两具骨架的一部分。

　　这种生物只有大约 1 米高，体重约 70 千克，按恐龙的标准来看，它很小，但它的脚却是以前从未见过的。其他食肉恐龙一般有三个对称排列的大脚趾，脚内侧有一个较小的脚趾，而这种生物却与之不同，它外侧的脚趾和中间的一样长。它最显著的特征是第二个脚趾相当长，带有一个巨大的、可伸缩的镰刀状的爪子（见图 8-1）。奥斯特罗姆立刻意识到，这个爪子不是用来挖掘或攀爬的，而是用来切割和砍杀猎物的。他将这种动物称为恐爪龙，其拥有"可怕的爪子"。

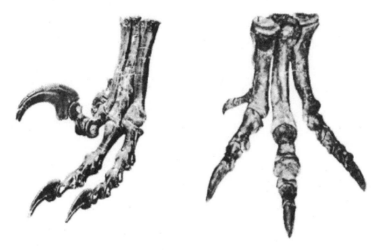

图 8-1　"可怕的爪子"

注：左侧是恐爪龙不同寻常的不对称足，第二个脚趾上有一个可伸缩的大爪，而右图为异特龙更典型的对称足。
资料来源：J. Ostrom (1969), *Discovery* 5 (1): 1–9, Yale's Peabody Museum of Natural History.

　　奥斯特罗姆预感到他的发现是全新且有趣的。然而，当他准备开始自驾回家的漫长旅程时，他还不知道，它将成为 20 世纪发现的最重要的恐龙。恐爪龙和约翰·奥斯特罗姆彻底改变了我们对恐龙的看法：它们不是笨重的蠢物，它们并不愚蠢，也不冷血，而最令人吃惊的是，它们并没有灭绝。

为了理解奥斯特罗姆是如何推翻旧观念的，以及他的思想在生命史研究中的重要性，我们必须回到一场史诗级的辩论中去，这场辩论涉及恐龙和19世纪发现的最著名、最重要的化石。这一化石在关于达尔文进化论的第一次论战中占据了中心地位，它也将在奥斯特罗姆的恐龙复活论中发挥关键的作用。

缺失的过渡形态

从地质学、动物学、植物学、动物育种学、古生物学和生物地理学等多学科角度收集了20多年的证据后，达尔文最终提出了进化论，但进化链条中的一些关键环节是缺失的。从获得认可的角度，也许最明显、最令人不安的是缺乏将一组有机体与另一组有机体联系起来的过渡形态物种存在的证据。

众所周知，动物界是由鱼类、爬行动物、哺乳动物和鸟类等截然不同的动物组成的。如果像达尔文提出的那样，所有这些动物源自一个共同的祖先，并逐渐地进化，那为什么它们之间存在如此巨大的差距？

达尔文质疑道："根据进化理论，必然存在过无数的过渡形态，那为什么我们在地壳中没有发现呢？"他痛苦地坦承，"地质学确实没有揭示物种之间如此精细的渐变序列"，"整个物种突然以某些形态出现，这种突兀的方式是对物种进化理论的致命反击"。

达尔文明智地预测到，他的反对者会紧紧地咬住这点不放。他解释说，由于遗存的稀有性和地质活动的自然属性，现有的化石记录并不完整，还有相当一部分化石未经勘探。因此，验证进化理论的关键是，寻找不同种类有机体之间的联系环节。

幸运的是，这只是一次短暂的等待。

印石板始祖鸟

许多世纪以来，甚至可以追溯到罗马时代，德国南部巴伐利亚州索伦霍芬地区的特殊石灰岩一直被用于道路铺设和建筑建造。18世纪末，一位崭露头角的剧作家约翰·阿洛伊斯·塞内费尔德（Johann Alois Senefelder）开始尝试将这些石头应用于印刷过程，以替代铜版。他发明了一种复制图像的新方法，即用墨水浸渍石板并用酸蚀刻。他称之为 Stone-printing，但它的一个源自希腊语的名字——"平版印刷术"（Lithography）使用更为广泛，某些艺术家，如尤金·德拉克洛瓦（Eugène Delacroix）掌握了这种新的方法。随着平版印刷需求的增长，索伦霍芬地区的采石业务也在扩大。这些颗粒非常细的板坯上的任何瑕疵都会破坏印刷工艺，因此每个板坯都需经过仔细检查。板坯所用的石灰岩是在1.5亿年前的侏罗纪晚期沉积于浅海中的，其中还藏有各种化石，如虾、蟹、昆虫和鱼，这些化石通常被保存得异常完好，因此虽然这些化石破坏了用于平版印刷的石板，但它们对赫尔曼·冯·迈耶（Hermann von Meyer）等科学家来说却是一个福音。

冯·迈耶是德国最受尊敬的古生物学家之一，著有五卷丛书《古代动物》（*Fauna of the Ancient World*）。他鉴定了许多在索伦霍芬地区发现的生物，包括一种已灭绝的飞行爬行动物——翼龙。1860年末到1861年初，工人们发现了一块有羽毛印记的石板。一开始，冯·迈耶担心这是一场骗局，因为人们在中生代沉积岩中从未发现过鸟类，而且这个种群被认为相当年轻。不过后来他确认这块化石是真的，并在一份德国期刊上发表了一篇关于它的简短报道。但他提醒说，由于没有发现骨架，这羽毛不一定是鸟类的。

这篇报道发表后的下一个月，也就是《物种起源》出版不到两年后的1861年9月，冯·迈耶就宣布了一个更惊人的发现——一具几乎完整的古代有翼生物的骨架，其前肢和长尾骨周围有着羽毛的印记。他给它取名为"印石板始祖鸟"（*Archaeopteryx lithographica*），Archaeo 意为"古代"，pteryx 意为"有翼"，而种名 lithographica 则是为了纪念保存它的非凡的石头（见图 8-2）。

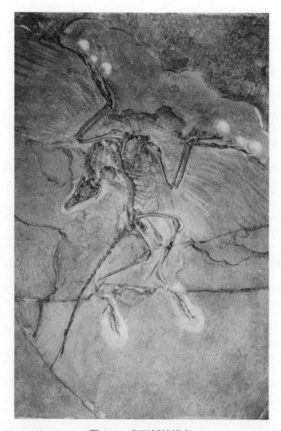

图 8-2　印石板始祖鸟

注：图中所示的是存于柏林的标本，它的细节比 1861 年的原始标本看起来更清晰。
资料来源：Luis Chiappe.

关于索伦霍芬地区的古代有翼生物的消息迅速传开。但当时这一化石标本掌握在私人手中，其主人想把它卖掉牟利。大英博物馆馆长、解剖学家理查德·欧文虽然强烈地公开反对达尔文的理论，但他仍然渴望为英国取得该化石。他说服博物馆理事会出价 700 英镑来购买这一宝物，这在当时是一笔可观的财富。

达尔文的斗犬

欧文是第一位看到始祖鸟的英国科学家，并曾为此大费周章。作为一名解剖学专家，他也非常关心这种生物在关于达尔文新理论的激烈争论中可能扮演的角色。这是一只奇怪的动物。它的身体既有爬行动物的特征，也有鸟类的特征（其头部直到后来才被发现）。其中爬行动物的特征包括一条瘦长的尾巴、三趾爪，以及肋骨和脊椎的外观，而它的羽毛显然像鸟。明显的羽毛和小体形特征让欧文得出了结论。1862年11月，他在伦敦皇家学会上宣读了他的观点，他将始祖鸟与其他的有翼生物、翼龙和鸟类进行了比较，并宣布"始祖鸟确定无疑属于鸟类"。

因身体突然抱恙，达尔文错过了亲眼看到该化石和聆听欧文演讲的机会。最初，他是从一位信任的朋友、古生物学家休·法尔科纳（Hugh Falconer）那里得知这种生物的：

> 我从未如此想念过您，因为出现了始祖鸟这样一个会让你我都惊愕不已的、达尔文主义的伟大例证。如果说，索伦霍芬采石场是接受了8月份的订单，去生产一种奇怪的"达尔文生物"，那么它执行这项命令所达到的成就，不可能比始祖鸟更为出色了。

法尔科纳接着提到欧文的演讲：

> 皇家学会对此事的陈述草率得令人难以置信。这个令人震惊的生物远超乎人们的想象。

法尔科纳认为始祖鸟不是一种简单的"鸟"，而是"一种未被确认的鸟类生物——即将到来的达尔文构想中的黎明"，即鸟类的祖先，一个缺失的环节。达尔文很快回信给法尔科纳，询问更多细节，并写信给其他人，称这种化石鸟"对我来说是一个伟大的例证，因为没有一个种群像鸟类那样孤独。这表明我们对漫漫时间长河里曾经生活过的生物知之甚少"。

欧文自有他的理由来贬低始祖鸟的价值。1842年，正是他，为在英国和欧洲其他地区挖掘出来的大量已灭绝的爬行动物的化石创造了"dinosaurs（恐龙）"这个名字。但在同一份出版物中，也是他，利用恐龙的存在驳斥了当时流行的早期进化理论。

包括让－巴蒂斯特·拉马克和埃蒂安·若弗鲁瓦·圣伊莱尔（Étienne Geoffrey St.-Hilaire）在内的多位博物学家曾试图解释动物在化石记录中逐渐出现的原因。鱼类、爬行动物、哺乳动物和鸟类的相继出现被视为一个渐进过程的证据，因为与早期的形态相比，后期的形态都有所改进，因而更为"高级"。欧文想反驳这个观点。渐进的进化意味着现代爬行动物应该比灭绝的爬行动物更高级。然而，他将恐龙时代视为爬行动物的巅峰："爬行动物种类数量最多、组织级别最高的繁荣时期已经过去，而自恐龙灭绝以来，爬行动物一直在衰退。"对他来说，爬行动物没有渐进，因此也没有进化。

相反，欧文认为"不同种类的爬行动物是突然出现在地球表面的"，恐龙的特征"在它们被创造时就深深地印在了它们身上，既不是源于较低级种类的改进，也不会为了向更高级类型逐步发展而消失"。他认为鸟类也是如此，它们在第三纪化石记录中的突然出现证实了这一点，直到始祖鸟出现。

欧文在英国科学界有着很大的影响力。在任何涉及进化论的观点上，尤其是涉及比较解剖学的观点上，他都带头反对，通常是通过忽略不易进行的观察和捏造其他观察结果。他还利用自己的政治关系，把自己调到重要的位置，以排挤其他科学家。与达尔文和赫胥黎一样，法尔科纳也曾与欧文在工作上发生过争吵，并目睹过他的不正当手段，称他为"肮脏的迪克"。到了19世纪60年代初，欧文已经树敌不少，其中最难对付的是被戏称为"达尔文的斗犬"的赫胥黎，他抓住一切机会，要把欧文从他的宝座上赶下来。

始祖鸟提供了一个黄金机会，赫胥黎完全有能力把握这个机会。他把这件事看作关于进化事实的辩论的关键：

> 各方都承认，现存的动植物按自然间隔被划分为各种差异显著的群体，由此产生了一个非常中肯的反对意见——如果所有动物都是从一个相同的种群逐渐变化发展而来的，那么为何存在着如此巨大的差距呢？
>
> 支持进化论的人认为，这些差距曾经不存在；过渡的形态存在于世界历史先前的纪元里，但它们已经灭绝了。
>
> 那么，很自然地，人们要求出示这些已灭绝的生命形态的证据。

赫胥黎解释说，这样的证据就像房产契约，如同房产所有者必须能够出示这样的契约一样，那些支持进化论的人也必须出示这些证据。他表示，虽然他不能拿出完整的"房契"，但他现在能够出示其中相当大的一部分。

聚焦于爬行动物和鸟类之间的差异，赫胥黎提出了两个问题：

- 是否有鸟类化石比现存的鸟类更像爬行动物？
- 是否有爬行动物化石比现存的爬行动物更像鸟类？

他对第一个问题回答"是"，主要证据就是始祖鸟。汇总了解剖学的证据——爪子的存在、分开的足趾和瘦长的尾巴，赫胥黎得出结论："因此，事实上，在某些细节上，已知最古老的鸟类确实比现存的鸟类更接近爬行动物的身体构造。"

在谈到与鸟类相像的爬行动物的问题时，赫胥黎首先研究了翼龙的特征，并适时地否定了它们作为爬行动物和鸟类之间的过渡形态的可能性。然后他谈到恐龙，指出它们的后肢与鸟类的后肢非常相似。但赫胥黎认为，最好的联系体现在一种恐龙的身上，即长足美颌龙，它也是最近在索伦霍芬石灰岩中发现的。按照欧文用来定义爬行动物的标准，这只小动物显然是一只恐龙，但在解剖学和形态上它比之前描述过的任何恐龙都更像一只鸟。

赫胥黎接着指出了演化中的鸟类和恐龙之间的相似性，以及在岩石中发现的化石痕迹和现代鸟类之间的相似性。"毫无疑问，鸟类起源于类恐龙的爬行动物。这样的假设并不盲目。"就这样，赫胥黎用恐龙这个欧文自己的概念来反驳欧文，并支持进化论。

当大英博物馆始祖鸟标本的头骨后来在石灰岩中被发现，并显示它像爬行动物一样有牙齿，却像鸟一样有一个较大的大脑时，恐龙与鸟类之间的关系得到了一些重要的证据支持，始祖鸟的过渡特征也得到了进一步的证明。

然而，在 19 世纪 60 年代，人们对恐龙的了解相对较少，随着已知物种的数量和种类在接下来的几十年里不断增加，爬行动物与恐龙之间的关系以及恐龙与鸟类之间的关系变得越来越混乱。人们提出了各种各样的进化猜想。主要的问题在于，恐龙是不是鸟类的直系祖先，或者它们的相似性是否反映了它们来自一个共同但更遥远的三叠纪爬行动物祖先（见图 8-3）。博物学家们普遍认为，鸟类、鳄类、恐龙、翼龙和其他一些已灭绝的爬行动物都是共同的祖先——"祖龙"的后代。同时恐龙之间的差异又使许多人认为，鸟类不是它们的直系后代。

一些继续研究恐龙与鸟类之间关系的科学家，对某些类型的恐龙和鸟类之间的相似性很感兴趣，因此几乎每一个主要的群组都曾被认为是鸟类的祖先。格哈德·海尔曼（Gerhard Heilmann）在一本颇具影响力的书《鸟类的起源》(*The Origination of Birds*)中讨论了某些恐龙（虚骨龙类）和鸟类之间的相似性，但基于虚骨龙体内没有叉骨，即没有接合的锁骨，他否认了这种联系。由于这种结构被认为是鸟类必不可少的组成部分，海尔曼得出结论，虚骨龙不可能是鸟类的祖先，鸟类的祖先可能是一些更早的三叠纪祖龙。由此，关于恐龙与鸟类之间的关系的研究逐渐销声匿迹，直到约翰·奥斯特罗姆开始整理他在蒙大拿州的荒地里发现的东西。

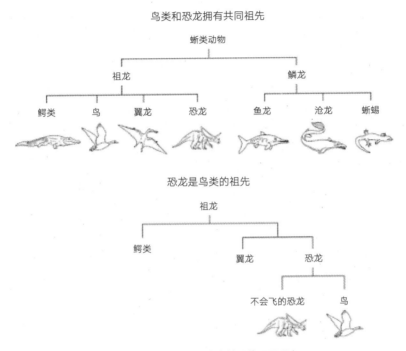

图 8-3　关于恐龙和鸟类关系的不同观点

注：上图，长久以来，关于鸟类和恐龙关系的观点是：它们拥有独立的进化路线，和鳄类、翼龙一样起源于共同祖先祖龙。下图，托马斯·赫胥黎和其他一些人提出的另一种观点认为，鸟类是从恐龙进化而来的。
资料来源：Leanne Olds.

回到始祖鸟的化石

恐爪龙的牙齿就像吃牛排用的刀，所以它绝对是一种食肉动物，而且它的手能够做抓握的动作。它的这两个特征使其被归类为"兽脚类"恐龙，后者是一个庞大的群体，包括众所周知的霸王龙。尽管恐爪龙的身高只有霸王龙的1/5，它的足爪却和霸王龙的一样大。

奥斯特罗姆试着描绘恐爪龙的行为和姿态。恐爪龙的骨头中夹杂着更大的食草动物腱龙的骨头，奥斯特罗姆认为腱龙是恐爪龙的猎物。那它是如何捕获体形比自己更大的猎物的呢？它的前肢不能用来行走，所以它显然是用后肢行走的。那么恐爪龙是如何使用这些巨大的足爪的呢？它可能不得不跳着扑向它的猎物。但是，奥斯特罗姆意识到，有谁听说过爬行动物能够灵活地用后肢行走，并在站立时保持攻击所需的平衡的？他写道："爬行动物确实没有这种能力……我们都知道，爬行动物是用四肢爬行、行动迟缓的动物，大多数时候都处于枯燥乏味的不活跃状态。"

恐爪龙的骨骼显示，与大多数爬行动物一样，它有一条相当长的尾巴，约为身体长度的一半。但它的尾巴是独特的，因为其椎骨被包裹在成束的平行的细骨中。奥斯特罗姆对此感到十分困惑，直到他意识到这些细骨就像肌腱一样，将肌肉连接到尾巴底部，使尾巴能从一侧翻转到另一侧，就像蜥蜴和鳄鱼一样。但在恐爪龙体内，这些肌腱延伸到尾巴的最末端，能够定向地控制尾巴上下运动，并骨化为骨骼。他明白这会使长尾变得富有硬度，以便在动物的运动中起到平衡配重的作用。恐爪龙颈部和背部的骨骼表明，身体保持水平时颈部会向上弯曲。尾巴则会翘起离开地面。这不是一种拖着尾巴、笨重的爬行动物，而是一种动作敏捷的捕食者（见图8-4）。它不像蜥蜴，更像鸵鸟或鹤鸵，是一种鸟。此外，他推断，这种活跃的运动方式增加了一种可能性，即这种动物并不是冷血动物，而是像鸟类那样的恒温动物。

这在当时显然属于异端邪说，但恐爪龙与鸟类的各种相似之处，让奥斯特罗姆重新考虑了当时被抛弃的恐龙与鸟类有直接关系的想法。要证实这一点，他必须回到一切的开始——始祖鸟的化石上。1969年，在完成了第一份关于恐爪龙的完整报告后不久，他便前往欧洲的各个博物馆，亲自查看证据。

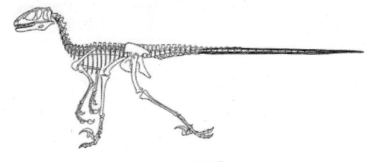

图 8-4　恐爪龙

注：这是一个敏捷的捕食者恐爪龙骨架的复原模型，其长尾离地以保持平衡。
资料来源：J. Ostrom (1969), *Discovery* 5 (1): 1–9, Yale's Peabody Museum of Natural History.

另一只始祖鸟

截至 1970 年，已知的始祖鸟标本只有 4 个，即最早的带羽毛的那只和另外 3 具骨架。因此，自然历史博物馆的馆长和私人收藏家们都将这些稀有的化石视为珍稀的艺术品。每家博物馆都希望有一只始祖鸟的标本。但如果考虑到它们是脆弱的、骨骼中空的动物，而且作为陆生动物，它们死后被掩埋在浅海中的机会微乎其微，那么即使只留存了很少的标本也已足够引人注目。更何况，羽毛等软组织能保存下来的可能性更小。

奥斯特罗姆的朝圣之旅把他带到了伦敦、马尔堡、柏林和索伦霍芬采石场。除了少数始祖鸟标本之外，奥斯特罗姆还研究了从索伦霍芬化石层中采集的翼龙骨架。在荷兰哈勒姆的泰勒博物馆，他看到了 1855 年收藏的翼龙标本。

然而，奥斯特罗姆一见到它就发现这化石不是翼龙。把化石石板倾斜着放到阳光下，他看到了羽毛！他简直不敢相信自己的眼睛——它是另一只始祖鸟化石。

该化石已经在哈勒姆展出了 100 多年，竟然没有被认对。具有讽刺意味的是，1857年，正是赫尔曼·冯·迈耶报告并错误地鉴定了这一标本，也是他在1861年为"第一只"始祖鸟命名。我给这"第一只"打上引号，是因为奥斯特罗姆重新发现的这一化石显然是在1861年的标本之前发现的，只是当时它没有被认为是新的生物。

奥斯特罗姆有些惶恐不安地把这些羽毛的印迹指给它的主人看，因为他确信这宝物会从自己手中被夺走。果然，主人大吃一惊，一把夺过化石石板，把它带走了。奥斯特罗姆心想："你搞砸了，约翰。你搞砸了！"他估计这将是他最后一次看到这只始祖鸟。15分钟后，主人带着一个旧鞋盒回来了，鞋盒上系着一根带子，里面放着那块化石石板。他把它递给奥斯特罗姆，说："给，给你，奥斯特罗姆教授，你让泰勒博物馆出名了。"奥斯特罗姆把这鞋盒放在自己的腿上飞回了家，他为里面的东西投了100万美元的保险。

鸟类来自恐龙，鸟类就是恐龙

为了报告他的发现，准确地说是他的重新发现，奥斯特罗姆不得不仔细检查新标本的骨骼，并将其与他在其他始祖鸟身上发现的骨骼进行比较。他对自己说："哇，等等。所有这些解剖结构——嘿，我以前见过更大规模的。"他越是观察始祖鸟，就越能看到恐龙的特征。

下颌、牙齿、脊椎和部分肩部都与兽脚类恐龙相似。但是，手臂、手和手腕的细节部位，则与他发现的恐爪龙相同得惊人。例如，始祖鸟和恐爪龙的手腕部位都含有半月形腕骨，可以让手腕旋转。这种骨头对于鸟类的翅膀上下扇动至关重要，只有在一些兽脚类动物和鸟类中才能找到。奥斯特罗姆得出结论，这样的相似之处如此之多，兽脚类动物和鸟类不可能是独立进化的。对始祖鸟和恐爪龙的详细解剖分析使他确信，它们是近亲。1973年，他断言道：

> 事实上，如果羽毛的印迹没有被保存下来，所有始祖鸟的标本都会

被鉴定为恐龙。唯一合理的结论是，始祖鸟一定源自侏罗纪早期或中期的兽脚类动物……这在种系发生学中的额外意义是，"恐龙"并不是在没有后代的情况下就灭绝了。

奥斯特罗姆不仅认为鸟类是以恐龙为祖先进化而来的，而且认为它们实际上就是恐龙，更确切地说，是兽脚类恐龙。

同年，当另一只"新的"始祖鸟标本被报道时，他所宣称的这种非常密切的关系得到了更为清晰的证明。1951年发现的一块曾被确认为美颌龙（就是赫胥黎指出的作为恐龙与鸟类之间存在关系的证据的那种恐龙）的兽脚亚目化石，被重新鉴定，并被确认为始祖鸟。15年后，另一块曾被鉴定为美颌龙的化石也被重新确认为始祖鸟。由于6件始祖鸟骨骼标本中有3件最初被误认为是翼龙或恐龙，奥斯特罗姆的断言，即如果不是因为羽毛，始祖鸟本应被归类为恐龙，听起来非常正确。

但奥斯特罗姆的兽脚类恐龙即鸟类的理论与之前50年关于鸟类起源的思想有着根本的不同。一些古生物学家对奥斯特罗姆的观点感到兴奋和好奇。其他科学家，尤其是一些鸟类学家，则持怀疑或不屑一顾的态度，坚持之前关于恐龙和鸟类有着更遥远的共同祖先的观点。产生分歧的部分原因是对它们不同身体特征的强调，奥斯特罗姆及其支持者强调能显示兽脚类恐龙与鸟类之间的直接关系的一组特征，而其批评者则关注现代鸟类或始祖鸟的某些特征，他们认为这些特征表明鸟类与更古老的爬行动物有关系。

在这场关于恐龙与鸟类关系的革命发生的同时，另一场关于种系发生学的革命也正在开展。人们提出一种叫作"支序分类学"的新方法，旨在对物种关系进行更客观和定量的分析。其基本构想是使用一些类群所共享的，但不是所有类群都共享的特征来识别亲缘关系，并建立进化树。20世纪80年代中期，当雅克·高蒂尔（Jacques Gauthier）在加州大学伯克利分校将此新方法应用于爬行动物和鸟类的时候，他发现了强有力的证据支持鸟类实际上就是兽脚类恐龙的判断。

这项新的分析并没有说服所有的反对者，据说，其中至少有两人曾说过，那些使用支序分类学的科学家说的"全是废话"。20多年来，在一些反对者坚持己见的同时，不同的支持者也都在寻找更多的证据。双方都在为找到一个震惊世界的证据而全力以赴。

鸟类和羽毛，哪个先出现

会议大厅里人声鼎沸。1996年，古脊椎动物学会在久负盛名的美国自然历史博物馆举行会议。许多科学家正就广泛的议题展示着他们的最新发现。此时，最热门的新信息来自菲利普·柯里（Philip Currie）博士带来的一张7.6厘米×12.7厘米的小照片，他是加拿大阿尔伯塔省德拉姆黑勒市（Drumheller）皇家泰瑞尔博物馆（Royal Tyrrell Museum）的馆长，也是一位著名的恐龙研究者，当时他刚刚从中国回来。在访问北京大学时，他看到了辽宁省一位农民新发现的一块化石。当他看着化石石板时，他被"击倒了"。这是一块约90厘米长的恐龙化石，有点像美颌龙，有羽毛状的绒毛在其背部往下延伸。这张照片让奥斯特罗姆"大为震惊"并"感到双膝无力"。一只长着羽毛的恐龙？这是真的吗？

柯里对这种生物知之甚少，但他确信这些羽毛不是用来飞行的。但是，如果化石真的像它看起来的那样，它似乎证实了奥斯特罗姆的理论。许多科学家都很热切地希望更多地了解这个来自中国的标本。费城自然科学院与中国有关部门统筹安排，派出一个代表团去参观这些化石。1997年春天，包括奥斯特罗姆（当时已退休）在内的5位科学家踏上了这段旅程。在展览的化石中，有一个名为中国鸟龙的动物标本，就是在纽约的会议上引发了轰动的那张照片中的化石。奥斯特罗姆说："这是我一生中最激动的时刻之一。"他从没想过在有生之年能看到这样的东西。

这只是个开始。此后，陆续出土了一批带羽毛的兽脚类恐龙，其中一些恐龙的羽毛比中国鸟龙的更高级、纹理更清晰，比如令人惊叹的千禧中国鸟龙（见图8-5）。严格来讲，这些恐龙应该叫"非鸟类"有羽恐龙，因为它们有羽毛但没有翅膀。毫无疑问，几种兽脚亚目动物群中羽毛的存在表明，羽毛的进化在鸟类起源之前就已经开始了，这些结构在用于鸟类飞行之前是兽脚亚目动物为了保暖和隔热而进行适应性进化的结果。事实上，在过去的20年里，大量的研究表明，曾经被认为是鸟类独有的一些特征，例如叉骨、旋转式手腕，甚至筑巢和产卵行为，也存在于一些兽脚类恐龙中。正如著名古生物学家路易斯·基亚普所说："随着我们发现越来越多的兽脚类动物族系获得了鸟类特征，或进化出了类似鸟类的特征，鸟类与非鸟类之间的界限变得越来越模糊。"

图 8-5 千禧中国鸟龙

注：图示为中国辽宁省北票市四合屯附近的义县组发现的长有羽毛的恐龙——千禧中国鸟龙。注意突出的叉骨和羽毛（放大的方框），这是所有鸟类共有的两个特征。
资料来源：Luis Chiappe.

界限的模糊是进化过渡的基本特征，无论是从恐龙到鸟类，还是我们将在下一章中讲到的从鱼类到两栖动物，或是古代原始人类之间的过渡。

侏罗纪公园

奥斯特罗姆对恐爪龙和始祖鸟的发现和研究，不仅阐明了从恐龙到鸟类的过渡进化，还解开和平息了一个存在已久的科学谜团与纷争。其超越了科学界，改变了公众想象中恐龙的形象。甚至在奥斯特罗姆获得他应得的全部科学荣誉之前，他就已经欣喜地看到，他发现的恐龙将被展示在一个比古生物学界大得多的舞台上。

20世纪80年代末的一天，奥斯特罗姆的电话响了。"奥斯特罗姆教授，我是迈克尔·克莱顿（Michael Crichton）。"打电话的人说。这位《天外细菌》（*The Andromeda Strain*）的作者正在为一部新小说做调研，他对奥斯特罗姆在蒙大拿州发现的生物有一些疑问。他想知道它是不是食肉动物，能否跑得和人类一样快或跳得跟人类一样高。

奥斯特罗姆告诉克莱顿恐爪龙可以做什么，以及也许能做到什么。他还说，伶盗龙是它的近亲。克莱顿抱歉地解释说，他决定不在小说中使用奥斯特罗姆所说的恐爪龙的名字，因为希腊名字太难念了。伶盗龙这个名字更加富有"戏剧性"。这就是安得思的团队发现的一只来自蒙古的，但世界并不知晓的恐龙成为克莱顿的小说《侏罗纪公园》里可怕、聪明而又敏捷的捕食者的过程。随后，史蒂文·斯皮尔伯格执导的大片中用特效将它们生动而又略带夸张地呈现在银幕上。

撇开这有点戏剧性的授权不谈，奥斯特罗姆的发现和理论都出现在了电影中。在第一个场景中，古生物学家艾伦·格兰特（Alan Grant）博士出现在蒙大拿州的荒原上，他发现了一只捕食者的15厘米长的可伸缩爪子，据他推断，这一捕食者是成群结队地进行捕猎并以腱龙为食的。然后，他向一个志愿者小组指出该捕食者手腕上的一块半月形骨头，并评论说："难怪这些家伙学会了飞行。"
这引来了笑声，因为大多数人都没有读过格兰特关于这个主题的书。但少年蒂姆·墨菲（Tim Murphy）读过，后来他问格兰特："您真的认为恐龙变成了鸟？那就是所有恐龙的归宿吗？"

格兰特回答说："嗯，是的，有几个物种可能已经进化了，就是沿着这样的路径进化的。"

是的，的确如此。

REMARKABLE
CREATURES

9.2

第 9 章

提塔利克鱼，一种鱼足动物

埃尔斯米尔岛索尔峡湾（Sor Fiord）

注：在短暂的夏季，岩石景观往往转瞬即逝。图中，探险队成员正在搜寻化石。

资料来源：Neil Shubin.

在无边无际的海浪下，有机生命在海洋珍珠般的洞穴中诞生和孕育；最初的形态是极微小的，放大镜下都看不见，它们在淤泥里移动，或穿过水体；随着一代又一代的繁衍，它们获得了新的力量，形成了更大的躯干；无数的植物群突然涌现的地方，也是长着鱼鳍、脚和翅膀的动物们呼吸的场所。

——伊拉斯穆斯·达尔文，《自然的神庙》

　　1976 年的夏天，尼尔·舒宾和所有当时在费城的人一起，赶上了美国建国 200 周年的庆典。费城是美国革命的发源地之一，到处是殖民地历史的遗迹。那一年，尼尔对城市周围各种遗迹的考古产生了浓厚的兴趣。尽管当时尼尔只是一名高中生，但他得到了在一位宾夕法尼亚大学教授指导下工作的机会，去发掘一些旧造纸厂的历史。他被分配的任务是确定某个特定的工厂是生产什么的。每天，无论天气多么闷热难耐，尼尔都会沿着米尔溪（Mill Creek）河岸前往工厂的遗址，在泥土中挖掘寻找线索。虽然找到陶器碎片和旧工具很有趣，但这也是一项艰苦、杂乱的工作。尼尔认为，除了通过实物文物，还必须通过其他方法去了解过去，于是他去了图书馆。他翻阅了 19 世纪商业期刊和报纸的缩微胶卷，找到了这家工厂的名称、烧毁它的火灾发生的原因，并发现了这家工厂到底生产什么。尼尔对自己的第一次考古成功感到非常自豪，他得到了三个将在未来的岁月里对他很有帮助的收获：一个人可以了解过去；自己热爱野外考察；事先做好案头工作是值得的。

成为哥伦比亚大学的一名学生后，尼尔很快发现生命史中隐藏着更大的谜团，于是他将自己的专业方向定位为古生物学，而不是考古学。他进入了哈佛大学的研究生院，渴望去探险、寻找化石。在他的博士生导师法里什·詹金斯（Farish Jenkins）的指导下，他有机会去詹金斯在亚利桑那州发现的遗址中寻找早期的哺乳动物化石。这段经历教会了尼尔如何在岩石的海洋中发现牙齿和骨头，而且由于这些化石通常微小而纤细，他还培养出了用手持透镜在旷野中寻找和筛选化石所需的耐心。寻找这些埋藏于地下的宝藏的经历，使尼尔产生强烈的欲望去寻找属于自己的化石遗址，并发起自己的探险。

他所要寻找的哺乳动物化石存在于 2 亿年前的岩层中。由于缺乏资金去更远的地方，尼尔只能租一辆小货车，开到附近的康涅狄格州，那里属于那个年代的岩层早已被探明。他毫无收获。在康涅狄格州，大部分岩层为森林和其他绿色植被所覆盖。他需要更大面积的暴露的岩层，比如海岸，而不是偶尔因铺设公路而切割出的岩床。是时候做些案头工作了。在地质学图书馆里，他了解到，在新斯科舍省不远处也有合适年代的岩层，更妙的是，它们受到了世界上最高的潮汐浪的冲击，这给了他足够多的岩石暴露区域进行搜索。詹金斯支持这次探险，尼尔于是带着几位更有经验的帮手去勘查芬迪湾（Bay of Fundy）的海岸。他们发现了许多化石，包括一块带有特殊牙齿的小下颌骨，这种牙齿兼具爬行动物和哺乳动物的特征。原来，它属于一种名为三棱齿兽的生物，该生物是介于爬行动物和哺乳动物之间的过渡类群，这是一个伟大的发现。第二年，尼尔和他的团队收集了三吨含有化石的岩石，其中含有数以千计的鳄鱼和类似蜥蜴的爬行动物的牙齿和骨骼。

从爬行动物祖先追溯哺乳动物的起源，让尼尔对生命史上一些关键的进化过渡产生了特别的兴趣。另一个重要里程碑，即鱼类祖先到四足脊椎动物的起源，很快就变成了他探险战线的第一目标。20 世纪 80 年代末，当尼尔加入宾夕法尼亚大学担任助理教授时，他决心找到最早的脊椎动物祖先进化中一些缺失的环节。

即将登上世界之巅

脊椎动物登陆的关键时期是泥盆纪晚期，即 3.85 亿～ 3.65 亿年前。在此之前，脊椎动物仅以鱼类为代表。然而，到泥盆纪末期（约 3.59 亿年前），陆地上的生命发生了巨大的变化：脊椎动物进化出四肢并开始行走，昆虫和蜘蛛也进入了陆地上的栖息地。

在脊椎动物的化石记录中，一些关键的化石标志着由鳍到肢的过渡阶段以及四足脊椎动物的起源。例如，人们早已知道 3.85 亿～ 3.80 亿年前的真掌鳍鱼和潘氏鱼等鱼类（见图 9-1），它们的鳍显示出与四足动物的四肢相同的一些基本骨骼结构，即有一块上臂骨和两块前臂骨。但这些古代鱼类并没有与手腕或手指相对应的部分。大约在 3.65 亿年前，在格陵兰岛东海岸发现的棘螈等动物身上出现了四足动物的全部肢体特征（见图 9-1）。这种动物最令人惊讶的特征之一是每只手上有 8 个手指，脚上也至少有那么多，这表明早期四足动物的指头数量比现代动物通常的指头多。

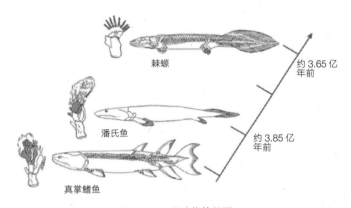

约 3.65 亿
年前

约 3.85 亿
年前

棘螈

潘氏鱼

真掌鳍鱼

图 9-1　四足动物的起源

注：一些更有名的化石表明，鱼类的进化与四足动物的起源有关。潘氏鱼和棘螈等动物在身体和肢体形态以及生活年代上存在着巨大的差距。
资料来源：Leanne Olds, P. E. Ahlberg and J. A. Clark (2006), *Nature* 440: 747–749, and N. A. Shubin, E. B. Daeschler, and F. A. Jenkins, Jr. (2006), *Nature* 440: 764–771.

但是，尽管棘螈是一个了不起的发现，当尼尔开始研究时，它完全成形的四肢和早期鱼类的鳍之间还是存在相当大的进化证据缺口。尼尔和他新带的研究生泰德·戴施勒（Ted Daeschler）的目标就是要补上这一缺口。

对尼尔和泰德来说，幸运的是，宾夕法尼亚州正好坐落在大量的泥盆纪岩石之上。大约 3.8 亿年前，阿卡迪亚山脉的山泉形成一系列蜿蜒的河流，最终汇入内陆的卡茨基尔海。由此形成的卡茨基尔三角洲现在位于阿巴拉契亚山脉，古老的洪泛区沉积物从纽约东南部延伸到宾夕法尼亚州、马里兰州和西弗吉尼亚州。所以，尼尔和泰德不需要长途跋涉就能开始勘探。但是，就像几年前的康涅狄格州一样，这一大片的岩层上基本都覆盖着绿色植物或是发展中的城市，这里没有海岸。尼尔和泰德所能做的最便捷的事就是搜寻因建造高速公路而切割出的岩床，这至少切实可行，可以进行不那么昂贵的实地考察。

在 20 世纪 90 年代初的几年里，尼尔和泰德开展了一系列的路边勘探。在120 号州际公路边，他们发现了一处因新近爆破而显露出来的泥盆纪晚期岩石，名为红山（Red Hill）。他们首先在那里发现了一些鱼鳞化石；然后，当尼尔在格陵兰岛进行另一次探险时，泰德回到红山发现了一个四足动物的肩部骨骼化石，这是在格陵兰岛以外发现的第一块泥盆纪晚期的四足动物化石。这座小山里满是化石，其中包括一个 20 多米高的垂直岩壁，由大约 40 万年的泥盆纪沉积物形成。因为红山与实验室只有咫尺之遥，他们可以把所有化石带回宾夕法尼亚大学的实验室里做更进一步的研究。

15 号公路贡献了另一笔财富。尼尔和泰德检查了一些新爆破后的巨石，把几个大块岩石运回来做进一步分析。他们在一块巨石上发现了一个巨大的鱼鳍，但不是他们通常发现的那种鳍。它的里面有骨头，其中 1 块骨头连在肩部，另有2 块骨头与之相连，还有 8 根棒形骨从鳍上伸出。这 8 根棒形骨看起来像是手指的前身，类似棘螈类动物身上的 8 根手指。

他们发现的"带手指的鱼"和三种不同的四足动物都是从公路边的岩床里采集的珍贵的新化石，这是几年努力的巨大回报，但他们并没能填补上鱼类与四足动物之间的那个缺口。由于四足动物和各种鱼类在红山共存，很明显，这些岩石太新了（红山的年龄为 3.61 亿～ 3.62 亿年）。必不可少的过渡形态应该存在于更早的年代。

如果他们想要找到过渡形态的化石，就必须研究更古老的岩石。他们从红山和其他公路边的岩床中了解了不同的岩石种类。化石在属于三角洲系统的古河流边缘或河岸上方的沉积物中能得到最好的保存。但是，他们在世界的哪个角落才可以找到其他人尚未勘探过的这样的岩石呢？

他们考虑过中国、南美和阿拉斯加，但前景并不乐观。后来有一天，在解决一场完全无关的地质学争论的过程中，他们翻开一本旧地质学教科书，在一张地图上偶然发现了北美的几个泥盆纪晚期的矿床。其中部分位于格陵兰岛东部，但尼尔和其他许多人已经去过那里；部分位于卡茨基尔山，他们也已经在那里辛勤工作了多年；再有就是加拿大的北极群岛，对古生物学家来说，这是一片广阔的处女地。

他们很兴奋地前往最喜欢的中餐馆吃午饭，同时讨论了前往北极群岛进行探险的可行性。用餐结束时，尼尔打开他的幸运薄脆饼，里面的小纸条上写着："你很快就会登上世界之巅。"

正确的地图

如果尼尔想在世界之巅找到宝藏，他和泰德就需要先做点案头工作。首要任务是找到正确的地图。北极群岛这片土地面积太大了，包括地球上最偏远地区之一的一些无人岛。由于当地极端的气候，他们只有很短的时间能用于搜寻目的地并勘探。他们需要缩小搜索范围。

事实是，世界上许多偏远地区吸引的不仅仅是一小部分古生物学家。几十年来，主要的石油和天然气公司以及一些政府机构一直在调查它们蕴藏的自然资源。对尼尔和泰德来说，幸运的是，加拿大地质调查局和许多大型石油公司赞助了对北极岛屿的广泛调查。他们在《加拿大石油地质学公报》（*Bulletin of Canadian Petroleum Geology*）上找到了需要的"藏宝图"，该地图被巧妙地藏在一篇以"富兰克林地槽的中上层泥盆统碎屑楔体"为题的论文中。

阿什顿·安布里（Ashton Ambry）和 J. 爱德华·克洛万（J. Edward Klovan）的这篇论文长达 154 页，是 20 世纪 70 年代初 4 年工作的成果，绘制了各个岛屿的地质构造。他们只有两个月的时间可以进行野外勘探，即每年夏天的 6 月下旬至 8 月下旬。尽管有雾、雪、雨和大风等各种阻碍，安布里和克洛万还是乘坐直升机或轻型飞机穿越加拿大北极圈而至，每走一步都进行测量和取样。

尼尔和泰德跟随安布里的足迹，一页又一页地梳理关于岛屿上裸露的各种岩层的地质描述，试图找到线索。终于，在讨论横跨埃尔斯米尔岛南部的弗拉姆地层的页面中，他们找到了足以让他们收拾行囊准备出发的句子：

> 弗拉姆地层的化石含量表明这里存在着蜿蜒的河流的沉积环境。采集的砂岩单元被解释为点坝和河道充填沉积产物，而页岩－粉砂岩单元则源自漫滩沉积。
>
> 弗拉姆地层类似于宾夕法尼亚州的卡茨基尔岩层……

安布里和克洛万还很贴心地附上了这些矿床的代表性照片。但这里的地形甚至比卡茨基尔的更好，因为在这一地区，岩石上几乎没有植被覆盖，这让他们随处都可以勘探。既然弗拉姆地层是他们的目标，那该怎么去那里呢？他们认为最好的办法就是追随安布里的脚步。

尼尔和泰德飞往卡尔加里（Calgary），会见了安布里和他的团队成员，他们是每年夏天都在北极探险的老兵。他们向安布里等人解释了自己在卡茨基尔的工作，并提出了探索北极的想法。

"好主意，你会找到你要找的东西的。"安布里向他们保证。

加拿大人在地质和物流方面的专业知识是无价的。在这些岛屿之间穿行很困难，因为那里几乎没有定居点和机场。岛屿之间的距离超出了直升机的正常巡航范围，因此他们需要一个燃料供给系统，以确保直升机可以从一个岛屿飞到另一个岛屿。

还有资金筹措和远征人员的问题。他们很快就收到了一位匿名捐赠者的慷慨承诺，他将支付探险的所有费用。尼尔的导师法里什·詹金斯在格陵兰岛曾组织过许多次野外勘察，因此尼尔邀请他作为合作伙伴加入。这样，探险队就包括了三代学者：尼尔的导师法里什，泰德的导师尼尔，还有泰德。

到 1999 年春天，计划在夏天进行的为期 6 周的探险已经准备就绪。由于天气有一定的不确定性，他们在购买物资和制订探险物流计划时，必须考虑每一个可能发生的意外情况。直升机租金每小时 2 000 美元，而且载货能力有限，他们必须严格控制携带的配给物资。

另外，还有许可证的获取问题。探险队打算前往的埃尔斯米尔岛上的努纳武特地区（Nunavut Territory），是由因纽特人控制的，因此需要得到当地政府和格里斯狭湾村庄的许可。这座只有 140 人的小村庄是北美最北端的人类定居点，将是探险队冒险进入无人区之前的最后一站。一切都按计划进行，直到捕猎者协会拒绝给他们发放许可证，因为他们担心探险队的飞机会干扰到野生动物。这是一个巨大的挫折，但他们迅速地修改了计划，将目的地从埃尔斯米尔岛变为西部的梅尔维尔岛（见图 9-2）。

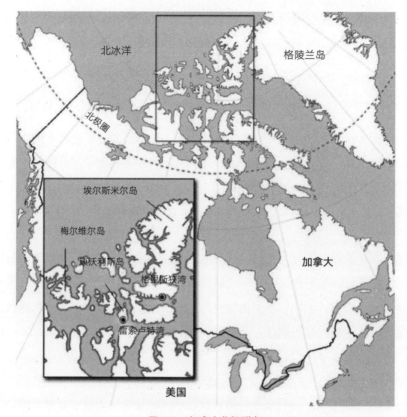

图 9-2 加拿大北极群岛

注：图中显示了埃尔斯米尔岛、梅尔维尔岛和康沃利斯岛的位置，以及雷索卢特湾和格里斯狭湾的村庄所在地点。

资料来源：Leanne Olds.

前往梅尔维尔岛

前往梅尔维尔岛的中转站是康沃利斯岛上一个名为雷索卢特湾的因纽特人小村庄。它有大约 200 名居民，是一个航空枢纽，有一家杂货店和三家酒店。事实证明，这个落脚点很重要，探险队因恶劣天气在那里滞留了好几天。

与当地居民的闲聊也让他们有些不安。当被问到要去哪里时，"梅尔维尔岛！"探险队员热情回应道。当地人则回答说："哦，你们真的要去那里吗？"他们想不出什么好理由，非得去这样一个荒凉的地方。尼尔他们没有受到当地居民的鼓励，"就像是我们要去吸血鬼城堡吃晚餐一样"。

时间是宝贵的，他们必须在天气稍有好转的时候就出发。当老练的飞行员终于驾驶他的水獭号双引擎飞机把他们带到了高空时，他们真希望能晚一点出发。这是一次可怕的飞行，一路上都大雾弥漫，还得寻找一个被雾笼罩的岛屿。在错过了好几次之后，飞行员终于将飞机降落在冻土带上。他们卸下了装备，飞行员说完祝他们好运，就匆匆飞走了。

尼尔脑中闪过的第一个念头是什么？生存。做的第一件事就是给步枪装上子弹，因为这里是北极熊的地盘。

然后他们搭起帐篷，扎下营地。在整个逗留期间，他们将经历极昼、严寒和狂风。他们必须用石头加强对帐篷的固定，还在周边设置了一个绊索系统。如果有北极熊闯入营地，它会触发警报，这能给他们几分钟时间去拿起武器。

经历了漫长的一天，他们终于能安顿下来"过夜"。可仅仅过了不到一小时，警报忽然响了。每个人都急忙从睡袋里出来，拿着步枪冲出帐篷，却发现是虚惊一场：风吹倒了一根固定绊索的杆子。虽然仍然紧张不安，大家还是试图重新入睡。

30分钟后，警报再次响起。又是虚惊一场。这一次是因为一根电线松了。之后警报又响了两次。探险队的头儿说："见鬼去吧。"然后彻底关闭了报警系统。

除了担心成为北极熊的早餐，尼尔还有其他的担忧。未来的很长一段时间，他们将被隔离在这可怕、荒凉又陌生的地方。会发现什么呢？古生物学家到达一个新的地点要做的第一件事就是搜寻。他们爬上营地后面的一座小山，很快就发现了一些鱼鳞化石。这就足够好了，他们有理由继续抱有希望。

他们与外界唯一的联系方式是无线电。他们安装了天线，这样就可以每天按原定计划打两个电话报平安，并让后勤支持团队知道他们的情况，以及何时需要团队的帮助以转移到第二个营地。他们继续在第二个营地附近搜寻化石，但很明显，找到的都是深海海洋环境的沉积物，而不是他们想要的浅河床和河堤的沉积物。

第四周，坏天气开始了。一连 13 天，大风以 50 千米～ 80 千米每小时的速度刮着。这些人被困在帐篷里。很快，他们就读完了自己所带来的书，以及其他人为应对这种意外事件而带来的书，从比尔·布莱森（Bill Bryson）、卡尔·希尔森（Carl Hiassen）到托尔斯泰。尼尔随后又花时间进一步完善他的袖珍火箭——一种由火柴头驱动的铝箔导弹，一旦完成就可以在帐篷的 6 米范围内击中目标。

很快，就到了该回家的时候，他们意识到这次漫长的探险是失败的。如果再次回到北极，他们必须到达埃尔斯米尔岛和弗拉姆地层的中心地带。

在埃尔斯米尔岛发现化石

在 2000 年夏季野外考察季来临之前，探险队及时地获得了所有必要的许可证。他们飞往埃尔斯米尔岛南端的格里斯狭湾，再乘坐直升机前往阿什顿·安布里描述的弗拉姆地层的部分所在地。

这一年的探险队由包括尼尔、泰德和法里什在内的 9 人组成。在远离格里斯狭湾这样的前哨基地的地方，需要大量的物资和装备来安置、供给考察队员们，而所有的一切都得由直升机负责运送。另外，探险队的带头人也不能让大家过得过于艰苦。哪怕是最热情的化石勘探者，也经不住一天 24 小时的白昼、寒风、艰难行进和辛苦工作的摧残。尼尔在整个考察季中瘦了9千克，因此，少许的放松和必要的仪式感对于保持团队精神和大家的体力是必要的。

对尼尔来说，一杯美味的马提尼是一天结束时给自己的奖励。所以他带了马提尼混合器、塑料杯和苦艾酒。但他痛苦地发现，在北极圈以上、距北极点仅10个纬度的营地里，全球气候变暖毁了他想象中完美的鸡尾酒——这里居然没有冰块！不管怎样，他只能凑合了。

团队带头人有着丰富的野外考察经验。他们知道，晚餐对于保持士气和同事情谊至关重要。尽管他们为紧急情况准备了军用的即食餐包，但他们在营地里也会用部分春季脱水食品来准备一些美味的食物，再配上酱汁和香料，以营造"埃尔斯米尔咖啡馆"的气氛。菜单经过精心设计，每天都能提供一种新的菜品，包括红酱意大利面、肉汁烩饭、白辣椒配火鸡、羊肉馅饼、"帕里群岛"秋葵蟹肉、托斯卡纳炖菜和"阿洛戈壁"咖喱。

队员们用一只丙烷炉和附近溪流中的淡水，轮流做饭。准备晚餐和进餐时，他们会谈论当天的情况和计划下一天的行动。然后，在洗漱完毕并通过无线电向基地报完平安后，纸牌游戏一直持续到大约晚上9点半，最后大家都回到各自帐篷的睡袋睡觉。在这种情况下生活6周，他们可不想再冒产生室友矛盾的风险。

然而有时晚餐也不得不搁置一旁。季末的一天，队员中的一名本科生贾森·唐斯（Jason Downs）到晚饭时还没有回到营地。由于该地区时有北极熊出没，天气也不好，受伤或迷路的可能性都存在，探险队开始准备进行搜索救援。就在他们准备出发前，贾森终于出现了，他从裤子、夹克和背包里掏出一堆化石（见图9-3）。原来他在离营地只有1 600米的地方偶然发现了一堆化石，并尽可能地把它们都带了回来。

图 9-3　一把很可能来自泥盆纪的鱼类化石

注：这些肺鱼的牙齿化石是从埃尔斯米尔岛的表层土中挖出的，距离探险队的挖掘点很近。

资料来源：Ted Daeschler, Academy of Natural Sciences, Philadelphia.

由于从早到晚都是白昼，他们没有必要也没有耐心等到第二天了。队员们放弃了晚餐，只是抓起一些糖果和能量棒，就立即前往贾森发现化石的地方。他们搜遍了那里，捡拾化石，并试图找到挖掘的地点和方法。他们发现了多层的鱼类骨骼化石，比在其他地方发现的牙齿和鳞片都要多。

但他们现在可不是在宾夕法尼亚州开着皮卡车。要想知道这些到底是什么，唯一的办法就是用石膏封套把含有化石的砾石包起来，空运回格里斯狭湾，然后再运回他们在芝加哥和宾夕法尼亚州的实验室进行详细检查。但他们只能带回少数大的石膏封套。

当封套被打开，鱼骨化石被小心地从砾石里取出时，他们发现了很多不同的鱼类化石——肺鱼化石，一些其他的肉鳍鱼化石和盾皮鱼化石。不幸的是，所有这些鱼种都是早先在拉脱维亚发现过的。这种失望突显出探险的另一个风险：即使化石是在新地点发现的，它也有可能不是新的发现或不能提供有用的信息。

但探险队决定再试一次。2000 年，在新的考察地点，他们没有太多时间去深入挖掘，因此接下来的一季，他们将专注于此，同时勘探一些新的地点。2002 年他们回到了埃尔斯米尔岛，又挖掘了 5 大包石膏封套的化石。

第二年冬天，他们在实验室里发现了一块令人困惑的口吻部化石碎片。有足够的证据表明这是一种平头动物，甚至可能是四足动物，但无法确定它到底是什么。他们将不得不第 4 次回到北极，以找到更多的这种动物的化石。

发现提塔利克鱼化石

这几次探险开销巨大，而且在这 5 年的 3 次探险中几乎没有取得什么可展示的重要发现。要想再次回到埃尔斯米尔岛，需要 12 万美元，资金筹措非常困难。不过，探险队最终还是获得了美国国家地理杂志社、国家科学基金会、芝加哥大学、哈佛大学以及私人捐赠者的支持，但他们明白，他们必须有一些重要的发现，否则资金来源就会枯竭。2004 年 7 月初，3 位团队组织者带着 3 名队员一起出发，前往北极，将再一次在那里度过 6 周忙碌的夏季时光。

扎下营地的第一天，风刮得很大，所以尼尔来到一个避风的斜坡下吃午饭。当坐下时，他注意到岩石上覆盖着似乎是鸟粪的东西。但那白色的斑点不是鸟粪，而是鱼鳞，很多的鱼鳞。尼尔四处寻找，发现了一块看起来像潘氏鱼的下颌的东西。这很令人鼓舞。

探险队又活力四射地开始了挖掘。首先，他们移开了两年前在现场留下的保护性砾石，然后，每个人开始沿着斜坡在不同的水平面上工作。尼尔在最底部挖掘，那里的沉积物仍然是冻结的。他发现了另一块以往从未见过的鳞片，并开始移除化石周围的岩石。当继续在冰层中挖掘时，他发现了一副与以前见过的任何鱼嘴都不一样的上下颌。他觉得，那也许是与平头动物的头相连的颌部。

第二天，史蒂夫·盖西（Steve Gatesy）正在挖掘场地的顶部工作，距离尼尔不到两米。他挖出一块动物头部的化石，这只动物似乎正看着他（图9-4上）。这只动物的头是扁平的。更妙的是，由于头是朝外的，这表明骨架的更多部分可能埋在岩石的下面。史蒂夫小心翼翼地尽量移除周围的岩石，以便化石暴露出来。

探险队经受着大雨、雨夹雪和暴雪的轮番考验，他们却毫不在乎。因为他们很确定自己有了新的发现，继续努力地工作着。在考察季接近尾声时，法里什发现了另一块化石标本，是他们迄今发现的3块标本中最大的一块。3块化石都被裹上了石膏封套，然后运送回家。在野外，关于化石的勘探只能做这么多了。探险队员们很兴奋，但真相揭晓的关键时刻将出现在实验室中，当封套被打开后，研究人员通常会使用牙签小心翼翼地将岩土从骨头上剔除。费城的弗雷德·穆利森（Fred Mullison）、芝加哥的罗伯特·马塞克（Robert Masek）和泰勒·凯勒（Tyler Keillor）等后方人员开始工作，一步步揭开了每件封套里化石的真相。照片在实验室之间传送，而尼尔和泰德每天都要花几个小时打电话了解情况。一天又一天，一周又一周，经过两个月的细致工作，这个生物的更多部分出现了，这是怎样的一个生物啊！（见图9-4下）

它背上有鳞片，像鱼一样。但与有锥形头的鱼不同，它有一个扁平的头，就像鳄鱼一样。这种头跟直接与躯干相连的鱼头不同，它通过颈部与躯干相连，就像四足动物一样。它有带蹼的鳍，但鳍的内部也有与上臂和前臂相对应的骨骼，最出人意料的是，它有一块腕骨，这是其他任何鱼都没有的。而且，鳍的骨头还有关节，使它可以像我们一样移动、弯曲和伸展四肢。这条鱼甚至可以做俯卧撑。

一部分像鱼，一部分像四足动物——它是一种鱼足动物。

图 9-4　提塔利克鱼化石

注：上，提塔利克鱼化石的口吻部从岩石中伸出（箭头所指处）。在这里，探险队员要移除周围的岩石，这样才可以把化石标本包裹起来，并运送回实验室进行详细的研究。下，提塔利克鱼化石的全貌。请注意其颈部的存在、头顶上的眼睛和有骨头的鳍。

资料来源：Neil Shubin and Ted Daeschler.

　　这正是研究小组希望找到的介于水栖脊椎动物和陆栖脊椎动物之间的过渡物种，但探索结果远远超出了他们的想象。他们找到了更多、更完整，而且保存得格外完好的标本，远超预料，其中最大的代表是一种将近 2.7 米长的动物。所有这些化石都是在一个地方发现的，存在于与预测年代一致（3.75 亿年前）的岩层中，也恰恰存在于预期的那种古溪流环境中。

　　阿什顿·安布里是对的，他们找到了想要的东西。当探险队员拍摄挖掘地点的那道斜坡的照片时，他们意识到这里正是安布里30年前拍摄的地点，他们在他的论文中看到了这里（见图9-5）。事先做好案头工作，确实值得。

图9-5　弗拉姆地层

注：上图为阿什顿·安布里拍摄的埃尔斯米尔岛上弗拉姆岩石的照片，摄于1974年7月，发表在他的北极地质调查论文中。下图为2004年7月拍摄的提塔利克鱼化石被发现的挖掘场地的照片（一名探险队员站在其边缘）。这是同一个地方。
资料来源：Ashton Embry and Neil Shubin.

作为发现者，探险队有权给这种新的生物命名。他们决定给它起一个因纽特语名字，既反映它源自努纳武特地区，也感谢允许他们进入自己领地的人。他们咨询了当地的长老会，长老会提出了两个备选的因纽特语名字。最终，探险队决定以Tiktaalik（提塔利克，意为"大型淡水鱼"）作为属名，以roseae作为种名（即他们第一位赞助者的名字）。

3.75 亿年前的生物

提塔利克鱼化石于 2006 年 4 月 6 日在《自然》杂志封面公开亮相。研究小组用两篇文章描述了这一发现及其带来的探究四足动物以及动物四肢起源的曙光，古生物学家佩尔·阿尔伯格（Per Ahlberg）和詹妮弗·克拉克（Jennifer Clack）发表了热情的评论。他们立即将其与始祖鸟进行了比较，并大胆地指出，提塔利克鱼很可能是一个重大进化过渡的标志性物种。

主流媒体对于这一发现即使不是那么感兴趣，也至少表达了同样的重视。《纽约时报》在首页报道了这一消息，《时代周刊》和各大电视网的晚间新闻节目也刊登和播放了专题报道。这是一种 3.75 亿年前的生物，它显然是鱼类和陆生动物之间的过渡物种。它正好出现在另一波长期争执不下的神创论与进化论的辩论的当口，这对怀疑论者关于化石记录中缺乏过渡形态的言论是一个强有力的打击。

虽然媒体倾向于将提塔利克鱼化石描述为"缺失的环节"是可以理解的，但尼尔·舒宾准备返回北极寻找更多泥盆纪的化石，他澄清了这一点：

> 当人们称提塔利克鱼化石为"缺失的环节"时，这似乎暗示着只靠单一的化石就能告诉我们动物从水生到陆生的转变。但与一个系列中的其他化石进行比较时，提塔利克鱼化石才有其存在的意义。所以这不是所有"缺失的环节"，我更想称之为"缺失的环节"之一。它也不再是缺失的了，它已是一个找到的环节。而仍然缺失的环节正是我想在今年夏天去寻找的。

REMARKABLE
CREATURES

第三部分

从古 DNA 中解读——
人类起源的故事

提塔利克鱼和始祖鸟、恐爪龙和有羽恐龙等动物的化石的发现填补了化石序列中的空缺，标志着动物可以从一种形态过渡到另一种形态。这些化石中的动物的身体形态和关键身体部位，为四足动物发源自鱼类和鸟类、起源于兽脚类恐龙的观点提供了重要的线索。同理，为了从我们的猿类祖先那里追溯人类的起源，找到类似的原始人化石序列是必要的。

杜布瓦对爪哇人（直立人）的发现是幸运和及时的，因为它提供了证据，证明人类与猿的共同祖先和人类之间存在着中间形态。但它只提供了人类进化线路上的一个点，当时我们对这条线路的长度一无所知。此外，直立人在某些特征上非常像人类，比如它的股骨，而其他的骨骼特征则完全未知。而且，杜布瓦也没有发现任何器物（如工具）表明爪哇人能够做出什么样的行为。为了理解人类进化的顺序，人们从直立人的两个方向寻找联系——向前追溯猿和人类的共同祖先，以及向后寻找现代人类出现的曙光。

但对原始人类化石记录的搜寻和分析存在许多挑战，尤其是在古人类学发展早期。通过对比前几个故事中科学家们所能采用或实际采用的方法，或许可以更好地理解这些问题。能否成功地找到化石取决于许多因素。尼尔·舒宾的团队之所以能够取得成功，是因为他们将正确年代（泥盆纪晚期）的沉积物定位在了正确的环境（溪流堤岸）中，这些环境暴露在地表且易于抵达。他们的猜测是基于他们受到的良好教育，如果非要说是运气好的话，那他们的运气就是一种智慧的机缘，尽管在那样严酷的条件下找到几个大型的化石标本确实是非常幸运的。但是，即便是大海捞针，他们也知道应该去什么样的大海里捞针，而且，由于先前的地质学研究，他们知道这"针"的大概位置。

同样，有人可能会说沃尔科特发现伯吉斯页岩是幸运的，但凭借他45年的地质学研究经历和搜集寒武纪三叶虫的经验，找到寒武纪动物所在的主矿脉可能更应该说是水到渠成，而非只是运气好而已。但同时请记住，海洋生物，如三叶虫、甲壳动物、软体动物和许多其他种类的动物数量巨大，分布广泛。它们不是稀有的独居动物。此外，它们被埋在海床中，被保存得很好。它们的数量和生活方式确保了留存下来的化石是丰富而充裕的。

现在，我们将这些发现与杜布瓦和安得思的策略和经验进行对比。杜布瓦前往苏门答腊岛和爪哇岛有一些合理的理由，但只要看看他的阳台（见图 4-3），就会明白，他虽然发现了满是化石的"大海"，但他根本不知道在成吨的动物化石中，是否可能有几根属于原始人类的"针"。请想象一下，如何在一堆动物的骨骼中分辨出原始人类骨骼的碎片。人类的头骨、股骨和牙齿是不同的，杜布瓦只能识别出这些。安得思跟随着杜布瓦去了亚洲，发现了大量的白垩纪大型恐龙和始新世哺乳动物的骨骼，却没有发现远古人类的踪迹。这是因为那些岩石的年代不对。值得注意的是，为什么博物馆及其储藏室里满是恐龙，因为它们留下了硕大的骨骼，这些骨骼很容易被发现，也不太容易被破坏，而且恐龙的繁衍生息跨越了很长的地质年代。

无论过去还是现在，寻找原始人类都是一个完全不同的任务。我们的祖先既不曾成群结队地在广袤的地区游荡，也不曾生活在海底。他们数量不多，在时间和空间上的分布更加受限。他们的骨架很容易与头骨分离，头骨又容易被砸碎。在杜布瓦取得发现以及安得思探险之后的近 40 年里，人们没有发现对人类与猿的关联有着重要意义的新的古代原始人类。来自欧洲的尼安德特人化石在体形和脑容量方面更像现代人，人们甚至在争论它们是否算是一个独立的物种。它们确实没有缩小人和猿之间的差距。猿至人的进化过程中的其他环节尚不清楚，也未被探知。因此，在 20 世纪 20 年代初，我们这方面的知识实际上仍停留在杜布瓦的发现，几乎没有进步。该怎样才能找到远古的人类呢？

关于在哪里可以找到我们的祖先以及了解他们所处的年代，在古人类学中存在着一些先入之见，而其中更有各种各样的偏见左右着人们的脚步。因为杜布瓦，大多数关于"人类摇篮"的思考都聚焦于亚洲。很自然地，一些人追随着杜布瓦的足迹来到印度尼西亚，还有一些人在中国四处搜寻。这片大陆也是当时已知的最古老的人类文明的家园，因此许多人认为现代亚洲人最直接的祖先应该就起源于那里。与此同时，欧洲各地丰富的尼安德特人化石记录促使一些人认为，现代欧洲人与亚洲人一定有着不同的起源，即源自尼安德特人的祖先。

因此，尽管达尔文对非洲和人类起源的关系有自己的猜想，人们的注意力却集中在其他地方。1924年，解剖学家雷蒙德·达特（Raymond Dart）报告称，在南非的一个采石场发现了一块引人注目的头骨化石。他将这种生物命名为 *Australopithecus africanus*（意为"来自非洲的南方古猿"），并将其视为猿类和人类之间的过渡物种。由于无法确定该头骨化石的年代，而且达特也缺乏该物种会使用工具的证据，他的说法遭到了当时主要学术权威的否认，他们认为它"只是一只猿"。这种生物的起源不符合当时对原始人祖先的外貌或存在地点的固有观念。

但历史的钟摆终将摇回非洲。最初，主要的催化剂不是化石，而是工具。从20世纪20年代末开始，东非出土了许多工具，与其他地方发现的工具一样古老或更为古老，这证明了古代工具制造者的存在。为寻找这些工具及其制造者的遗骸残片而付出的艰苦努力，是接下来第一个故事的核心。直到《物种起源》出版100年后的1959年，人们在东非才又一次发现了新的原始人类化石，将人类和猿联系在一起的原始人类进化过程逐步揭开面纱。

从那时起，人类起源的焦点一直保留在非洲，但人类自然史的新图景不仅仅来自化石和工具。从现代和古代人类的DNA中去解读人类的历史，这一全新的和意料之外的方式引发了人类起源科学的革命，并改写了人类起源的故事。

REMARKABLE
CREATURES

S·2

第 10 章

石器时代之旅

奥杜瓦伊峡谷（Olduvai Gorge）

注：这个峡谷埋藏着人类过去 200 万年历史的丰富记录。

资料来源：M. Leakey (1984), *Disclosing the Past* (Doubleday and Company, Garden City, N.Y.). Leakey Family Archives.

人类是制造工具的动物。

—— 本杰明·富兰克林

他的基库尤语名字是瓦库鲁吉（Wakuruigi），意为松雀鹰之子。

他父母叫他路易斯。

尽管路易斯·利基是去往肯尼亚的英国传教士的儿子，但他认为自己更像基库尤人（Kikuyu）[1]，而不是英国人。1903 年，他在肯尼亚出生，是一个提前了两个月出生的早产儿，他人生的第一个伟大成就，就是活了下来。当时，尤其是在肯尼亚的农村，医院尚不能为脆弱的早产婴儿提供任何救助措施。他的"恒温箱"是一块仅可遮体的棉毛布和一张用木炭加热的土炕。然而，他还是活了下来，或许，这与当地人用抹唾沫的习俗让他避开了"魔鬼的眼睛"有关。

尽管路易斯是当地大多数人见过的第一个白人婴儿，但他还是受到了基库尤

_____

① 基库尤族是肯尼亚人口最多的民族。——编者注

人的欢迎。基库尤男孩按年龄分组，11 岁时，路易斯被接纳为穆坎达团组的成员，为标志着步入成年的秘密仪式做着准备。

就像他的基库尤兄弟一样，路易斯为自己建造了一个"单身宿舍"——一座可以与家人分开居住的泥屋。到 14 岁时，他已经建造了自己的三居室房屋，在其中生活，除了吃饭。正如他后来解释的那样，"除了做饭，我什么都自己做了；因为我父母坚持我应该和家人一起吃饭，这确实是合理的要求"。

路易斯从小就学会了基库尤人的生活方式。他的穆坎达兄弟教他如何投掷长矛和使用棍棒。一位名叫乔舒亚·穆希亚（Joshua Muhia）的长者教他如何追踪、狩猎和捕捉野生动物。路易斯熟悉了犬羚、小羚羊、獴、豺、鬣狗等附近几乎所有动物的习惯和体征。最重要的是，穆希亚还教他成为一个耐心的观察者。

路易斯的小屋很快就堆满了鸟蛋和鸟巢、兽皮与兽骨，还有非常有趣的石头。他的姐姐认为他的这个"私人博物馆"糟糕透顶，但路易斯对此却感到无比骄傲。

路易斯的父亲哈里是一位受人尊敬的著名传教士，经常接待英国客人。幸运的是，其中包括内罗毕自然历史博物馆的第一任馆长阿瑟·洛弗里奇（Arthur Loveridge）。洛弗里奇非常喜欢路易斯，对他的收藏和他对自然史的兴趣总是大加鼓励。他教会了路易斯如何制作标本和进行分类。作为回报，路易斯则为博物馆提供了三条蛇、一只活的大马蹄蝠、一只豪猪、一只黑化的小灵猫和各种鸟类。路易斯也热爱传教生活、肯尼亚和自然史。他很虔诚，并认为自己长大后会成为一名传教士，同时以鸟类学为自己的主要爱好。

从一位英国亲戚那里收到的一本简单的儿童读物，在激发路易斯兴趣的同时，对他的未来也产生了很大的影响。这本《史前时代》（*Days Before History*）讲述了英国石器时代一个名叫蒂格的小男孩的故事。书中有关燧石箭头和石斧的绘画和说明迷住了路易斯。他确信肯尼亚地区在石器时代也一定有人类在活动，于是开始收集与燧石工具有相似之处的石块。他的家人经常取笑他捡回来的"破石头"。

一天，路易斯腼腆地向洛弗里奇展示了他的收藏，洛弗里奇确认了他捡到的一些石头确实是古代工具。洛弗里奇解释说，肯尼亚石器时代的人们是用黑曜石制作工具的，因为他们找不到燧石；而且他可以给路易斯看博物馆里的一些样本。路易斯对此大喜过望，从此更加沉迷于收集石器工具。遵照洛弗里奇教给他的方法，他对每一次发现都做了很好的记录，并仔细阅读了关于这一主题的几本书。路易斯了解到，人们对石器时代，尤其是东非的石器时代知之甚少，他决心将改变此情况作为毕生追求。那年，他刚满 13 岁。

短暂的伟大冒险

路易斯认识到，要想研究早期人类的历史就需要接受更多的正规教育。他在成长过程中所受的教育相对较少，只是在他的父亲每隔几年休一次返乡假的时候，到英国的学校里短暂地待上一段时间。路易斯不喜欢上学，对学校给他的人身自由和无限的好奇心带来的限制感到不快。幸运的是，由于第一次世界大战的爆发，他父母的返乡假期被推迟了，所以路易斯整个青春期都在肯尼亚玩耍、探索洞穴、搜集石器工具以及学习基库尤人的生活方式。

路易斯希望能上剑桥大学，但当他在威茅斯（Weymouth）入学开始预科课程时，他发现自己远远落后于同学，自己这个白皮肤的基库尤人在英国是那样格格不入。路易斯努力追赶，认真学习英国各项制度的运作机制。

路易斯觉得自己和剑桥之间隔着千山万水。第一是钱的问题。他们利基家一向清贫，而且这种情况持续了他的一生。第二，如果他想要得到任何形式的经济援助，就必须通过几个科目的入学考试。第三，他需要证明自己精通各种学科，以符合取得学士学位的要求。

当路易斯阅读学生手册时，他想到了一个清除所有障碍的办法：他要求将基库尤语作为现代语言之一，用于他的奖学金考试并作为取得学士学位要求的一部分。学校认可基库尤语是一种现代语言，但教职员工中没有人懂。路易斯提议，他可以提交一份有可靠来源的"语言合格证书"。谁能比基库尤部落的科伊纳奇（Koinange）酋长更有资格证明？酋长以在文件上摁拇指印代替签名。

路易斯开始掌握通往学术界的诀窍。他投身于大学生活，也许有点过于投入。尽管他在传统竞技方面缺乏经验，但他还是决心加入橄榄球队，希望能代表剑桥参加与对手牛津大学的年度比赛。在第二学年初期的一场试训赛中，路易斯试图给球队队长留下好的印象，结果比赛中他被踢中头部，不得不被抬出球场。当他恢复了一些知觉后，他又重新参加了比赛，然而再次被击中，再也没能回到球场。他头痛得很，在接下来的几天里疼得越发严重。他虚弱得连功课都不能做了。

医生让他休息 10 天，但路易斯发现自己有点失忆，而且一旦他试着工作，头就又痛了。原来，他得了外伤后癫痫。医生坚持让他休一年假，最好是在户外休息。这对于路易斯希望迅速获得学位并在肯尼亚开始考古生涯的雄心，看起来是一次严重的打击。但幸运的是，他找到了一个值得在康复期间去完成的任务。在接下来的几年里，这样的幸运会一次又一次地降临。

通过家人的朋友，路易斯打听到伦敦自然历史博物馆计划派遣一支探险队到坦噶尼喀地区（现在坦桑尼亚的大陆部分）收集恐龙化石，他们需要有非洲生活经验的人。探险队队长卡特勒从未去过非洲。尽管当时只有 20 岁，路易斯还是得到了这份工作，坐着头等舱去了东非。事实很快证明，路易斯是无价之宝，因为他非常擅长组织探险活动。在帮助卡特勒顺利通过坦噶尼喀海关并确定好其设备何时从英国运抵之后，探险队安排路易斯提前出发，去寻找一个被称为坦达古鲁（Tendaguru）的地方，并在那里建立一个营地。

在一个沿海的港口小镇，他碰巧遇到了一位来自坦达古鲁地区一个村庄的村长。村长同意帮助路易斯找到勘探地点，并招募当地人建造营地。路易斯找到了15名搬运工、1名厨师、1名枪手和1名年轻的基库尤助手，他和村长徒步出发，开始了他梦寐以求的"伟大冒险"。

他们在3天内走了80多千米才到达坦达古鲁。村长让路易斯向空中开枪，这样当地人就会知道该地区来了一个白人。许多村民纷纷带着食物前来，任由路易斯挑选购买。然后，村长用一只信号鼓敲击出一条长长的信息，他解释说，他正在告诉所有听得见鼓声的村民，第二天早上来迎接路易斯，并带着他们的刀斧来帮忙盖房子。那天晚上，路易斯带着"一种奇怪的，混杂着快乐、胜利、期待和孤独的感觉"安顿了下来。

房子在几天内就建成了，路易斯继续建造仓库和厨房，并找到了水源。在两个月后卡特勒抵达之前，他已在营地和海岸之间来回跋涉了好几次。他们一起在野外考察了4个月。

这完全不是要求路易斯休息的医生所说的康复方式，因为这是一项艰苦的工作，但路易斯喜欢它，他学到了很多。除周日外，每天早上5点，他就开始召集工人们起床，帮助进行挖掘工作。他陪着卡特勒去挖掘现场，帮他把骨骼化石封包在熟石膏里。路易斯认识到卡特勒是一位好老师，他在化石挖掘和保存方面接受了大量的实践训练。当地条件非常艰苦。天气很热，水很稀缺，必须从很远的地方打来。路易斯与各种各样的动物有过近距离的接触，如水牛、大象、曼巴蛇和豹子，遇到豹子时他差点死掉。生病也是常事，路易斯曾同时患了痢疾和疟疾。

尽管路易斯想在此多待一段时间，但他不得不回到剑桥。他后来写道："当橄榄球砸到头上时，我完全没想到，这次意外受伤会对我的整个职业生涯产生如此重大的影响。"

路易斯一离开，卡特勒就陷入困境。他不仅不能很好地管理工人，还被热带疾病折磨着。9个月后，卡特勒死于疟疾并发症。

回到石器时代

有了坦达古鲁的经历，路易斯的信心大大增强了。他总是想办法多赚点钱，于是开始举办公开的讲座，主题是"挖掘恐龙"。他擅于激发听众兴趣的天赋，后来得以在世界舞台上展现。

路易斯渴望再次回到肯尼亚，继续其对石器时代的探索。他将自己在剑桥的剩余时间花在正式学习、考察英国的史前遗址、学习制作石器的工艺，以及研究非洲弓箭技术的历史等方面。最终，他以优异的成绩取得了学位。

是时候学以致用了。他坚信进化论和人类历史的古远，确信人类早期的真实历史与《圣经》中的描述不同。然而，当时科学界对那段历史寥寥无几的认知似乎并没有指向非洲。达尔文在《人类的由来》一书中说："我们的祖先早期生活在非洲大陆的可能性比在其他地方的要大一些，但对这个问题进行推测毫无意义。"然而，到1926年，已经很少有科学家认为人类起源于非洲。杜布瓦在亚洲发现了当时已知的最早的原始人化石——爪哇人。安得思的探险队正在蒙古寻找更多的原始人。路易斯当时不知道的是，不久之后，戴维森·布莱克（Davidson Black）和裴文中将在中国发现更多的古代原始人类，"亚洲起源说"的地位更加巩固。一位教授曾告诉路易斯，不要浪费时间在非洲寻找早期人类，因为"每个人都知道人类是从亚洲起源的"。

尽管如此，路易斯知道，他小时候发现的石器工具意味着非洲一定有工具制造者，也就是早期的人类。他招募了另一名剑桥学生与他合作，两人组成了路易斯所说的第一次"东非考古探险队"，他们尽可能早地出发前往肯尼亚。这个团队在肯尼亚得到了扩编，他的几个穆坎达兄弟和亲兄弟道格拉斯加入进来。他们的第一次挖掘选在路易斯从小就知道的地方。由于洞穴是欧洲许多史前古器物的发现地，路易斯专注于他家附近，即东非大裂谷周围的许多洞穴和悬崖，以及他认识的定居者的土地。

他希望能找到石器工具，或许还能找到工具制造者的骨头。当时，考古学家认为，最古老的文化是"舍利文化"（现在称"阿布维利文化"），因该时期的手斧在法国舍利（Chelles）发现而得名。他认为，如果能在东非找到舍利文化所处年代的工具，就会找到非洲早期人类的证据。

团队在埃尔门泰塔湖（Lake Elementetia）附近发掘了几处洞穴、岩石掩体和崖壁。他们在靠近或突出地表的地方发现了古代工具、陶器碎片和人类骨骼，这些都是在某种葬礼仪式中故意埋葬的。路易斯认为这些都是史前"埃尔门泰塔"文化的遗存。在一年的时间里，他收集了100多箱标本，尽管他这次探险更像是一次侦察，目的是寻找值得进一步探索的地方，他总共发现了近70处。他还遇到了一位名叫弗丽达·阿文（Frida Avern）的年轻女子。尽管他俩家庭背景差异很大，她是一位成功的英国商人的乖乖女，他则是一个充满野性、未经驯服的白种基库尤人，两人还是一见钟情了。不到一年，他们就结婚了，弗丽达陪着路易斯来到野外，一起进行他的第二次东非考古探险。

这次，他的团队又扩大了，一名地质学家和几名本科生加入其中，路易斯在野外对他们进行了培训。他们对蕴藏丰富的遗址进行了彻底的勘探，每天都能找到数百件保存完好的工具。在路易斯不知疲倦的指导下，团队从早到晚都在工作，路易斯则一直工作到深夜，把当天的发现记录下来。在一个洞穴里，最深的沉积物中有大量史前居住者使用的器物，包括鸟骨制成的锥子、鸵鸟蛋壳串成的念珠和两块陶器碎片。在众多精美的工具中，那两块陶器碎片似乎并不那么显眼，但这种陶器比当时其他地方发现的任何陶器都要古老。

究竟有多古老是很难说的。精确的年代测定技术当时还不存在，将不同地点发现的文物置于相对时间范围内所需的地质学研究也尚未进行。基于埃尔门泰塔工具与欧洲发现的一些工具的相似性，路易斯猜测这种文化起源于公元前 20 000 年左右。有人认为路易斯总是将文物鉴定得比它们实际的年代更古远。事实上，后来的分析表明这些工具制作的年代为公元前 6 000 年左右。

在洞穴的最深处发现古代的器物，这意味着很值得在此继续寻找更古老的遗址和器物。野外考察季临近末尾的时候，地质学家约翰·所罗门（John Solomon）沿着卡里安杜斯（Kariandusi）的一条河谷散步，捡到一块绿色的火山岩，看起来像是一种工具。路易斯确认那是一把手斧，于是他派所罗门和一名学生回去继续寻找。他们果然又找到了很多类似的工具。这些手斧与欧洲发现的最古老的手斧非常相似（见图 10-1）。这就是路易斯一直在寻找的非洲早期人类的证据。

究竟有多早也很难说。几十年来，地质学家一直依靠沉积速率的外推法来确定地球上生命的所处时期。这个方法假设沉积物以稳定的速率积累，因此，如果测出某个物体周围沉积物的深度，就可以估计出它被埋了多长时间。问题是，该方法没有考虑侵蚀或沉积速率的变化。根据估算，当时人们认为恐龙是在 1 000 万年前灭绝的（而不是我们现在知道的 6 500 万年前），地球大约有几亿年的历史（而不是 45 亿年），最近的冰河时代（更新世）跨越了大约 60 万年（而不是 180 万年）[①]，人类的进化跨越了更新世的一部分。

基于这种相对的标准，路易斯估计这些工具有 4 万～ 5 万年的历史，按照当时其他人的想法，这也是非常古老的。连路易斯也没想到的是，它们实际上已经接近 50 万岁了。尽管如此，他也已将非洲的石器时代推回得更古远了，考古学

---

① 作者在本书中介绍的更新世的时间跨度（180 万年）及起止时间（180 万～ 1.15 万年前），采用的应是过去的划分标准，2009 年国际地质科学联盟确认更新世的持续地质时期为 258 万～ 1.1 万年前。——编者注

和人类学界开始注意到这一点。路易斯在南非的一次会议上介绍了他的发现后，60名科学家跟随他回到肯尼亚参观他发现的遗址。他们对此印象深刻，都认可非洲石器时代的历史确实比人们之前认为的要早。

图 10-1　手斧

注：该手斧于 1929 年由路易斯·利基的团队在卡里安杜斯发现。这是东非人类悠久历史的第一个标志，距今约 50 万年。

资料来源：L.S.B. Leakey (1931), *The Stone Age Culture of Kenya Colony* (Frank Cass and Company, London).

这段历史究竟有多古远？人类起源于非洲吗？如果是，那是什么时候？我们的祖先什么时候第一次直立行走或者第一次使用工具？这些问题的解答成为路易斯毕生的追求，许多至关重要的线索都来自一个峡谷。

可以用一生去挖掘的宝库

路易斯回到英国研究他的标本。他拥有的材料足以写两本书，一本是关于石器时代文化中的工具和其他器物，另一本是关于他发现的人的骨架。在写作的同时，他还计划着进行第 3 次探险。

这一次，他决心寻找一个最有可能找到化石的地方。马塞族人称之为奥杜瓦伊，意为"剑麻野生之地"。它是东非大裂谷中心地带的一个长峡谷，位于坦噶尼喀地区塞伦盖蒂平原的恩戈罗恩戈罗火山口附近。德国地质学家汉斯·雷克（Hans Reck）在 1913 年对奥杜瓦伊进行了勘探，发现了许多化石，包括一个形似现代人的骨骼化石，但没有发现任何工具，这引起了路易斯对奥杜瓦伊的注意。雷克急于回到奥杜瓦伊，但当时第一次世界大战爆发了，坦噶尼喀地区被英国统治。路易斯在访问德国时与雷克成了朋友，并曾开心地跟雷克打赌，如果他能到达奥杜瓦伊，他将在 24 小时内找到石器时代的工具。6 年后，路易斯邀请雷克参加第 3 次探险。

1931 年 9 月下旬，路易斯、雷克和 18 名后勤人员乘坐小汽车和卡车出发，长途跋涉前往奥杜瓦伊。他们将穿越一些非常崎岖的地带到达峡谷，这里离最近的邮局、修车场、百货商店有 320 千米左右的距离。而且当地水资源匮乏，由于车辆过热，消耗了大量他们携带的宝贵的水。他们找到了一个池塘，"池水由雨水和狒狒的尿液混合而成……根本不可饮用，但可以供汽车的水箱使用"。对于雷克来说，回到他曾以为再也回不去的地方，令他心潮澎湃。路易斯特意让他第一个踏入峡谷，以示尊重。第一天晚上，他们在鬣狗和狮子的注视下安营扎寨。

路易斯兴奋得睡不着觉，东方刚露鱼肚白，他就出发去峡谷里搜索。他很快在沉积物中找到了一把精美的手斧。路易斯欣喜若狂，带着它冲进营地，大声叫醒了熟睡中的队员们。他此次探险的主要目标之一，就是在峡谷丰富的化石沉积物中找到史前文化的遗存，这一目标在第一天就实现了。事实上，峡谷里到处都是这样的证据。他们在前 4 天就找到了 77 把斧子。此外，他们还发现了一些工具与已灭绝的哺乳动物的化石混在一起，比如巨大的长得像大象的恐象。他们还发现了 470 把手斧和一具几乎完整的河马骨架混在一起。

峡谷的 5 个主要地质层中存在大量的石器工具，其丰富程度是惊人的，因为它给路易斯，很快也给全世界，展示了一幅工具制造技术发展序列的图景，其中的工具比以前发现的都更古老，这是前所未有的。

尽管曾经遇到狮子、被犀牛冲撞甚至不得不向跟踪他的豹子开枪，路易斯还是毫不犹豫地赞誉奥杜瓦伊是"科学家的天堂"。他的收获比与雷克打赌时所说的还多，他找到了一个可以用一生去挖掘的宝库。

玛丽·利基的故事

路易斯再次回到英国时，几乎身无分文，靠着一笔又一笔的赠款过活。他几乎从来没有余钱。为了挣点钱，也趁着自己的发现带来的余热，他写了一本关于石器时代的畅销书《亚当的祖先》（Adam's Ancestors）。与此同时，他获得了一笔奖学金，可用于研究他从非洲带回的史前器物和化石。他拼命工作，在家的时间很少。妻子弗丽达和他的分歧正在显现，他们不幸福的婚姻走向瓦解。

当路易斯需要人把他的标本画出来时，一位同事把玛丽·尼科尔（Mary Nicol）介绍给他，她是一位年轻的艺术家，刚刚给一本书配了插图。路易斯认为她画的石器工具是他见过最好的，于是请她为自己的新书绘制插图。

玛丽的家族中有着考古学的传承。她的外天祖父 ① 是约翰·弗雷尔（John Frere），1790 年，他在英格兰萨福克郡（Suffolk）的霍克斯内附近发现了许多石器。弗雷尔认定这些石器是"战争武器，由一个不使用金属的民族制造和使用"。这些石器是在 3.6 米厚的土壤、砾石和一层贝壳的下面发现的，弗雷尔因此得出结论，它们应该属于"一个非常遥远的时期，完全超乎当今世界的想象"。弗雷尔在向古物研究者协会（Society of Antiquaries）提交报告时，并没有意识到那个时期究竟有多么古远。尽管被忽视了几十年，但弗雷尔后来被誉为第一个发现石器时代文化遗迹的人。

　　玛丽的父亲是一位风景画家，一家人在瑞士、法国和意大利过着一种类似游牧的生活。他们在法国南部的小村庄里有过几段很长时间的停留，她的父亲在那里与一位考古学家交上了朋友。这位考古学家正在搜索有着各种史前绘画和浮雕的洞穴，他鼓励玛丽和她的父亲在洞穴的瓦砾中寻宝，在其中他们搜集到了各种燧石工具。玛丽就像路易斯小时候一样，对石器时代和石器时代的古器物产生了浓厚的兴趣。

　　玛丽和路易斯一样，也与正规的教育体制格格不入。她因拒绝在集会上朗诵诗歌而被一所学校开除，因在教室里调皮捣蛋（用肥皂制造泡沫）和在化学课上引发大爆炸而被另一所学校开除。她后来在自传中自嘲道："至少我是以制造了一点轰动的方式结束了我的学业。"

　　尽管从未通过任何一次的学校考试，玛丽还是设法学习了考古学，并协助了几次挖掘工作。她不同寻常的经历、叛逆的性格、独立性、艺术天赋和对史前时代的热爱对路易斯来说是不可抗拒的，而路易斯的知识、力量、激情和专注也吸引了玛丽。两人相爱了，玛丽在路易斯的下一次探险中陪伴着他，她也爱上了非洲。

---

① 天祖父是曾祖父的祖父。——编者注

第一次奥杜瓦伊之旅给她留下了不可磨灭的印象，最终她把这里当作第二故乡：

　　当我们最终到达山顶时，可以俯瞰 600 米以下的恩戈罗恩戈罗火山口的全貌。这片巨大的圆形区域直径大约有 19 千米，总是密集地居住着众多的动物，而占据其中一小部分的浅碱湖的边缘经常点缀着粉红色的流苏，那是火烈鸟。如果说有什么从山顶用肉眼就可以辨认出的动物，那就是大象、犀牛，也可能是水牛，如果它们恰巧在附近的话；如果用望远镜，则可以看到成千上万的动物。

　　从恩戈罗恩戈罗下行到塞伦盖蒂的旅程一开始，我就被眼前的景色迷住了，它是独一无二的。当你翻过火山高原开始下行时，你会突然看到塞伦盖蒂平原，像大海一样延伸到地平线。在雨中，这是一片广袤的绿色，而在一年中的其他时间则会由金色逐渐变成蓝色和灰色。右边是前寒武纪的岩石和一片酷似月球的景观。左边，不再活跃的莱马古特火山（Volcano Lemagrut）的巨大斜坡占据了整个视野，前景则是一片破碎而又崎岖的火山岩区域，上面长着平顶的金合欢树，陡峭地连接到平原之上。在远处的平原上可以看到小小的山丘，距离如此之远，人们无法分辨其中最大的山丘究竟有多高。奥杜瓦伊峡谷也在其中。两条狭窄的相交的暗线，被距离和热雾软化了，勾勒出主峡谷和侧峡谷……无论是在旱季的雨中，酷热的白天，还是在傍晚驾车直奔落日时，我对这种景色从不曾厌倦。它总是千篇一律，又那么与众不同。

　　他们一起进入峡谷，在每一寸土地里搜寻着古老的工具、工具制造者的踪迹和其他的化石。每一个古物出土众多的地点都被戏称为"科隆戈"（Korongo），在斯瓦希里语中是"沟壑"的意思。玛丽在一处科隆戈里发现了两块原始人的头骨碎片，而且其附近有手斧。这是一个诱人的发现，但后续的挖掘没有发现更多的原始人遗骸。尽管如此，路易斯还是很受鼓舞，他在每月的考察报告中写道："我仍然相信，在奥杜瓦伊的某个地方，我们迟早会找到制造大量阿布维利（Chellean）和阿舍利文化（Acheulean）①时期的工具的人的遗骸。"

每一次古物的出土都会带来某种考古学或地质学上的新发现，比如一个精致的猪头骨、一副类似瞪羚的骨骼，以及一头大象的巨大骨骼。据一名马塞族人透露，在附近一个名为莱托利（Laetoli）的地方可以发现更多的"像石头一样的骨头"，前期的探查也证实那里有丰富的化石。当然，那里也有着相当多的"居民"。一天早上，玛丽差点踩到一头熟睡的母狮。她后来解释说："她和我都被吓坏了，各自朝着相反的方向逃走了……徒步遇见一头母狮并不像听起来那么可怕，除非她带着幼崽。"

路易斯还带着玛丽去孔多阿（Kondoa）看各种岩画。玛丽被这些美丽的人像和动物像迷住了，她临摹了其中的很多幅。极具魅力的岩画艺术，壮观的风景，美丽的野生动物，迷人的当地居民——整个非洲大陆"对她施了魔法"。经历了激情澎湃的9个月后，路易斯和玛丽回到了英国，他们在那里结了婚并开始策划下一次的非洲探险。

石器时代的工厂

回到肯尼亚，利基夫妇濒临破产。为了继续在东非的野外考察工作和生活，他们需要找到一些解决办法。路易斯已经是一位多产的作家，他致力于写基库尤部落的历史。而且，他下定决心要让这本书成为"有史以来最完整的部落记录"，很快他就发现，仅第一卷就有 1 000 页。

玛丽则痴迷于挖掘。挖出什么都行，她不在乎年代或地点，她在纳库鲁（Nakuru）地区的几个挖掘地点间来回奔波。

---

① 欧洲旧石器时代初期继阿布维利文化之后的一种文化。——编者注

夫妻俩的角色发生了变化。路易斯写了更多的书，他还讲课，并在肯尼亚一家博物馆担任行政职务，所有这些都有助于筹集他们的考察费用，并为他们的藏品创造储存空间。玛丽则热爱野外考察，喜欢每天的挖掘，住在灌木丛中的草屋里满足了她的冒险精神。为了安全起见，她收养了一只达尔马提亚犬，她非常喜欢这个品种，从那天起，总有一只或多只狗伴其左右。在漫长的一天结束后，她还喜欢喝一点威士忌、抽一支古巴雪茄作为给自己的小小奖励。

玛丽很快就证明了自己是一位非凡的考古学家，比路易斯更有条理、更加细致。仅从一条沟渠中，她就发现并记录了石器时代晚期的 75 000 多件工具。

第一批项目随着第二次世界大战的到来而结束。路易斯成了一名文职情报官员，在肯尼亚四处奔走，密切关注局势发展，同时也在寻找潜在的挖掘地点。然后，孩子们出生了。他们的第一个儿子乔纳森出生于 1940 年。路易斯和玛丽只能进行一些短暂的野外考察。

1942 年的复活节周末，他们前往内罗毕西南方向约 48 千米处的奥洛格塞利。20 年前，该地区曾报道说发现过一些工具，但有关细节和位置都很概略。路易斯和玛丽在几个助手的陪同下，在白色的沉积层上分头挖掘。几乎在同一时刻，他们大声呼喊着对方。玛丽一直不停地对着路易斯大喊大叫，要他赶快过来看看她发现了什么。路易斯标记了自己的位置，然后去找她。"当我看到她的挖掘地点时，我简直不敢相信自己的眼睛。在一个 15 米 × 18 米的区域里，有成百上千件精美的、非常大的手斧和砍刀"。玛丽觉得这个地方看起来好像刚刚被废弃的工具制造厂（见图 10-2）。路易斯猜测这座"工厂"有 12.5 万年的历史，当时很多人嘲笑这个数字太大了。但后来的放射性定年法显示其年龄超过了 70 万岁。

这一发现是如此令人震惊，他们决定将该"工厂"的一大片保持原貌。然后，在其上修建了一条狭窄的人行步道，1947 年该遗址作为博物馆对外开放，如今，奥洛格塞利已成为一座国家级的博物馆。

图 10-2　奥洛格塞利的工具制造厂

注：玛丽和路易斯·利基在奥洛格塞利发现了一片满是手斧和砍刀的场地。
资料来源：Human Origins Program, Smithsonian Institution.

　　发现"工厂"的当天没有时间做进一步的勘探了，因为他们孩子的保姆下午5点下班。直到第二年，适度的挖掘才开始进行。路易斯太忙了，所以玛丽带着蹒跚学步的孩子在奥洛格塞利露营了好几个月。这里是一片非常崎岖的区域，水资源匮乏，到处都是危险的动物，但对于利基家的人来说，这些都已经是家常便饭了。玛丽是挖掘古代人类居住地的先驱。考古学家曾认为，随着时间的推移，这些遗址会在自然变化的过程中毁坏，但玛丽对该遗址的各个层面都做了细致彻底的挖掘，发现了工具、动物骨骼，在某些情况下，还发现了曾经有遮蔽物的石头阵。玛丽还确认，奥洛格塞利的一些沉积层是拥有这种手斧文化的居民曾经露营的地方。奥洛格塞利到处都是动物化石和工具，但没有出现工具制造者的遗骸。

寻找猿类化石

　　到 20 世纪 40 年代末，路易斯已经花了 20 多年时间在东非逐渐老化的沉积物中寻找人类祖先。还有另一种思路可以考虑：回到更远的年代，从那开始努力向前推进。换言之，寻找猿类化石，也许能补上灵长类动物进化树上猿类和人类分支之间的空缺。

利基夫妇和其他科学家曾在维多利亚湖的鲁辛加岛（Rusinga Island）上进行过几次搜寻。1932 年，路易斯发现了许多哺乳动物的化石，以及一些猿类的牙齿、下颌骨和四肢骨骼，他戏称这些猿类为"地方总督"。这个地方到处都是中新世早期的动物化石，中新世是大约 2 300 万年前开始的地质时代。人们普遍存在一种偏见，认为人类与猿类之间的差异非常之大，在中新世的时候，两者之间的进化必然经历了相当长的时间。路易斯在多次短暂的鲁辛加之行中发现了大量材料，他认为如果在这个地方进行正确挖掘，一定会有意外之喜。

20 世纪 40 年代末，他们与英国同行组成的联合探险队开始挖掘鲁辛加的宝藏。利基全家人，包括他们的孩子乔纳森和理查德，都一起去了。路易斯很快发现了一块鳄鱼头骨并开始挖掘。玛丽则"一点也不关心鳄鱼，不管是活的还是化石的"，她把鳄鱼留给了路易斯，自己去寻找更有趣的东西。

没过多久，她就看到一些骨头碎片暴露在外，一颗牙齿在斜坡上突出来。"会是吗？"她想知道。她朝着路易斯大叫，让他过来。当他们刷去牙齿上松散的沉积物时，一个下颌露了出来。更妙的是，很明显，这是一张脸的相当大的一部分，这是以前从未发现过的。

事实上，这个"地方总督"头骨是第一个被发现的猿类头骨化石，无论它属于哪个年代。这可是"中了大奖"，但首先必须把它拼接起来。玛丽花了很长时间把它的 30 多块分离的碎片拼在了一起，其中一些像火柴头那么小。她和路易斯是最先看到"地方总督"脸的人。路易斯认为这张脸的某些部分看起来像人类，并由此得出结论，"地方总督"是一个原始人，而人类的最早祖先出现在中新世。

他们很兴奋，想庆祝一下，最后决定最好的方式是再生一个孩子。玛丽在自传中说，"那天晚上我们没有照顾别的孩子……" 9 个月后，"菲利普·利基（Philip Leakey）就来到我们家了"（见图 10-3）。

图 10-3　利基一家

注：照片中从左到右依次为理查德、玛丽、菲利普、路易斯、乔纳森，还有一群斑点狗。
资料来源：R. Leakey (1983), *One Life: An Autobiography* (Michael Joseph, London). Leakey Family Archives.

当路易斯对外透露他们的新发现时，英国的同事们都急切地想看到它。既然是玛丽找到了头骨，路易斯认为应该由她亲自把它带回英国，因为把这样一个珍贵的原始标本从内罗毕送到伦敦是有风险的。路易斯担心，如果它丢失或损坏，他们再找到另一个的机会是微乎其微的。

玛丽和"地方总督"都得到了贵宾待遇。英国海外航空公司为她提供了一次免费航程，"地方总督"就在她抱着的一个箱子里。当玛丽抵达希思罗机场时，新闻记者们聚集在那里，请她在舷梯上摆好姿势以便他们拍照。这让她很吃惊，她和原始人化石居然上了头版新闻。由于不习惯于这种关注，玛丽将头骨交给牛津大学继续研究，自己才如释重负地返回非洲。结果，一些专家并不认为它是原始人，而是一种早期的猿。

鲁辛加成了利基一家度过圣诞节假期的最爱之地。玛丽在道奇牌家用车的后备箱里为孩子们铺好被褥，他们会在日出前出发前往东非大裂谷以及更远的地方。旅程总计640千米，先到达维多利亚湖岸边的基苏木（Kisumu），然后通宵乘船去岛上。理查德·利基后来深情地回忆起这些冒险：

> 抵达基苏木的那些深夜总是令人非常激动。物资的卸载和搬运都得借助船上的灯光才能完成……船的移动，引擎的噪声，以及父亲的命令营造了一种紧迫而又令人期待的气氛，我们这些孩子都陶醉其中……
>
> 我特别喜欢黎明前在船上醒着的几个小时。当我们沿着湖边行进时，凉风阵阵吹来，一颗流星划过，点亮了漆黑的夜空。待到日出时，暖红色的天空点缀着金色的云彩，我们已经在路上了……我们会以美味的鲜鱼作为早餐，开始新的一天。在非洲完美的黎明中品尝煎鱼一定是最令人愉快的人生体验之一。

这家人晚上住在船上，白天上岛搜索挖掘。孩子们以抓鱼、与当地的小孩一起玩耍为乐，有时也帮着找找化石。6岁时，理查德第一次找到了一块化石——一种已灭绝的猪的完整下颌。与许多其他的挖掘地点不同，如果不介意鳄鱼的话，这里有淡水可以洗澡。家里的惯例是让每个人都做好跳进水里的准备，然后路易斯向水中发射几枚霰弹，他认为这能确保15分钟的安全。

下午，路易斯经常带孩子们去寻找化石。他给他们指认鸟和蝴蝶，并教他们如何悄悄接近野生动物，如何用石头制作工具，以及如何钻木取火。男孩们非常珍惜这些冒险的经历，他们成了兴致勃勃的博物学家。鲁辛加出土了许多不同寻常的化石，这些化石都被很好地保存下来，其中包括种子、昆虫、小型啮齿动物，甚至还有蚁群的化石，但"地方总督"是其中的明星。

虽然玛丽尽力避开公众的关注，但对于"地方总督"的宣传确实带来了超出其科学价值的一个非常重要的可见的红利：为利基夫妇的工作带来了关注和资金，使他们能够维持挖掘工作，不仅是在鲁辛加，还包括后来在奥杜瓦伊。

亲爱的男孩

20 年来，路易斯和玛丽一直在奥杜瓦伊进行搜寻，但由于两个方面的原因，他们的挖掘并不充分。首先，峡谷非常大。他们勘探了长达 290 千米的暴露岩床，深度从 15 米到 90 米不等。由于其中存在大量有希望的可挖掘地点，有所取舍就变得至关重要。其次，则是资金的短缺，他们需要做其他的工作才能维持收支平衡。"地方总督"的发现吸引了赞助者。赞助者之一是查尔斯·鲍伊斯（Charles Boise），一位对史前史有着浓厚兴趣的伦敦商人。他已经资助了鲁辛加探险的一部分费用，后来又承诺支持利基一家 7 年，因此他们决定在奥杜瓦伊挖掘，决心找到一个早期人类化石。

挖掘工作一直持续到 20 世纪 50 年代，主要集中在所谓的二号岩床，这是一个海拔较低的遗址，出土了 11 000 多件古器物和大量保存异常完好的大型哺乳动物化石。其中包括一种名为佩罗牛的类似水牛的巨型动物的完整头骨，其伸出的两只角的间距接近两米。他们还发现了一堆佩罗牛的骨头，这些骨头被当时的居民用工具砸得稀烂。但原始人类一直如幽灵一般神秘，7 年内只发现了两颗属于他们的牙齿。

1959 年 7 月，利基夫妇把注意力转向了一号岩床，这是奥杜瓦伊最古老的岩床。一天早上，玛丽独自一人出去探矿，当时路易斯正卧病在床。她看到岩床表面有很多东西，但一块从地表下突出的骨头吸引了她的注意。它看起来像头骨的一部分——一个原始人的头骨。她仔细地刷去上面的一些沉积物，在其上颌看到了两颗大牙的一部分（见图 10-4）。她想，它们肯定是原始人的。她找到了一个原始人的头骨，后来，又找到了很多。玛丽跳上她的路虎车，开回营地，大声喊道："我找到他了！我找到他了！我找到他了！"

图 10-4　玛丽在挖掘"亲爱的男孩"

注：上，玛丽刷去松散的岩石和沉积物。下，"亲爱的男孩"的上颌出现了。
资料来源：Leakey Family Archives. Bottom, Dear Boy's palate emerges，经剑桥大学
出版社许可转载。

路易斯问道："你找到什么了？你受伤了吗？"

玛丽脱口而出："他，那个人！我们的原始人。"

路易斯马上忘了自己的病，和玛丽一起赶往现场。它确实是一个原始人化石，大部分头骨都在那里。经过28年的搜寻，他们终于找到了。

他们的许多古人类学同事很快被他们的兴奋之情所感染。然而，他们首先必须把玛丽称之为"亲爱的男孩"的化石完整地挖出并拼凑起来，他的头骨大约有400块碎片。就像当初对待"地方总督"一样，玛丽耐心地把这些碎片拼在一起。其中有上颌和牙齿，大部分面部，以及头骨的顶部和后部。用路易斯的话说，他"非常可爱"（见图10-5）。

图 10-5 "亲爱的男孩"

注："鲍氏东非人"，现在被称为南方古猿或鲍氏傍人。
资料来源：Javier Treveba.

路易斯试图破译这种原始人在人类进化过程中所处的位置。它与南非采石场和洞穴中发现的南方古猿有些相似。20世纪20年代，雷蒙德·达特将这一群组的第一个成员确定为一种灭绝的猿类，其大脑比黑猩猩大，是介于目前的猿类和人类之间的过渡物种。虽然没有一个南方古猿的头骨是完整的，但"亲爱的男孩"与它们的相似之处给路易斯带来了一个难题。他认为南方古猿属于现代人类进化过程中的一个分支，并且是这个分支的尽头。此外，也还没有发现南方古猿能制造工具的证据。"亲爱的男孩"则来自带有工具的沉积层。但其大脑太小，无法归类为人属中的一员，它的大脑比爪哇人和其他直立人都要小。当然，他也注意到了"亲爱的男孩"和南方古猿之间的许多差异，并因此认为它应该拥有自己的一个属，以便与之前的化石区分开来。他将它命名为"鲍氏东非人"，以纪念其赞助者查尔斯·鲍伊斯。

路易斯急匆匆地给《自然》杂志投寄了一份记录，描述了这一新的原始人类；他迫不及待地想将这一消息散播出去，以展示自己的战利品。他很快就找到了完美的舞台——在南非召开的一次关于非洲史前史的会议。在去参加会议的路上，他联系了解剖学教授、原始人类专家菲利普·托比亚斯（Phillip Tobias）。尽管已至深夜，利基夫妇还是邀请托比亚斯到他们的酒店房间，打开了装着"鲍氏东非人"的木箱。托比亚斯有点猝不及防，因为当他看到化石的脸时，"它绝对让我脊背发抖"。

然后他们拜访了雷蒙德·达特，他知道利基一家为此已经搜寻了多久，搜寻得多辛苦。达特动情地对路易斯和玛丽说："我很高兴是你们发现了它。"

在会议上，与会者纷纷传言路易斯将给他们带来一个大的惊喜。路易斯也迫不及待，当他走到演讲台上时，他举起"鲍氏东非人"头骨化石给大家看，观众席爆发出雷鸣般的掌声。作为一名演讲者，路易斯并不是只带来模型、绘图作品或幻灯片，而是直接带来了实物。后来，他邀请同事们在院子里的一棵棕榈树下的一张桌子旁聚集，允许他们近距离观察、检查这一化石标本。

媒体的反应也同样热烈。世界各地的报纸都在头条新闻中宣布了这一伟大的发现。路易斯开始了一次巡回演讲，其中包括在伦敦的胜利之夜，以及在美国17所大学的66场演讲。观众们无不被他漫长的搜寻历程和最终成功找到"鲍氏东非人"的故事深深吸引。

"鲍氏东非人"生活的年代是每个人都想问的问题。我们的原始人类祖先可以追溯到多久以前？路易斯告诉观众，他认为"鲍氏东非人"生活在60多万年前。这个推测是基于对奥杜瓦伊沉积物的研究和地质学家对更新世年代的估计。但在"鲍氏东非人"被发现后不久，两位地球物理学家使用新的钾氩法测年技术，测出"鲍氏东非人"被发现处的上层火山灰的年代为200万～175万年前。这一数据令人震惊，"鲍氏东非人"的年龄约是路易斯推测的三倍，有些人还认为路易斯的推测已经够夸大了。事实上，利基夫妇发现的工具和工具制造者所生活的年代比任何人想象的都要古远。"亲爱的男孩"的发现和年代测定改变了古人类学的进程，最终把所有人的注意力都转移到了非洲，这里正是当初达尔文和路易斯认定的人类的起源之地。人类进化历程的猜想由此得到证实。

"鲍氏东非人"的发现也改变了利基夫妇的生活和工作。国家地理学会向路易斯提供了他有史以来获得的最大一笔资助，美国的公众是如此着迷，他们也开始支持这项研究。原始人类研究长期面临的资金短缺状况终于结束，一个全新的古人类学时代正在开启。

重绘人类的家谱图

在奥杜瓦伊的第二年，即1960年，人们满怀期待地开始了新一轮的挖掘工作。路易斯忙于公关和博物馆工作，只能时不时地赶来看看，玛丽则在达尔马提亚犬的陪同下，建立了一个永久营地，领导着一个团队进行挖掘。这是一项巨大的工程，挖掘的规模空前，很多人参与进来。仅1960年，总的劳动时间就超过了他们过去近30年的总和。

孩子们现在长大了。20岁的乔纳森在奥杜瓦伊工作了几个月。一天，他问母亲："有没有动物长着这样细长的骨头？"他用手指在空中画出一个形状。玛丽说她想不出哪种动物有这样的骨头，乔纳森则漫不经心地说："哦，那我想它一定是原始人。"玛丽放下工作，急忙去看乔纳森所说的骨头。果不其然，那是一块原始人的腿骨——腓骨。后来他又在此处发现了牙齿和脚趾骨。于是玛丽决定进一步挖掘乔纳森发现的遗址。

在这里，乔纳森发现了两具遗骸，包括一个头骨。虽然离发现"鲍氏东非人"的地点只有 91 米远，但这个头骨所处的岩层比发现"鲍氏东非人"的岩层低了大约 30 厘米，所以它更古老。这个头骨是不一样的，它的脑容量更大，形状更像现代人。令人惊讶的是，最终这里挖掘出了 21 块手骨和 12 块脚骨。毫无疑问，这是与"鲍氏东非人"不同的物种，路易斯希望这一新发现在人类属种的进化线路上比"鲍氏东非人"更近一些。

他致电菲利普·托比亚斯，寻求专家的帮助："快来，绝密，我们找到那个人了。"各种不同的骨头被包裹起来，送到伦敦的专家那里。当一位科学家打开装有脚骨的罐子，把它们拼在一起时，他说他的"头发竖了起来，这脚根本就是人类的"。手骨也引起了同样的反应。从拇指和其他手指的顶端可以看出，这只手完全具备制造附近发现的工具的能力（见图 10-6）。几位专家一致认为，这种新的原始人类与人类同属，并将其命名为"能人"，意思是"手巧、能干或有技能的人"。同时，"鲍氏东非人"被重新归类为南方古猿属的一员。这意味着在奥杜瓦伊有两条原始人类的发展线。人类之树在这里生长和分出枝杈。

路易斯并不是完全没有参与这个阶段在奥杜瓦伊的化石搜寻。1960 年的野外考察季末，他带着 11 岁的菲利普和一位地质学家在峡谷中进行勘探。路易斯发现了一块最初他以为是乌龟壳的化石。事实上，这是一个原始人的头骨。他把玛丽接过来，递给她自己的发现。进一步的挖掘显示这个头骨与"亲爱的男孩"或"能人"不同，测年分析显示它更年轻，约 140 万岁。它确实与爪哇人（直立人）非常相似。至此，路易斯在非洲发现了一种更古老的直立人。在几十万年的时间里，有三种不同的原始人类生活在奥杜瓦伊。

图 10-6 "能人" 之手

注：骨骼显示，这只手具有对物体进行精细操作所需的精确抓握能力。
资料来源： *Human Origins: Louis Leakey and the East African Evidence* (1976), edited by G. I. Issac and E. R. McCown (W. A. Benjamin, Menlo Park, Calif.). Professor Michael Day, London University.

在接下来的几年里，玛丽的首要工作还是寻找原始人遗骸和古器物，她对整个奥杜瓦伊进行了细致、系统的挖掘，并绘制了每件物品出土位置的地图，详细记录了奥杜瓦伊动物栖息以及原始人居住遗址近 200 万年的历史。

到此，利基夫妇不仅坐在拥有最古老工具和已知最古老原始人类的群山之上，也站在了古人类学研究的世界之巅。在这 10 年结束之前，他们的儿子理查德也加入进来，而他曾被认为是所有潜在继任者中最不可能的一个。

虽然理查德在成长过程中也是家族挖掘活动的参与者，但他决心避开古生物学，独自创业，开办了一家游猎旅行社。他在丛林中非常能干，并发现飞行员的执照比大学学位有用多了。

但他还是离不了自己的根。1964 年的一天，他带着游客沿着纳特龙湖（Lake Natron）飞行，发现了一些看起来像奥杜瓦伊岩床的岩层，他将这个发现告诉了父亲。路易斯往那里派出了一支小型探险队，由理查德领导，结果发现了一个南方古猿的标本。理查德一下子就上瘾了。

几年后，健康情况每况愈下、已无法再带领探险队的路易斯，安排理查德带领一支探险队前往埃塞俄比亚的奥莫山谷（Omo Valley）。这个艰苦而又美丽的地方从各个方面考验了理查德的能力。有一天，他不得不弃船登岸，以躲避一条鳄鱼的袭击，此前他袭击了它并试图抓住它。尽管有点冒失，但他却因此找到了一个早期智人的头骨，它大约生活在 13 万年前，是智人种当时最早的代表。后来，在返回营地的飞行中，一场雷雨迫使理查德第一次绕过鲁道夫湖（现在称图尔卡纳湖）的东岸。他再次发现了有希望的岩床，而且很快便确定它们比奥莫山谷的更古老，他决定在下一季对其进行勘探。

他最早的发现中有一个非常完整的南方古猿头骨，和他母亲发现的"亲爱的男孩"刚好凑成一对。化石不断被发现，其中包括鲍氏傍人、能人、直立人不同部位的骨骼，以及可能的第 4 种原始人类，共 49 个标本。他的收获比他父母从奥杜瓦伊得到的战利品还多。虽然理查德才 20 多岁，但他已经成为古人类学的新星。1972 年 9 月下旬，他飞往内罗毕，向父亲展示了一个几乎完整的 190 万年前的头骨，当时它只是被称为"1470"号化石。路易斯对这一发现感到十分高兴，因为它看起来似乎是最古老的人类标本。父子俩在一起度过了一段美好的时光。仅仅 5 天后，路易斯在巡回演讲时死于心脏病。理查德的探险队也成了一个家族企业。他与团队成员米芙·埃普斯（Meave Epps）结了婚，再后来，他们的女儿也加入了挖掘工作，并参与挖掘了第一具几乎完整的直立人骨架"图尔卡纳男孩"（Turkana Boy）。此后，米芙·利基继续将原始人类的历史追溯到更远的时代，并重新绘制了人类的系谱图。

不仅仅是理查德和米芙确保了利基家族仍然处于人类起源探索的最前沿阵地，玛丽的探险也还远远没有结束。

开启古人类学的新篇章

多年来，玛丽在奥杜瓦伊挖出了数万件文物，包括已知最古老的、各种各样的工具——砍刀、凿子、劈刀、刮刀、镐，以及其他不同大小和形状的工具。早在 200 万年前，原始人类就在为特定的用途制作特定的工具。在奥杜瓦伊发现的原始人及其工具的多样性导致了一个不可避免的推论，即东非一定存在更古老的文化。然而，玛丽的挖掘已经到达了奥杜瓦伊岩层的最底部。那些更古老文化的线索肯定藏在别的地方。

1931 年，玛丽和路易斯第一次去了离奥杜瓦伊大约 48 千米的莱托利。几十年来，她在那里进行过几次短暂的搜索，直到 1974 年，她发现了一个原始人的下颌和一些牙齿。这一化石层位于 240 万年前的火山灰之下，她意识到这些化石很明显比奥杜瓦伊的任何化石都要古老得多。玛丽把她的挖掘营地搬到了莱托利。

营地吸引来了很多访客。1976 年的一天，三位来访的科学家乔纳·韦斯滕（Jonah Western）、凯·贝伦斯·迈耶（Kaye Behrens Mayer）和安德鲁·希尔（Andrew Hill）进行了一场有趣的大象粪便投掷比赛。希尔不小心从山上滑下来，却发现自己落在的那处坚硬的地面上似乎留有古代动物的脚印。经挖掘，他们在此发现了数千个清晰的动物脚印。显然，附近的一次火山喷发之后来了一场降雨，使许多动物留下的足迹更加清晰。它们很快被更多的火山灰覆盖，并不受干扰地保存了 350 万年。

随着更多暴露的足迹被定位，玛丽优先完成了它们的文档记录。然而，1978年，一些足迹被确认不是源自动物，而是源自原始人类。人们通过进一步的挖掘发现了两排平行的原始人足迹，延伸约 24 米。其中的一组比另一组小，表明这是一位少年或是一名女性走在一位年长者或一名男性旁边。详细的勘测表明，如果足迹较大的原始人不是在拖着脚走路，就是有另一个年轻人踏在较大的足迹上行走。骨架、腿骨和脚骨，可以显示出一个人能否直立行走，但古代原始人类的这些遗存，过去和现在都很难找到，在莱托利也没有发现过。在那里，玛丽凝视着 350 万年前我们的祖先两足直立行走的最生动证据（见图 10-7）。

图 10-7　玛丽在欣赏莱托利新发掘的足迹

资料来源：J. Reader (1981), *Missing Links: The Hunt for Earliest Man* (Little, Brown and Company, Boston).

非洲把最好的东西留到了最后。在亲手挖掘出一组特别清晰的足迹后，玛丽点燃了一支雪茄，欣赏着这些印迹，说道："现在，这真的是一组可以放在壁炉台上展示的东西。"

利基夫妇揭开了人类起源的面纱，揭示了直立行走和制造工具的原始人类早在现代人类出现之前就已经存在很久了。但是，与所有的科学发展一样，他们的成功引发了一系列新的问题。原始人类的历史到底有多久远？我们的种属究竟是什么时候从猿类的种属中分离出来的？智人这个物种是在何时、何地进化的？我们和其他人类，比如尼安德特人是什么关系？令许多人惊讶的是，这些问题的答案并不是来自石头和骨头，而是来自一门全新的科学，以及与东非大裂谷中勇敢的探险家不同的科学家们。这场古人类学新革命的中心在半个地球之外的加利福尼亚州的几个实验室里。

REMARKABLE
CREATURES

3·2

第 11 章

分子人类学的革命

阿娃·海伦（Ava Helen）和莱纳斯·鲍林（Linus Pauling）

注：1924 年两人在加利福尼亚科罗纳德尔马尔海岸。鲍林当时 23 岁。他们的婚姻非常甜蜜，持续了 58 年。是海伦启发了鲍林后来的积极行动精神。

资料来源：Ava Helen and Linus Pauling Papers, Special Collections, Oregon State University.

一个有勇气的人获得了多数票。

—— 安德鲁·杰克逊

　　毫无疑问，莱纳斯·鲍林是 20 世纪最伟大的化学家。他提出了对化学键性质的新认识；他发现了蛋白质复杂结构的关键之一；他破译出镰状细胞贫血是由异常的血红蛋白引起的，这是人类疾病分子基础的首次证明。他的发现为他赢得了他的第一个诺贝尔奖，即 1954 年的诺贝尔化学奖。1963 年，他勇敢地领导了反对大气层核武器试验的运动，从而赢得了他的第二个诺贝尔奖——诺贝尔和平奖。他是有史以来唯一一个获得过两个不同诺贝尔奖项的人。

　　然而，作为一名进化论科学家，鲍林则是大器晚成的。职业生涯后期的他，尽管已经取得了许多其他方面的成就，并且因卷入争议而处于极其困难的境地，仍然成为进化生物学新领域的先驱。他的深刻见解并不是源自热带丛林探险，而是源自冷战期间的政治丛林探险。这是一次迂回曲折的旅程，但十分值得回顾。

有良知的化学家

鲍林接受的教育让他成为一名化学家和物理学家。在其职业生涯早期，他专注于研究一套解释化学键形成的规则。在 20 世纪 20 年代后半期开始的 10 多年的工作中，鲍林将化学从一个主要依赖观察的领域转变为一门更具预测性的科学。他的研究以物理原理为基础，以化学结构为中心。他在化学领域的成就在一本具有里程碑意义的书《化学键的本质》(*The Nature of the Chemical Bond*) 中体现得淋漓尽致。

第二次世界大战爆发后，鲍林在加州理工学院的实验室里为美国政府提供服务。他研究了新的炸药和推进剂，开发了一种仪器来监测潜艇和飞机等增压空间的氧气水平，并发明了一种用于战场输血的合成血浆。他因这些成就获得了海军和陆军部的嘉奖，1948 年，因其"非凡的忠诚和卓越的功绩"，杜鲁门总统授予他最高公民荣誉——总统荣誉勋章，并称赞他"以富有想象力的头脑研究军事问题，取得了辉煌的成就"。

科学家委员会经常邀请鲍林参与研究某些问题。战后不久，他被邀请加入由爱因斯坦担任主席的原子科学家紧急委员会。由于对原子弹的威力及其潜在的扩散可能感到担忧，该委员会致力于向公众宣传核武器的危险。鲍林的妻子阿娃·海伦（见本章首页背面图）将自己的时间全部奉献于和平事业、社会正义和人权问题。她鼓励鲍林参与"和平工作"，说服他相信，如果世界毁灭，他的科学工作将没有任何意义。事实证明，这项新工作激发了他对进化论的兴趣。鲍林利用多次演讲的机会呼吁美国和苏联进行谈判，以结束两者之间剑拔弩张的军备竞赛。但他直言不讳的观点引起了美国政府官员的注意。

尽管他在战争中做出了杰出的贡献，并公开宣称自己是"罗斯福民主党人"，但鲍林还是受到了怀疑。联邦调查局开始密切关注他说了什么或写了什么，以及他在与谁联系。1952 年，他的护照被拒签，无法前往伦敦参加一次重要的科学会议，这次会议的目的是讨论他在蛋白质结构方面的革命性工作。鲍林是美国最有成就和最杰出的科学家之一，而美国国务院却拒绝给他签发护照参加学术会议，国际社会对于美国政府压制他的做法感到十分愤怒。这可能也影响了鲍林解决 DNA 结构问题的进展，因为他错过了观看罗萨琳德·富兰克林（Rosalind Franklin）重要的新 DNA 晶体 X 射线衍射照片的机会。鲍林是研究生物大分子结构的权威，他也在研究 DNA，但是进展缓慢。而詹姆斯·沃森（James Watson）和弗朗西斯·克里克（Francis Crick）① 利用 X 射线在接下来的一年内解开了 DNA 结构的秘密。

鲍林的政治麻烦还在继续。1952 年末，一名美国联邦调查局线人在众议院委员会面前作证称，鲍林是一名"秘密的共产党人"。1953 年底，他从公共卫生服务机构获得的研究资助被取消，新的资助申请被无视。他申请前往印度旅游的护照也被拒绝签发。鲍林被要求保持沉默，他只能暂时克制着自己，不与当局冲突。

成长为生物学家

1954 年 3 月 1 日，美国在一座名为比基尼环礁（Bikini Atoll）的太平洋岛屿上投下一枚炸弹，将其摧毁了。这本应是一次秘密试验，但爆炸的威力比科学家们预期的要大得多：释放了相当于 1 500 万吨 TNT 当量，而不是预期的 400 万～800 万吨。风向也与预报的不同，风把放射性碎片吹到了人口稠密的岛屿上，而不是预期中的公海。爆炸产生的细灰部分落在当时距离比基尼岛 145 千米的一艘日本渔船上。等它抵达港口时，船员们正遭受着严重的辐射病的折磨，其中有一名船员死亡。很快，事实浮出水面，在比基尼环礁爆炸的是一个新的事物——一个"超级炸弹"。

---

① 诺贝尔奖得主沃森与克里克一同发现了 DNA 双螺旋结构，沃森的著作《双螺旋》全景讲述了 DNA 双螺旋结构发现的历程，有着好莱坞式的戏剧张力。该书中文简体字版已由湛庐引进，由浙江教育出版社于 2022 年出版。——编者注

这是一颗氢弹。这项新武器是物理学家爱德华·泰勒（Edward Teller）的发明，他从不理会爱因斯坦和鲍林阻止军备竞赛的努力。事实上，这枚炸弹的爆炸是美国有史以来最大的一次，其威力是投在广岛和长崎的原子弹的1 000倍。

鲍林十分担忧。军备竞赛在升级，危险在增加。超级炸弹将放射性物质释放到大气层中，然后被气流带到地球各处，作为放射性尘埃坠落而返回地表。这些物质中含有新的、奇怪的同位素，这些同位素在之前的爆炸中从未被检测到。政府先前声称原子弹强度的增加并没有导致辐射量的增加，这显然是可疑的。鲍林再次表达了他的担忧。

当局一直在监视他，1954年10月1日，他的护照申请再次遭到拒绝。但在11月3日，形势发生了逆转。在前往康奈尔大学发表演讲之前，他接到了一位记者的电话。"你对自己获得诺贝尔化学奖有什么感想？"他问道，这完全出乎鲍林的意料。

当然，鲍林很高兴。大多数诺贝尔奖都是因某个特定的发现而授予，但鲍林的获奖则是源于其30年来的工作成果。挂断电话后，他进入了演讲厅，受到了起立鼓掌的热情礼遇。但他不知道自己是否被允许前往斯德哥尔摩领奖。美国驻瑞典大使也想知道，他警告美国国务卿约翰·福斯特·杜勒斯（John Foster Dulles）："我必须强调，如果鲍林的护照申请再次被拒绝，这对瑞典公众舆论的影响将是灾难性的。"

尽管美国联邦调查局不乐意，但鲍林这次拿到了护照，不仅可以前往斯德哥尔摩，也可以去到全球各地。他利用了这个机会，开始了为期5个月的全球巡讲，这期间他受到了盛情款待和普遍赞誉。他还听到了来自全球的关于进入制造和测试超级炸弹新时代的担忧，人们担心这种武器会被别有用心之人所用。回到美国后，他决心用自己的能力和声望来反对军备竞赛。

鲍林竭尽所能去了解有关新炸弹的一切。这很困难，因为政府不愿透露设计细节或测试数据。然而，世界各地的研究人员都在关注放射性沉降物，并发现了一些令人不安的事实。例如，他们发现比基尼核爆炸产生了锶-90，这是一种在地球上从未见过的同位素，可以进入食物链中，使数百万人暴露在辐射之下。

鲍林不遗余力地去了解关于辐射对身体的影响的最新信息，尤其是对遗传和突变率的影响。幸运的是，他身边就有遗传学和辐射方面的世界级专家，包括1995年的诺贝尔奖得主爱德华·刘易斯（Edward Lewis），就在他隔壁办公室。鲍林从对动物的研究中，推断出大气中辐射量的增加对出生缺陷、流产和总体人类健康的影响。他与包括"氢弹之父"爱德华·泰勒在内的政府专家们展开了较量。与核武器对国家安全的重要性相比，泰勒有意淡化了辐射带来的健康风险。

鲍林利用他对镰状细胞贫血的研究，让公众了解基因突变与疾病之间的关系。他还召集其他的科学家并争取他们的帮助，一起敦促禁止核武器试验。这些科学家了解情况后，也都认为政府故意低估了核试验的危险。1957年春，鲍林在科学家群体中发起一场反对核试验的请愿书签名活动。请愿书中有这样一句话："作为科学家，我们知道这其中所涉及的危险，因此有特殊的责任让公众知道这些危险。"请愿书最终获得了来自49个国家的11 000多个签名。鲍林和他的妻子于1958年1月亲自将此请愿书提交给联合国。

在这段时间里，鲍林一直过着两种不同的生活，当然，不是联邦调查局和国务院所说的那种生活。他已经成了一名引人注目的活动家，但他仍然是一名在职的科学家。他把一部分时间花在帕萨迪纳（Pasadena）的实验室里，指导蛋白质结构的研究，另外一部分时间则用于发表演讲、撰写文章，为禁止核试验进行游说，并与他的对手进行辩论。

为了反驳泰勒在一场电视辩论中提出的论点，即大气中更多的辐射甚至可能对进化产生积极影响，鲍林必须给自己补上遗传学、基因突变和进化理论的知识。1959 年初，他读了达尔文的《物种起源》和辛普森的《进化的意义》。这位化学家正在成长为一名生物学家。

1959 年底，当全世界刚刚得知利基夫妇发现了东非原始人类时，鲍林关于核武器的研究让他思考了很多关于进化的问题。同时，来自法国的年轻研究员埃米尔·扎克坎德尔（Emile Zuckerkandl）加入了鲍林的实验室。扎克坎德尔很快就将鲍林的两种生活与研究进化和人类历史的新方法的诞生联系了起来。

进化的分子钟

1959 年秋天，分子生物学还只能算是个蹒跚学步的孩子。遗传密码，即 DNA 中的碱基序列决定蛋白质中氨基酸序列的方法，当时尚不清楚（有关 DNA 和蛋白质的简短入门知识，请参见本章末尾的专栏论述）。确定蛋白质序列很困难。已知的序列几乎没有，更不用说来自不同物种的序列了。人们普遍认为，DNA 突变会引起蛋白质的变化，这一定是进化的一部分。但没人知道不同物种的蛋白质在多大程度上相似。鲍林希望扎克坎德尔能够设法解开这个谜团。

因为血红蛋白是当时研究得最透彻的蛋白质，所以从它们开始是有意义的。扎克坎德尔从大猩猩、黑猩猩、红毛猩猩、恒河猴、牛、猪和各种鱼类中收集血红蛋白。依靠一个实验室确定血红蛋白的两条链，即 α 链和 β 链中氨基酸的确切序列在当时是不可行的，破译它们需要一系列实验室共同参与。但有一种"快速粗陋"的技术是可用的，即通过"用酶消化蛋白质并检查由此产生的片段"模式，对蛋白质进行"指纹识别"。扎克坎德尔发现，人类、大猩猩和黑猩猩血红蛋白的氨基酸序列几乎相同，红毛猩猩只是略有不同，牛和猪的不同略多一点。这些证据表明蛋白质可能在一定程度上反映了进化的关系，但如果不对蛋白质结构进行更直接的比较，就不能说明更多的问题了。

扎克坎德尔随后与加州理工学院的蛋白质化学家沃尔特·施罗德（Walter

Schroeder）合作，探究大猩猩血红蛋白 α 链和 β 链中每种氨基酸的数量（而不是顺序）。他们的分析表明，人类和大猩猩的血红蛋白 α 链的 141 个氨基酸中，仅有 2 个不同，而 β 链 146 个氨基酸中，仅有 1 个不同。这些蛋白质确实非常相似，大猩猩蛋白质与人类蛋白质的差别并不比镰状细胞血红蛋白等已知的人类蛋白质变体的差别更大。

由于鲍林的重要学术地位，他经常受邀参加世界各地的会议和表彰资深科学家的"纪念集会"。这些聚会的成果往往是汇编一本载有与会者论文的书。鲍林要求扎克坎德尔和他一起写一篇论文："我们应该说些离经叛道的话！"因为这些文章不像普通的期刊文章那样需要经过同行评议，所以他们有很大的自由，可以畅所欲言。

到鲍林和扎克坎德尔写这篇论文的时候，关于哺乳动物血红蛋白的组成和序列已经有了更多的信息。他们想到，或许可以写一些有趣的进化史。他们指出，不同哺乳动物之间血红蛋白的 α 链或 β 链的氨基酸差异数量随着进化距离的增加而增加。他们意识到，如果他们绘制出"不同哺乳动物血红蛋白的相应链之间氨基酸的差异数量，以及所讨论的不同哺乳动物的共同祖先被认为可能所处的地质年代"，就可以估计珠蛋白链中氨基酸每次置换所需的平均年数。他们使用马和人类的估计分化时间（1.3 亿年）以及他们的 α 链之间的氨基酸差异数，计算出每一次变化大约需 1 450 万年。利用这些数据，任何人都有可能做出这样的推算。

后来扎克坎德尔和鲍林更进一步。他们利用珠蛋白链每 1 450 万年变化一次的"分子钟"，仅基于后代血红蛋白链的氨基酸差异数量来估计其祖先的年龄。最有趣的是他们对大猩猩和人类的分析。这两个物种的 α 链看起来只有两个氨基酸差异（后来发现只有一个），而 β 链则只有一个差异。这两位科学家计算出，大猩猩和人类珠蛋白链之间的一两个变化意味着其最近的共同祖先生活在 1 450 万～730 万年前。他们将变化的数量乘以 14.5，然后除以 2，因为变化发生在两个谱系之间，从而得出计算结果。他们确定了这两个数字的平均估计值——1 100 万年，并指出他们的计算结果"位于以古生物学为基础的估计范围（1 100 万～3 500 万年）的下限"。

这是一个简单、优雅、革命性的想法。如果生物分子的序列可以用来窥探时间的迷雾，它们确实会包含关于进化历史的独特信息。这是一个简单的想法，不出意料，有些人认为这太简单了，不可能正确。

对分子钟的质疑

进化生物学界的两大巨头恩斯特·迈尔（Ernst Mayr）[1]和乔治·盖洛德·辛普森是其中最著名、最直言不讳的怀疑者。广受尊敬的物种与系统学专家迈尔和一流的古生物学家辛普森，是20世纪40年代出现的现代综合进化论的两位先驱。现代综合进化论是由遗传学、古生物学和系统学结合成的一个和谐的理论，该理论认为，在种群和物种内部观察到的变异和微小变化可以解释物种和更高分类等级之间在长期进化中的更大差异。

迈尔和辛普森对"珠蛋白钟"的质疑是，它假设分子以一种固定的速率积累差异，其速率与进化时间呈一元函数关系。但他们两人从自然史和化石记录中知道，明显可见的进化速度差异很大。有时进化带来的变化发生得很快，但物种却长时间保持不变。例如，迈尔指出，人类祖先进化为"两足行走、制造工具、使用语言的原始人类，需要对自身形态进行彻底的重建，但形态的重建并不需要生化系统的改造。因此，不同的性状以不同的速率分化"。迈尔预计，不同的分子也会以不同的速率变化，从而对过去事件发生的时间给出不同的答案。

在科学会议和会后印发的论文集中，扎克坎德尔和鲍林与他们的批评者们不

---

[1] 其著作《恩斯特·迈尔讲进化》中文简体字版已由湛庐引进，即将由浙江教育出版社出版。——编者注

断交锋。鲍林喜欢分子钟的想法，以及它研究广域时间周期的潜力。他乐观地认为："通过对氨基酸序列的详细测定，有可能获得有关进化过程的更多信息。"但在其他更具全球性的问题上，他有充分的理由感到悲观。

获得诺贝尔和平奖

1962 年，在短暂的停顿之后，肯尼迪总统决定恢复核武器试验。鲍林尊敬肯尼迪，但在核武器试验和战争问题上毫不妥协，他给总统发了一封电报：

1962 年 3 月 1 日

约翰·肯尼迪总统，白宫：

您会下达这样一道命令吗，如果这道命令会让您成为历史上最不道德的人之一，甚至全人类的公敌？

在给《纽约时报》的一封信中，我声明，复制苏联 1961 年的核试验将严重伤害到 2 000 多万儿童，包括那些因此产生严重的身体或精神缺陷的儿童，以及因放射性裂变产物和碳-14 而增加的死胎、新生儿夭折和儿童期死亡人数。

为了政治目的而巩固美国在核武器技术方面对苏联的领先地位，您会为这种可怕的不道德行为感到内疚吗？

莱纳斯·鲍林

尽管如此，1962 年 4 月 29 日，鲍林还是受邀参加了白宫为美国诺贝尔奖得主举办的晚宴。在 4 月 28 日和 29 日的白天，鲍林夫妇与其他示威者一起，在白宫外抗议，反对恢复核武器试验（见图 11-1）。然后，在 29 日晚上，他们换上正式的晚装，参加了晚宴，还跳了舞。

图 11-1　鲍林在白宫外抗议

注：鲍林白天举着这张标语牌，晚上则与肯尼迪总统一起参加了一场特别的白宫晚宴——为美国的诺贝尔奖获得者庆祝的晚宴。
资料来源：United Press International.

同年 10 月，当美国发现古巴正在建设核导弹基地时，美苏的紧张关系进一步升级。在古巴导弹危机期间，肯尼迪和赫鲁晓夫的对决将这两个超级大国带到了核战争的边缘，至少他们感觉如此。

当危机解决后，两国都意识到它们需要一项协定，来阻止不断升级的军备竞赛。1963 年 8 月，双方签署了《禁止核试验条约》（*Nuclear Test Ban Treaty*）。

同年 10 月 11 日，也就是条约生效的第二天，鲍林夫妇和朋友们正在加利福尼亚海岸的大苏尔（Big Sur）度假。由于没有电话，这是一个他们可以不受媒体打扰的地方，至少他们是这么想的。忽然有人敲门，一位护林员来告诉他们，他们的女儿琳达正试图联系他们。步行到达护林站后，鲍林回电话给琳达，听到她问："爸爸，你听到这个消息了吗？"

"哦，什么消息？"鲍林问道。

"您获得了诺贝尔和平奖！"

新的进化图景

然而，鲍林获悉，外界对他的获奖反响不一。他的化学系同事们和加州理工学院的校长对此漠不关心。他的校外活动和经常性的不在校令他们不满。加州理工学院董事会的几名成员，特别是那些与国防工业有联系的人，长期以来一直希望辞退鲍林。这些年来，加州理工学院校长不仅将鲍林从化学系系主任的职位上撤了下来，还一直在缩减他的实验室空间。

鲍林对学校完全忽视他的第二个诺贝尔奖感到愤怒，他召开了一次新闻发布会，宣布他将从加州理工学院辞职，尽管他已在此工作了40年，这一决定震惊了学校的所有人。他在年底离开，搬到圣巴巴拉，加入了一家智库。

这之后，扎克坎德尔承担了分子钟研究的大部分工作。随着研究的深入，他有了更多的数据来检验分子钟理论。对另一种名为细胞色素 c 的蛋白质进行的比较研究表明，随着时间的变化，置换也发生在蛋白质中。细胞色素 c 广泛存在于动物、植物和真菌等多种生物体内。扎克坎德尔指出，在珠蛋白和细胞色素 c 中，每单位时间内的位点变化总数并不相同。在细胞色素 c 中，大约一半的位点即使在酵母和人类之间的漫长进化过程中也从未发生过改变，而在珠蛋白中，大多数位点在不同物种之间存在差异。然而，在给定的时间段内，每种蛋白质在不同位点发生的变化比例是相似的。两个分子都在计时。

扎克坎德尔和鲍林致力于研究单个蛋白质中发生的位点置换模式。他们知道，即使氨基酸序列发生了变化，珠蛋白和细胞色素 c 也能产生同样的生化作用，无论是在鱼体还是人体内。作为生物化学家，他们非常清楚，氨基酸只有很少的几类，其中一些带正电荷，一些带负电荷，一些不带净电荷。他们推断，蛋白质中的某些位点置换，可能是一种氨基酸替换为另一种具有类似性质的氨基酸，因而对蛋白质活性几乎没有影响，这些氨基酸在功能上是"中性"或"近乎中性"的。

这一观点对于解释分子在保持功能不变的情况下，分子变化的表观恒定速率至关重要。如果蛋白质中的某些位点，因为它们几乎没有功能性作用而可以发生变化，那么 DNA 中稳定的突变节拍将表现为蛋白质序列随时间的稳定变化率。

但对于当时的生物学家来说，这种想法简直是天方夜谭，因为他们认为所有进化历程中的变化都是由自然选择和适应性改变带来的。乔治·盖洛德·辛普森在一篇对分子钟理论的著名评论中写道："有一个强烈的共识，即完全中性的基因或等位基因如果存在的话一定非常罕见。因此，对于进化生物学家来说，蛋白质以常规但非适应性的方式发生变化似乎是极不可能的。"

扎克坎德尔和鲍林辩称，两种生物体"外观"的相似或差异不需要反映在蛋白质水平上，可见总体变化和分子变化不一定是相对应的。从生物化学的角度来看，他们没有找到二者必须联系在一起的理由。一个或几个分子变化可能会导致很大的个体差异，但许多分子变化也可能在不引起功能变化的情况下发生。他们得出的结论是，"总体上以相当规律的速度发生的变化，预计将是那些对分子的功能性质几乎没有改变的变化。因此可能存在一个分子进化钟。"

扎克坎德尔和鲍林提供了一幅古生物学家和分类学家看不见的新的进化图景——一幅分子在不影响生物体外观、行为或功能的情况下，在进化的时间长河里不断改变的图景。

1966 年，利用分子记录进化历史，即确定物种间关系和起源时间引起了新一代分子生物学家的研究热情。但古生物学家和有机生物学家仍然持怀疑态度，他们的怀疑很快引发了白热化的争论。

撼动原始人类的进化树

艾伦·威尔逊（Allan Wilson）是对扎克坎德尔和鲍林的理论特别感兴趣的科学家之一。威尔逊在新西兰的一个牧场长大，那里绵羊的数量比当地人口的 10 倍还多。他去美国攻读生物化学博士学位，家人希望他只是离开几年。可事与愿违，他的整个职业生涯都在美国度过，并成为分子进化生物学这门新科学中最具创新性和影响力的人物之一。作为加州大学伯克利分校新的助理教授，威尔逊专注于研究能够揭示灵长类动物的进化过程，包括人类起源的分子。他一直对推动新的技术发展感兴趣，并在分析蛋白质关系的高敏感性方法上形成了自己的专长。这种方法并不需要难以获得的完整的蛋白质序列，而是使用抗体来检测蛋白质之间的相似性和差异性。原理很简单：抗体是机体在对外来物质发生免疫反应的过程中产生的。例如，将人的白蛋白注射到兔子体内，兔子体内就会产生相应抗体并结合到白蛋白的特定部位。如果换成其他的白蛋白，比如黑猩猩或猴子的，这些白蛋白是不同的，那么上述抗体与它们的结合程度就与白蛋白差异的程度成比例。威尔逊技术的最大优点是，它快速、定量，可以用于任何来源的蛋白质，而无须事先知道它们的结构。

威尔逊和人类学研究生文森特·萨里奇（Vincent Sarich）通过抗体测试来比较各种灵长类动物的白蛋白。他们很高兴地发现，测试结果印证了当时人们对灵长类动物之间亲缘关系的看法。他们发现，黑猩猩和大猩猩的白蛋白与人类的最为相似，其后依次为亚洲猿类（包括长臂猿、红毛猩猩和合趾猿）、旧大陆猴、新大陆猴和原猴类（如狐猴和眼镜猴）。

这一研究结果不仅与灵长类动物的进化树一致，而且也让威尔逊和萨里奇得出结论，白蛋白分子以稳定的速度演变，任何两个物种的序列相似度都会随着时间的推移成比例地减小。他们意识到，如果白蛋白的演变是守时的，就可以用它来校准灵长类的进化树，包括人类分支起源的时间。古生物学家通常认为人类分支起源于大约 3 000 万～ 2 000 万年前（见图 11-2 上）。

然而，当他们使用分子钟来确定原始人类进化的时间表时，他们得到了一组惊人的数字。他们首先根据化石记录估计进化树的一个分支起源的年代，以校准他们的分子钟。他们根据现有的证据进行推理，虽然证据不是很完整，但猿类和旧大陆猴之间的分化大约发生在 3 000 万年前。然后，他们通过抗体测试确定，旧大陆猴的白蛋白和人类白蛋白之间的差异大约是黑猩猩或大猩猩白蛋白和人类白蛋白之间差异的 6 倍。由此他们推断，人类与黑猩猩和大猩猩的种群一定是较晚才分化的，仅为 3 000 万年的 1/6，即 500 万年前（见图 11-2 下）。

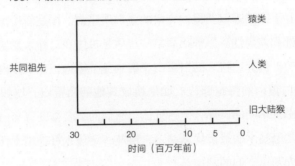

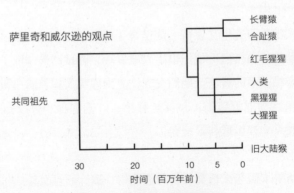

图 11-2　人类进化的新时间表

注：上图呈现的是 1967 年前后关于灵长类和人类进化的古生物学观点。下图，萨里奇和威尔逊的白蛋白钟实验结果表明大猩猩起源（1 000 万年）和大猩猩谱系分化发生于更近的时间（500 万年）。

资料来源：数据，V. M. Sarich and A. C. Wilson (1967), *Science* 158: 1200–1203; 图片，Leanne Olds。

计算过程简单易懂，但威尔逊和萨里奇通过它得出了一个惊人的结论：人类、黑猩猩和大猩猩拥有所处时期更近的共同祖先，这超出了人们的想象。如果人类在 500 万年前才同黑猩猩种群分化，那么那些来自奥杜瓦伊峡谷的 200 万年前的化石在整个原始人类进化史中所占的比例要比利基一家人所设想的大得多。威尔逊和萨里奇的结论也非常大胆，因为它来自一个新生的研究领域。相对而言，很少有科学家熟悉他们所使用的方法或分子钟理论。由于用分子钟计算所得数据与根据化石所得数据不一致，许多人认为威尔逊和萨里奇的发现是想入非非的产物。

当威尔逊和萨里奇发表了第二份报告，用其他分子和化石来校准分子钟，再次证实了他们的发现之后，路易斯·利基发表了一篇言辞激烈的评论。路易斯表示，威尔逊和萨里奇的结论"与最新的古生物学证据完全相反"，完全基于"一个严重的谬误"和"一个目前没有古生物学依据的未经证实的假设"。路易斯回顾了可以用于反驳威尔逊和萨里奇的理论的古生物学证据。他解释说，被命名为肯尼亚古猿的肯尼亚化石是原始人类的化石，其生活在 1 400 万～ 1 200 万年前，这一推断是可靠的。此外，这些化石与另一种亚洲原始人类拉玛古猿"密切相关"，其生活年代大致相同。由于在肯尼亚同一地区发现了不同的猿类化石，路易斯得出结论，原始人类"彻底从猿类分化出来的时间大约是 1 200 万～ 1400 万年前。威尔逊和萨里奇提出的分化年代与事实不符"。他还驳斥了威尔逊和萨里奇关于旧大陆猴起源于 3 000 万年前的推论。

齐声批评的还包括耶鲁大学著名古生物学家、拉玛古猿的捍卫者埃尔温·西蒙斯（Elwyn Simons），他斥责道："研究人类起源的学生都知道，原始人类起源的时间比威尔逊和萨里奇推断的年代早得多，因为拉玛古猿属的原始人类可以追溯到大约 1 400 万年前。"威尔逊和萨里奇得出结论，猿类和人类的最后一个共同祖先可能生活在 1 000 万～ 700 万年前。西蒙斯自信地驳斥了这一观点："猿类和人类的共同祖先不可能生活在 1 000 万～ 700 万年前，而更可能存在于 3 500 万年前。"

杜克大学的人类学家约翰·布特纳－贾努什（John Buettner-Janusch）也持批评态度："如果威尔逊和萨里奇更仔细地研究古生物学，他们会发现自己的推测是毫无根据的。从分子生物学数据中得出一些结论，由此形成对进化过程的假设，我认为是轻率的。"此外，威尔逊和萨里奇的方法与艰难的野外工作和辛苦的修复重建相比实在是太简单了。布特纳－贾努什嘲讽道："无须大惊小怪，不会杂乱无章，没有皲裂的手。只要把一些蛋白质扔进实验室仪器，摇动它们，已经困扰了三代人的问题就有了答案。"

战线已经划定，总有一方是错的，双方互不相让。古人类学家依据拉玛古猿等长期研究的著名化石得出结论，分子钟肯定是错的，路易斯曾认为拉玛古猿是早期原始人类的"压倒性证据"。西蒙斯指出："我不是一名生物化学家，但目前分子生物学数据背后的基本假设的数量似乎远远大于影响化石解释可信度的假设的数量。"

威尔逊和萨里奇继续收集数据并测试分子钟。他们指出，人类和黑猩猩的珠蛋白序列完全相同，使用一个独立校准的哺乳动物珠蛋白钟来计算，人类与黑猩猩的最后一个共同祖先生活在 1 500 万年前的概率为千分之一。萨里奇表示，他们测量的黑猩猩和人类之间的白蛋白的微小差异与其他亲缘关系密切的物种，如山羊和绵羊、狗和狐狸、马和驴的白蛋白差异相似。他发现"除非是因为分化发生在较近的年代，否则黑猩猩和人类的蛋白质数据完全无法解释"。他坚信这一点，大胆地表示："人们再也不能把一个超过 800 万年的化石标本视作原始人类的化石，不管它看起来是什么样子。"古生物学家过往总是通过发现更古老的原始人类祖先而名声大噪，但萨里奇他们却认为这样做是不对的，这可一点都不具备科学性。

这场争论持续了 10 多年。威尔逊和萨里奇的工作被人类学界普遍否定。但人类与黑猩猩之间在分子水平上的密切关系变得更加明显。威尔逊和他的学生玛丽－克莱尔·金（Mary-Claire King）在 1975 年的另一篇具有里程碑意义的论文中表明，黑猩猩和人类的许多蛋白质是相同的，或者至少非常相似，因此很难用蛋白质的微小差异来解释他们在解剖学和行为上的差异。威尔逊通过研究和比较青蛙、鸟类和哺乳动物的分子和身体的变化率，发现两者是不相关的。巨大的身体变化可能会在分子相似和最近分化的物种之间发生。威尔逊得出的结论是，身体外观可能具有极大的欺骗性，事实上，他认为解剖学的解释过于主观，太容易受到观察者的偏见或错误的影响，因此是不可靠的。

这正是古人类学家所犯错误的根源，这些错误使他们和威尔逊产生了分歧。事实证明，路易斯关于早期原始人类所谓的"压倒性证据"大错特错。古人类学家对他们在早期原始人类中发现的区别于猿类的特征存在着偏见。其中包括某些牙齿特征，比如小犬齿。拉玛古猿被认为是最古老的原始人类，它的遗骸的残缺部分具有小犬齿。但相似的解剖学特征可以在不同的群体中独立进化。后来发现的拉玛古猿的近亲西瓦古猿的更完整的标本，显示了关于下颌、牙齿和面部的更多细节。人们通过对其面部的修复发现了其与红毛猩猩的共同特征。而西瓦古猿标本也有厚厚的牙釉质、大臼齿和强健的下颌骨，这在以前被认为是原始人类的判定依据。但是西瓦古猿并不是原始人类，因此拉玛古猿也不是。它们实际上与红毛猩猩关系密切，而不属于原始人类的分支。同样的命运也降临在肯尼亚古猿身上，路易斯根据它的牙齿错误地将其认定为"人类的一个非常早期的祖先"。

经过了 15 年多的争论，有关化石的相互矛盾的证据逐渐瓦解，1982 年，古人类学家终于接受了威尔逊和萨里奇关于黑猩猩与人类的共同祖先起源于 500 万年前的说法。此时，路易斯·利基早已去世，但他的儿子理查德在伦敦的一次会议上承认了他的转变："难以置信，短短一年前，我才发表了关于分子钟数据的声明……现在我认为通过分子钟所得数据更接近真相。"

事实上，威尔逊和萨里奇的结论在不同蛋白质上得到了多次验证，随着 DNA 分析和测序新技术的出现，他们的结论通过 DNA 时钟也得到了证实。随着快速 DNA 分析技术的出现，扎克坎德尔和鲍林预见并引领的分子革命蓬勃发展。因为分子可以绕过人类分类系统固有的偏见，生物学家开始利用分子信息建立各种进化树，并追溯进化历史。

接受"分子人类学"关于原始人类进化时间表的说法，对于古人类学来说，并不一定是坏消息。黑猩猩和人类最后一个共同祖先出现在 500 万年前，这个数据可能为进化树上人类分支的化石年代设定了上限。而对古生物学家来说，好消息是，到 20 世纪 80 年代初，他们已经发现了距今约 350 万年的南方古猿化石。这一化石离人类分支的起源更近了，大概只有 100 万或 200 万年之遥，而不是古生物学家曾经相信的 2 000 万年左右。通过定位 500 万～400 万年前的矿床，他们可以集中精力细读人类起源的第一阶段。

然而，"分子人类学"的革命并没有结束，威尔逊和古人类学家之间的和平并没有持续多久。就在大家终于对人类与黑猩猩分化的年代达成共识时，威尔逊把注意力转向了人类进化过程中最后一个重大事件，即现代人类的起源。针对我们智人的起源问题，他投下了另一枚炸弹。

2·5

生物学家在许多不同的尺度上对不同物种的 DNA 和蛋白质序列进行比较，涉及从近亲到生命史早期就彼此分化的截然不同的生命形式。进化的线索来自对所发现的异同点的理解。

想要理解 DNA 和蛋白质是如何成为历史文献的，重要的是要了解 DNA 的信息是如何在其构建生物体的作用过程中被解码的。为了理解本章和下一章中的故事，我们只需要掌握 DNA 和蛋白质的一般组成和关系。更多详细的相关解释，请参阅我的书《造就适者》(The Making of the Fittest)。

蛋白质是有机体生命活动的主要承担者，它是细胞的主要组成成分，参与各种生理活动。每个物种的 DNA 都携带着合成这些蛋白质所需的特定指令。

DNA 由两条链组成，含 4 种不同碱基，这些碱基通常用单个字母 A（腺嘌呤）、C（胞嘧啶）、G（鸟嘌呤）和 T（胸腺嘧啶）指代。DNA 的两条链通过碱基对之间的强化学键连接在一起：A 始终与 T 配对，C 始终与 G 配对，如下所示：

~ A G T C A G T C ~
| | | | | | | |
~ T C A G T C A G ~

因此，如果我们知道一条 DNA 链的序列，自然就会知道另一条 DNA 链的序列。正是 DNA 序列中碱基的独特序列（比如 ACGTTCGATAA 等）形成了合成每种蛋白质的独特指令。突变是 DNA 序列中发生的变化，它们在 DNA 中以相当稳定但较低的速率随机出现。它们会随着时间的推移而积累，因此任何两个种群或物种的 DNA 序列差异大致与它们分化的时间成正比。

蛋白质是如何合成，又是如何完成自己的生理功能的呢？蛋白质是由氨基酸组成的，每个氨基酸都对应着 DNA 分子中的三个碱基，这三个碱基组成的特定序列又称三联体密码（ACT、GAA 等）。当这些氨基酸组装并折叠成具有特定结构的多肽链时，其化学性质决定了每种蛋白质的独特活性。编码单个蛋白质的 DNA 片段称为基因。

DNA 密码和每种蛋白质的独特序列之间的关系目前已经很清楚了，因为生物学家早在几十年前就破译了遗传密码。蛋白质制造过程中 DNA 的解码分两步进行。在第一步中，DNA 分子的一条链上的碱基序列作为转录模板指导细胞合成相应的单链信使 RNA，即 mRNA（见图 11-3）。在第二步中，信使 RNA 的碱基序列进一步指导细胞组配蛋白质的氨基酸序列，这一过程通常被称为"翻译"。细胞进行翻译时一次读取三个碱基,每三个碱基决定一个氨基酸。图中显示了一个简短的序列。

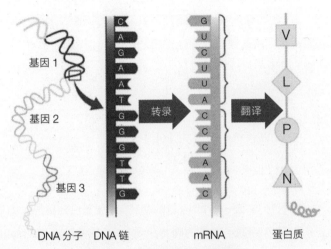

图 11-3　DNA 信息的表达和解码

注:图中显示了将 DNA 解码为功能性蛋白质的主要步骤。基因的解码分两步进行。首先,一条 DNA 链作为转录模板指导细胞合成 mRNA。然后,mRNA 通过翻译过程指导细胞合成蛋白质,即 mRNA 的碱基序列编码蛋白质的氨基酸(V 表示缬氨酸;L 表示亮氨酸;P 表示脯氨酸;N 表示天冬酰胺)序列。DNA 中的碱基 T(胸腺嘧啶)在 mRNA 中由 U(尿嘧啶)替代。

资料来源:Figure 3.2 in S. B. Carroll (2006), *The Making of the Fittest* (W. W. Norton, New York).

　　DNA 中有 64 种不同的 A、C、G、T 的三联体组合,但常见的氨基酸只有 20 种。每个三联体编码特定的氨基酸,其中有三个三联体不编码任何氨基酸,标志着 RNA 翻译和蛋白质合成的停止,就像句号标志着句子的结束一样。某些氨基酸具有非常相似的性质,这正是鲍林和扎克坎德尔认识到蛋白质可以在不改变功能的情况下改变序列的原因。

REMARKABLE
CREATURES

5.2

第 12 章

尼安德特人的犯罪现场调查

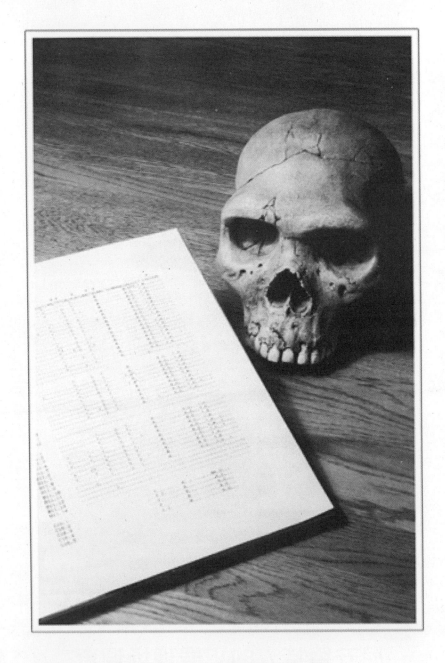

尼安德特人头骨（修复品）和从原始标本中获得的部分 DNA 序列
资料来源：Jamie Carroll.

科学的每一项重大进步都源于大胆想象。

—— 约翰·杜威，《确定性的寻求》

在德国城市杜塞尔多夫以东约 13 千米处，德塞尔河（Düssel River）从 3 亿多年前形成的石灰岩沉积物上流过。尼安德河谷因 17 世纪的诗人、牧师和赞美诗作曲家乔基姆·尼安德（Joachim Neander）而得名，直到 19 世纪中期，尼安德河谷的峭壁上还满是洞穴和岩石掩体。但普鲁士建筑业的需求催生了大规模的采石作业，随着山体被挖空，其中的洞穴也不复存在。

1856 年 8 月的一天，工人们正在一个名为费尔德霍夫洞穴（Feldhofer Cave）的小洞穴里清除黏土层，以防止其污染高品质的石灰石。随着黏土块被扔到洞外大约 20 米深的谷底，一些骨头从土中暴露了出来。采石场的一位老板告诉工人们要留意土中更多的骨头。最终，他们一共找到了 15 块骨头。这些骨头里包括粗大的眉骨和弯曲的大腿骨，最初被认为是一只洞熊的骨头，这是该地区常见的发现，因此他们的挖掘所得没有引起太多的关注，只有其中最大的一块被保存了下来。然而，当本地的教师、博物学家卡尔·福尔罗特（Carl Fuhlrott）应邀参观采石场并看到这些骨头时，却认出它们不是熊的骨头，而是人的。

福尔罗特注意到这些骨头有一些不寻常的特征，于是将它们交给了波恩的 D. 沙夫豪森（D. Schaaffhausen）教授，请他进行更专业的鉴定。沙夫豪森也认为它们不是典型的人类骨骼，认定它们代表了一种以前从未见过的人类形态，即使在"最野蛮的民族"中也未见过，"这些非凡的人类遗骸属于凯尔特人和日尔曼人出现之前的一个时期"。此外，沙夫豪森认为："毫无疑问，这些人类遗骸可以追溯到最新的洪积层动物仍然存在的时期。"他指的是，这些人类与洞熊等动物共存，而这些动物在发生灾难性洪水时已经灭绝了。

1857 年，也就是达尔文的《物种起源》问世的两年前，人们在解释遗骨化石方面产生了许多理论，对于在费尔德霍夫发现的骨头更是如此。当时德国一流的病理学家鲁道夫·魏尔肖不同意沙夫豪森的观点，宣称这些骨头是因佝偻病导致变形的人类骨骼。解剖学家 F. 迈耶（F. Meyer）否定了沙夫豪森和魏尔肖的两种解释，并得出了自己的结论：弯曲的腿骨和受损的肘部只是一名几十年前死去的哥萨克骑兵的遗骨，他在与拿破仑军队的战斗中受伤，爬进洞穴后死亡。

托马斯·赫胥黎对尼安德特人非常感兴趣，并对推翻怀疑者们的假设饶有兴致。赫胥黎质疑，为什么一个受伤的士兵会爬上 20 米高的悬崖，脱掉衣服和作战装备呢？他又怎么能在死后把自己埋在半米厚的泥土层下？赫胥黎认为，尼安德特人和现代人不一样，他是一种远古人类，但仍然属于我们这个物种的范畴。爱尔兰解剖学家威廉·金（William King）比赫胥黎走得更远，认为尼安德特人与现代人有联系，但又有别于现代人，这就是一个独立的物种，即尼安德特人。

随后在比利时和法国的发现毫无疑问地证明，费尔德霍夫洞穴里的骨骼不是变形的人类或哥萨克骑兵的遗骨，而属于一种独特的人类形态，其广泛分布在亚欧大陆各地，包括南至直布罗陀、西班牙和意大利，西至英格兰，东至今天的伊拉克、伊朗和乌兹别克斯坦的广大区域。他们具有突出的眉脊、巨大的鼻腔和硕大而沉重的身体（见本章首页背面图），这些特征在人们心中树立了其野蛮的形象。并且，这些低等的、像猿一样的穴居动物在进化水平上远远落后于智人。

但在过去的100多年里，对尼安德特人卡通化、科幻式的描写已经让位于对尼安德特人历史的客观研究。我们找到了更多、更完整的尼安德特人标本，以及来自众多遗址的大量文化材料。

尼安德特人在现代人类起源的故事中占据了关键的一章，这一章大约在28 000年前才结束，但我们不太确定故事其余部分的一些重要细节。核心的谜团是尼安德特人与我们的关系，当然，这是从我们的角度来说的。如果尼安德特人还活着，是他们在写这本书，那将是另一个故事。

从化石记录中可以清楚地看到，智人和尼安德特人在地球上共存了相当长的时间，并且在尼安德特人消失之前，智人在欧洲大陆与之共处了大约10 000年。但是，两者之间究竟发生了什么？与之相关的问题读起来更像是电视剧《犯罪现场调查》中的情节，而不是高深的科学：他们为何失踪？智人在其中扮演了什么角色？是我们谋杀并灭绝了他们吗？是智人和尼安德特人在某个法国或西班牙的洞穴相遇，在冰河时期发生了一些浪漫故事？我们身上都有一点尼安德特人的血脉吗，还是只是某些人有？

这些问题的答案关系到一系列更大的问题，即：我们是谁，我们来自何方，以及我们是如何在整个地球上散播开来的。

祖先还是表亲

在20世纪最初的几十年里，随着尼安德特人标本数量的增加和对它们的研究的深入，人们对现代人与尼安德特人关系的认识发生了转变。很明显，早在30万年前，早在现代欧洲人出现之前，尼安德特人就已经适应了欧洲普遍较冷的气候，关于他们"消失"的一种解释就是尼安德特人进化成了欧洲人。这一思路最初由德国古生物学家魏登瑞（Weidenrich）提出，他曾在中国研究过一段时间北京人和其他中国直立人的化石。关于尼安德特人进化为智人的假设是一个更大理论的一部分，该理论试图将现代人的起源及其多样性与当时已知的直立人的地域分布相匹配。直立人化石在爪哇（多亏了尤金·杜布瓦）和中国存在都是当时的人们已知的。魏登瑞提出，爪哇人进化为澳大利亚土著和该地区的其他类似人群，北京人进化为现代中国人，欧洲直立人以尼安德特人作为中间形态进化为现代欧洲人。在这种观点中，现代人之间的人种差异反映了其祖先直立人群体的古老分化。

随着路易斯·利基在非洲发现直立人并确定其年代，智人从直立人祖先平行进化的时间进程被推到了至少100万年前。这种假说被称为现代人类起源的多地起源说（见图 12-1 左）。密歇根大学的米尔福德·沃尔波夫（Milford Wolpoff）有力地推动了这个假说的发展，承认一些杂交曾经发生，以及由此导致的不同人种之间的基因交流。这一观点的显著特点是，它强调了旧大陆各个地区古代直立人和现代智人种群之间的连续性，其中包括一些体形特征的连续性。

然而，多地起源说的问题是，尼安德特人和现代欧洲人，或者中国直立人和现代中国人之间缺乏实际上的连续性。在对早期欧洲智人，比如出现在大约4万年前的克罗马农人的研究中，并没有发现其与尼安德特人有明显的解剖学联系。相反，一些古生物学家从欧洲的化石记录中发现，智人只是简单直接地取代了尼安德特人。如果是这样的话，尼安德特人就不是我们的祖先，而是某种表亲，我们与他们拥有共同的远古祖先，因此他们是一个与我们分开进化了相当长时间的物种。根据尼安德特人的分布情况，有人提出了一个有趣的设想：一个人类祖先的种群在几十万年前分化为两个，两个种群被不断扩张的撒哈拉沙漠隔开，北方种群进化为尼安德特人，南方种群则进化为智人。

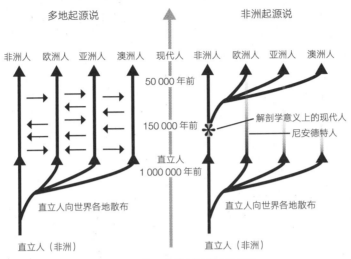

图 12-1 关于人类起源的两种假说

注：左，多地起源说认为现代人类在很大程度上是古代直立人的后裔，这些直立人很久以前就在不同的地区立足了。在这个假说中，欧洲人是尼安德特人的后代。右，在非洲起源说中，解剖学意义上的现代人类最早出现在 20 万～ 15 万年前的非洲，随后迁移到不同的地区，以很少或根本没有杂交的方式取代了当地原有的人种。

资料来源：Leanne Olds.

就像早期猿类和原始人类的化石记录一样，这些化石记录作为证据的分量取决于对现有化石和新发现化石的形态特征的解释和重新审视。直到 1987 年，艾伦·威尔逊才开始参与研究。

用 DNA 揭示现代人类的起源

威尔逊和萨里奇在基于分子钟理论推测出黑猩猩与人类分化的年代后受到的反复打击，并没有减弱他们对人类进化问题的兴趣。威尔逊在肯尼亚休了一段时间的假，以了解更多的化石证据，他对人类大脑和行为的进化及其与语言起源的联系有着浓厚的兴趣。语言学家已经找到了现代语言的一些共同特征，威尔逊认为这些特征表明了现代人类拥有共同的、较近的起源。由于不满于对人类历史的研究采取严格的形态学方法，威尔逊开始寻求解决这个问题的新方法。

随后的几年里，威尔逊一直在利用线粒体 DNA（Mitochondrial DNA, mtDNA）的特性来研究物种的关系与历史。人体细胞中的线粒体，以及其他真核生物细胞中的线粒体，都含有一条"小染色体"，编码了 37 个与线粒体功能有关的基因。线粒体 DNA 的一些特性使其在进化研究中非常有用。第一，它是大量存在的，可以与核 DNA 分离以进行纯化和分析。第二，它的突变速率比核 DNA 快，因此在任何给定的时间段，尤其是短时间段（大约几万到几十万年），线粒体时钟上都有更多的节点来测量过去的事件。第三，它通常只从母亲那里遗传，而且它比核 DNA 更利于追踪谱系，因为核 DNA 来自父母双方，且经过了基因重组。

威尔逊决定看看线粒体 DNA 能否揭示出现代人类走向多样化的特定时间和模式。他与丽贝卡·卡恩（Rebecca Cann）和马克·斯通金（Mark Stoneking）一起，检测了代表 5 个地理区域的 147 人的线粒体 DNA，包括亚洲人、非洲人（主要是非裔美国人）、高加索人（来自欧洲、北非和中东）、澳大利亚原住民和新几内亚原住民。他们在线粒体 DNA 中寻找各种序列，并根据种群之间的相似性和差异，构建进化树，以破译他们抽样的人群中最可能的谱系。他们报告说，他们构建的进化树有两个主要分支：一个专属于非洲人，另一个则属于包括非洲人在内的所有 5 个种群。根据这种模式，他们推断现代人类的线粒体 DNA 起源于非洲，然后从非洲散布全球。

然后，他们试图为现代人类的起源建立一个时间表。他们从之前的研究中知道，大多数动物线粒体 DNA 的平均分化率约为每百万年 2%～4%。在他们的样本中，来自不同区域的所有现代人类的线粒体 DNA 的平均差异水平约为 0.57%，这意味着所有现代人类的共同祖先仅生活在 29 万～14 万年前。

正如威尔逊和卡恩、斯通金所说："这个进化树以及相关的时间表符合化石记录带来的一种观点，即古代人类在解剖学形态上向现代智人的转变最早发生在非洲，大约在 14 万～10 万年前，而所有的现代智人都是古代非洲种群的后代。"

他们强调，这些数据与多地起源说不一致。该假说预测的人类种群之间的遗传差异比威尔逊团队测量的要大得多。人类种群的祖先所处的年代越远，随着时间的推移积累起来的DNA变化数量就越大。而且，如果世界不同地区的古人类和新来的非洲智人之间存在某种程度的姻亲关系，那他们应该可以在亚洲人身上找到比非洲人更多类型的线粒体DNA。然而，结果恰恰相反。现代非洲种群之间的差异最大，这表明他们进化的时间最长，是最古老的现代人口。他们提出："亚洲的直立人没有与入侵的非洲智人进行太多的通婚就被后者取而代之了。"

　　虽然他们后来在一篇科学论文中写道，他们的结论"引来了很多关注"，但其实，"惹来了大麻烦"才是事实。这一次，分子数据不仅再次引起了一些古生物学家的敌意，而且这一发现和争论很快就变得非常公开化了。

　　由于人类线粒体DNA的母系遗传，从逻辑上讲，一定存在一个终极的女性祖先，即所有人种的母亲。威尔逊、卡恩和斯通金亲切地称之为"幸运的母亲"，她的线粒体DNA谱系通过遗传幸存下来并随时间不断发生变化，最终产生了所有现代线粒体DNA类型，媒体很快将其称为"夏娃"。影射《圣经》典故既引发了人们极大的兴趣，使线粒体DNA的故事登上了《新闻周刊》杂志的封面，也招致了宗教界人士的极大愤怒，更不用说那些并不太想知道自己拥有非洲血统的人了。

　　当然，也有一些质疑是合理的。用于重建分子与种群历史的统计方法和数学模型是新的，且仍在发展中，直至今日仍在不断完善。一些科学家质疑威尔逊团队是否有足够的人类种群样本和足够的DNA序列数据，或者是否使用了最佳的统计方法来得出结论。

　　对于多地起源说的支持者来说，这样的质疑是受欢迎的。沃尔波夫等人强烈地反对非洲起源说（见图12-1，右）。他组织了一次由志同道合的同事参加的会议，以"驳斥这种'线粒体夏娃'的胡说八道"。他认为非洲起源说中所谓的取代仅仅意味着智人通过暴力取得了成功，"它相当于说，古代非洲杀手用兰博式的技术横扫全世界，消灭了他们遇到的每一个人。"一些古生物学家坚信"化石才是真正的证据"，威尔逊对此了然于心。

威尔逊的方法或研究有缺陷吗？唯一的验证方法就是不断地收集数据，而这正是威尔逊团队及其许多后来者所做的，即通过使用不同的统计测试，对更多人（包括更多的非洲原住民）的线粒体 DNA 序列进行扩展分析。他们得出类似的结论。非洲人的遗传多样性水平最高，这再次表明他们是最古老的智人种群。通过几种方法，人类共同的线粒体 DNA 祖先被确定生活在大约 20 万年前。

威尔逊的观点并不是与所有的古生物学家的观点都相矛盾。伦敦自然历史博物馆的克里斯托弗·斯特林格（Christopher Stringer）根据自己对化石证据的解释，认为现代人类的唯一起源是非洲。他是威尔逊基因研究的早期支持者，他提醒自己的同事们："古人类学家如果忽视与人类种群关系相关的日益丰富的基因数据，将面临自己被忽视的风险。"

因此，历史重演了，两极分化的观点在不同阵营中出现，即哪个才是更可靠的证据，化石还是基因？谁能最终打破僵局，更多化石还是更多基因？或者也可能是其他证据，比如来自化石自身的基因。

从化石中提取 DNA，让死去的基因复活

威尔逊擅长利用现存物种的 DNA 追溯过去。他经常对古生物学家打趣说，他的方法拥有关键的优势，因为"活的基因必定存在祖先，而死的化石可能没有后代"。换句话说，古生物学家很难确定他们看到的不是一条死胡同，即不断分枝的进化树上的一根枯枝。但在"夏娃"的故事被披露前的几年里，威尔逊及其同事们一直在探索一种有趣的、可以将两种分析方法联系起来的可能性——直接从化石中获取 DNA。

为了测试这种可能性，他决定利用博物馆保存的标本进行尝试。他第一次显著的成功是利用了1883年灭绝的斑马的近亲——斑驴身上的一小块组织（见图12-2）。威尔逊的团队从西德美因茨自然历史博物馆的一个100多年前的斑驴标本中提取了足够多的线粒体DNA，从而获得了两个基因的序列。研究发现，这些序列与斑马的基因序列极为相似，表明斑驴与斑马在几百万年前分化。更重要的是，这是从灭绝物种中获得的第一个DNA序列（威尔逊的另一个"第一"）。它提供了"包括古生物学、进化生物学、考古学和司法鉴定学在内的多个领域因此受益"的可能性。

图 12-2　斑驴

注：斑驴是斑马的近亲，现已灭绝。

在瑞典的乌普萨拉（Uppsala），与威尔逊素不相识的一名博士生也有着类似的想法。自从13岁去埃及旅行以来，斯万特·帕博（Svante Pääbo）就被古代历史所吸引。他在乌普萨拉大学攻读埃及学学位，但很快就发现学术生活并不全是研究金字塔和木乃伊，因为他大部分时间都在破译埃及语语法。他决定转入医学院，半路出家学习分子免疫学。当他开始学习克隆DNA的方法时，他意识到这些技术可能也适用于木乃伊。在他以前的埃及学教授的帮助下，且为了保守项目的秘密，他在夜间工作，从 23 具木乃伊中提取了 DNA。他甚至能够从 2 400 年前的木乃伊中分离出一小段 DNA。

就在他将自己的研究写成文章等待发表时，威尔逊团队关于斑驴 DNA 研究的论文率先发表在《自然》杂志上。帕博很失望，因为他一直致力于克隆古代 DNA，但他非常钦佩威尔逊，便提前给他寄了一份自己关于木乃伊 DNA 研究的论文。威尔逊对此印象深刻，他给帕博回信，问他是否可以在休假时前往帕博的实验室参观。帕博不得不解释说，他不仅没有实验室，甚至还没有拿到博士学位。他笔锋一转，询问他是否可以与威尔逊合作。

1987 年，也就是"夏娃事件"发生的那一年，帕博加入了威尔逊的实验室。这里是新思想和新技术的沃土，有许多才华横溢的年轻科学家。威尔逊的实验室是第一个研究聚合酶链式反应（Polymerase Chain Reaction，PCR）这一新技术的学术实验室。在 PCR 过程中，复杂的 DNA 混合物中的某个可能包括整个基因在内的 DNA 序列片段，通过一种能在高温下保持稳定的特殊的酶得以"扩增"。这个方法使研究人员能够获得大量特定的 DNA 片段，并快速分析可能在个体或物种之间发生的进化。PCR 技术彻底改变了分子进化生物学，它是从古代遗存的生物组织中获取古代 DNA 的理想工具，尽管在这些组织中，DNA 的数量微乎其微，并且可能已被破坏或降解。通过 PCR 技术，帕博能够从 7 000 年前的人类大脑和灭绝的袋狼中扩增线粒体 DNA。帕博和威尔逊还合作研究了新西兰几维鸟与其他不会飞的鸟类的关系，包括已灭绝的恐鸟。但遗憾的是，威尔逊在研究完成前因白血病去世。

古代 DNA 研究的火炬传递给了帕博。威尔逊在他年轻的学生身上留下了印记，逐渐向他灌输了一种研究人类进化的强烈愿望。在慕尼黑自己的实验室里，帕博沿着导师的路继续走了下去。

揭秘尼安德特人

帕博提出了一个令人难以置信的请求。他恳求波恩莱茵兰博物馆馆长为他提供一些样品，但他要的不是木乃伊或恐鸟。帕博想要尼安德特人的骨头，而且是尼安德特人1号标本的骨头，即采石工人在1856年发现的那个。他不想只是看到骨头，他想要一块切片，这样他就可以把它磨碎并提取DNA。没错，他想磨碎一小片国宝。馆长的拒绝理所当然。但帕博一直在坚持，1996年，他终于得到了想要的切片——从右上臂的骨头上切下的约一厘米厚的薄片（见图12-3）。

图 12-3   从尼安德特人身上取下的切片

注：为了获取尼安德特人的DNA，帕博拿到了从费尔德霍夫洞穴挖掘出的尼安德特人原始标本的上臂骨上取下的切片，用来进行DNA提取和测序。
资料来源：M. Krings et al. (1997), *Cell* 90: 19–30.

尼安德特人对欧洲人或其他任何智人的形成是否有贡献呢？如果帕博的专家团队能够提取并测定42 000年前的DNA序列，应该能解决这个问题。但除了获取一些在永久冻土中保存完好的猛犸象样本的DNA外，还没有人能从年代久远的古代生物样本中获得其真正的DNA序列。由于尼安德特人的骨骼在没有保护的情况下，被其发现者、博物馆馆长以及许多人经手过，团队所提取的古代样本的 DNA 中混合有现代人类 DNA，这是一个严重的问题。PCR 技术在提取微量 DNA 方面非常出色，但有时过犹不及。研究资料中充斥着由于上述 DNA 污染而造成的虚假结果。帕博可经不起盲目尝试，风险非常高：这是对古代 DNA 最雄心勃勃、最关键的测试。如果他们失败了，可能就没有第二次机会了，因为化石太珍贵了，不可能一再把它们切成薄片。

多年来，帕博已经了解到在实际工作中，现代人类 DNA 对古代样本 DNA 的污染是多么普遍，并设计了各种预防措施来将其最小化，如必须穿戴防护服，用盐酸处理仪器并用无菌水冲洗，将样本用钻孔锯取出后放入无菌管中，所有 DNA 相关的工作都是在一个专门为处理考古标本而设计的实验室里进行的，实验室里使用了紫外线照射和其他措施来避免污染。

他们将骨块磨成粉末，用一系列的溶剂提取其中存在的微量 DNA。然后，用 PCR 技术扩增线粒体 DNA 的短片段。接下来，确定扩增 DNA 中的碱基序列。揭秘真相的时刻到了，对帕博来说，这是"人生中最酷的时刻之一"。帕博立刻发现尼安德特人的 DNA 序列与现代人的 DNA 序列差异显著。

但他们必须再次验证。帕博希望重复整个实验过程，不仅仅是在他的实验室多次重复，而且要在其他实验室里重复实验。他给马克·斯通金寄了一份样本，斯通金是帕博在威尔逊实验室时的同事，也是"非洲起源说"相关论文的合著者，当时在宾夕法尼亚州立大学的人类学遗传学实验室工作。斯通金获得了与帕博团队相同的序列。

结果显示，没有证据表明尼安德特人向现代人类"贡献"了线粒体 DNA 序列，这本是多地起源说所假设的。此外，尼安德特人与现代欧洲人的关系，并不比其与任何其他人类种群的关系更为密切，这表明尼安德特人早在现代人类不同种群分化之前就已经分化出来了。尼安德特人的 DNA 序列平均在 378 个碱基中有 27 个碱基与现代人不同，而不同的现代人种群（如非洲人、欧洲人）平均只有 8 个碱基存在差异。利用分子钟计算尼安德特人与智人的分化年代，帕博的团队估计，现代人和尼安德特人的线粒体 DNA 在 69 万～ 55 万年前就已分化。

这些发现发表后，一篇评论称赞这是"一项里程碑式的发现……可以说是迄今在古代 DNA 研究领域取得的最大成就"。对于古人类学来说，它标志着实践和理论的另一个转折点。帕博团队的实验表明，科学家们拥有了一种全新的工具，可以从人类化石中提取独特的基因信息，这超越了比较解剖学和放射性定年法，可用于破译人类的起源。这是对多地起源说的又一次打击，也是对非洲起源说的进一步支持。

当然，前提是这些结果是正确的。毕竟，从费尔德霍夫洞穴中发现的尼安德特人骨头只是一个样本，而且它也可能并不是所有尼安德特人的代表。因此，获得更多 DNA 序列和更多标本至关重要。帕博的团队同时做了这两件事：他们获取了更多尼安德特人 1 号标本的 DNA 序列，并从克罗地亚、俄罗斯、比利时和法国的尼安德特人标本中获取了相应的 DNA 序列。所有尼安德特人遗骸中提取的线粒体 DNA 序列彼此非常相似，而在现代人线粒体 DNA 中却不存在。

但这些发现能否排除尼安德特人和智人的任何杂交，或尼安德特人对现代人类基因库的任何贡献呢？答案是否定的，原因来自对线粒体 DNA 的更多思考。线粒体 DNA 是母系遗传的，因此它只能揭示尼安德特人女性和现代人类男性之间可能的杂交情况。此外，一个特定的线粒体 DNA 谱系可能在整个物种不灭绝的情况下走向灭绝。因此，被抽样的少数尼安德特人可能没有现代人类后代，但其他尼安德特人可能有。

寻找尼安德特人和智人融合可能的另一种方法，是研究欧洲早期现代人类的 DNA，他们生活的年代离尼安德特人更近，这有助于尽可能在尼安德特人线粒体 DNA 谱系灭绝之前了解其与智人的关系。帕博的团队检测了来自捷克和法国的 5 个早期现代人类样本的 DNA，包括一个生活在大约 2.5 万～ 2.3 万年前的克罗马农人的样本。在这些早期智人标本中，没有发现尼安德特人的线粒体 DNA 序列。

虽然这进一步证明尼安德特人没有与智人融合，也没有对现代人类的进化有所贡献，但线粒体 DNA 的遗传只是全景中的一部分。毕竟，控制生命进程和生理结构的大部分基因存在于核 DNA 中。但由于这种 DNA 在每个细胞中只存在 2 个拷贝数，而线粒体 DNA 在每个细胞中有 100 ～ 10 000 个拷贝数，而且由于古代 DNA 被降解成非常短的片段，从尼安德特人身上获得大量（如果有的话）核 DNA 序列的希望，也还是十分渺茫。事实上，当帕博在线粒体 DNA 方面的第一次成功受到赞扬时，当时科学界的观点是："我们并没有能力去追索大部分丢失的基因信息。"

如今，我们不再无能为力了。在医学遗传学对更快、更便宜的测序方法的需求的推动下，DNA 测序技术取得了巨大进步，这不仅为尼安德特人的一些核 DNA 的测序，也为其整个基因组即一个灭绝人类的 30 亿个 DNA 碱基对的测序，带来了希望。有两个团队，一个由帕博领导，他在德国莱比锡的马克斯·普朗克进化人类学研究所（Max Planck Institute for Evolutionary Anthropology）工作，另一个由位于加利福尼亚沃尔纳特克里克的美国能源部联合基因组研究所（U. S. Department of Energy Joint Genome Institute）的埃迪·鲁宾（Eddy Rubin）领导，已经开始了这一新的尝试。技术上的障碍是巨大的，由于严重降解和化学分解，尼安德特人的 DNA 只能以大约 50 个碱基的 DNA 短片段形式留存下来，而这些数以千万计的短片段需要按照正确的顺序进行测序和组装，同时现代人类 DNA 的污染是一个始终存在的问题。

尽管如此，2006 年科学家们还是获取了第一批尼安德特人的核 DNA 序列，它们讲述了一个与之前的线粒体 DNA 分析一致的故事。从大约 65 000 个碱基对的序列来看，尼安德特人与智人的分化年代再次被确定在几十万年前。虽然这只是有待确定的 30 亿个碱基对中的极小一部分，但与过去 10 年的线粒体 DNA 研究结果相比，数据量增加了百倍。而且，还是没有发现尼安德特人对现代人类基因库有贡献的证据。如果尼安德特人和智人真的融合了，那么他们的子孙后代仍然没有泄露这个家族秘密。

消失的尼安德特人

如果我们不是尼安德特人的后代，那么我们从何而来？尼安德特人又发生了什么？根据化石、DNA 和文化记录，一张关于我们的起源和尼安德特人历史的大致年表正在浮现（见图 12-4）。现在看来，尼安德特人和智人最近的共同祖先最早出现在 70 万年前，这两个种群在 40 万～30 万年前分化，远远早于已知最早的现代智人（来自埃塞俄比亚赫托的化石，年代约为 16 万年前）的起源时间。在大约 30 万年或更长的时间里，生理结构截然不同的尼安德特人居住在欧洲，并在 15 万年前到达西亚。最近已知他们的地理分布范围向东延伸了 1 600 多千米，到达了西伯利亚南部的阿尔泰山脉，这是尼安德特人 DNA 取证研究获得的又一次成功。在帕博和他的同事获得 DNA 序列并表明这里的洞穴中发现的一些遗骸化石碎片属于尼安德特人之前，它们的身份一直存在着争议和不确定性。

大约 6 万年前，解剖学意义上的现代人类开始了一系列从非洲到亚洲和澳洲的迁徙，并在大约 4 万年前到达欧洲部分地区。虽然仅在 5 万年前，生活在欧洲和亚洲广阔地带的唯一人类是尼安德特人，但到了 3 万年前，这一地区的大多数人类都是智人，最后剩下的尼安德特人占据了欧洲南部的一些偏远地区，直到大约 2.8 万年前完全消失（见图 12-4）。

关于尼安德特人消失的原因，有很多种假设。当然，其中最耸人听闻的是，我们的祖先使用暴力消灭了他们。其他观点包括，入侵的智人可能带来了尼安德特人易感的疾病，这在不同的人类种群接触时已经发生过多次。其他理论则认为，尼安德特人在某些方面不如取代他们的智人，包括他们的技术成熟程度、沟通技能和社会组织程度，因此，其在对可用资源的竞争中被淘汰出局。

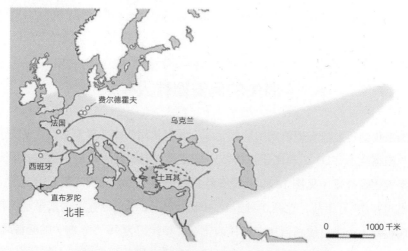

图 12-4　尼安德特人的活动范围和智人入侵欧洲的路线

注：根据化石和 DNA 证据，图中用浅灰色阴影表示尼安德特人的活动范围。其中用圆圈标出了一些关键遗址的位置，包括最初的费尔德霍夫遗址和发现最新遗骸的直布罗陀。科学家们推断出的智人从非洲经中东进入欧洲的迁徙路线用箭头和虚线箭头表示。

资料来源：数据，J. Krause et al. (2007), *Nature* 449: 901–4, and P. Mellars (2006), *Nature* 439: 931–35：图片，Leanne Olds.

　　尼安德特人的消失之谜肯定还会在未来很长一段时间内引发猜测和争论。5 万～ 3 万年前这一关键时期的气候、生物和文化记录中似乎存在着一些线索。

　　更新世（180 万～ 1.15 万年前）以对植被、野生动物和环境产生了巨大影响的多次冰川作用为标志。尼安德特人作为当时的一个物种，在更新世中期（78.1 万～ 12.6 万年前）和晚期（12.6 万～ 1.15 万年前）经历了漫长的严酷而多变的气候，他们的身体特征反映了他们对寒冷气候的适应。他们还是优秀的大型动物狩猎者，化石经常显示出多处愈合的骨折，这以另一种方式反映了尼安德特人粗犷的生活方式。事实上，他们的骨骼与现代牛仔竞技骑手的骨骼相似。

　　然而，古气候记录表明，欧洲在 5 万～ 3 万年前经历了剧烈的气候变化。冷热气候的快速切换发生在数百年的时间跨度内，导致各种栖息地的迅速扩张或收缩。寒冷的气候导致林地减少，开阔的平原和冻土带形成。这一时期的化石记录了哺乳动物的分布和数量的变化，包括一些较暖时期原有的动物的消失，比如古菱齿象。尼安德特人显然必须适应不断变化的晚餐菜单。

随着无树植被范围的扩大，可猎取的动物发生了变化，最有效的狩猎技术也必须随之变化。原先尼安德特人在林地中活动，利用森林的掩护近距离跟踪和伏击吃草的哺乳动物。但是，随着平原的形成，野牛、马鹿和马群的移动更容易被具有远程机动能力的人类跟踪，这些人能够远离森林和洞穴，并配备了更适合远程攻击的狩猎工具，例如尖刀和长矛。简而言之，这些人就是新入侵的智人。

在文化记录中，这一时期的技术变革是巨大的。大约 4.1 万年前，接近于在尼安德河谷的费尔德霍夫洞穴中那个尼安德特人死去的那个时期，奥瑞纳文化（以法国的一处考古遗址命名）在中欧和西欧萌芽。智人的这次入侵带来的史前古器物包括：精心打造的象牙、鹿角和骨制工具；精心雕刻的石头、象牙珠和个人饰品；从很远的地方运来的贝壳；穿孔的动物牙齿；人和动物的象牙雕像；精致的洞穴艺术装饰品。也许最重要的是，为矛和箭的尖端和倒钩精心打造的刀刃。所有这些古器物都标志着智人与尼安德特人在技术层面的差距悬殊，也是可以追溯到至少 7 万年前的非洲种群中的一些新技术的证据。

随着气候越来越寒冷，技术创新和社会组织对于人类种群的生存变得至关重要。使用植物纤维制作渔网和使用套圈猎取小型哺乳动物和鸟类，扩大了智人的食物范围，而贸易网络的发展提高了在不同地区和季节跟随猎物迁徙的流动性。到 3 万年前，大量智人占据了各个聚居点。因此，无论是否存在直接冲突，生态变化和竞争似乎已经将尼安德特人推到了活动范围的边缘，最终导致他们被智人所取代。

为什么智人能够适应，而尼安德特人就不行？尼安德特人是否在某些生物学方面如沟通、思考或计划能力等处于劣势？为什么是我们的祖先，而不是尼安德特人，开创并延续了某些技术和文化传统？简而言之，是什么造成了智人和尼安德特人之间的差异？几年前，对两个物种不同命运的生物学解释似乎还仅限于猜测，无法获得确凿的物证，但现在不同了。拿我们最近灭绝的"表亲"——尼安德特人的基因组序列与我们的作比较，也许可以说明，尼安德特人与智人二者在哪些方面是不同的，同样重要的是，二者在哪些方面是相同的。关于尼安德特人生物学特征和现代人类起源的研究，新的窗口正在打开。

人类新的开端

神秘不一定是奇迹。

—— 歌德

　　尽管探险家们在旅程中都经历了种种磨难，但我们追随的几乎所有探险家在回归文明时都表达了一些悲伤，因为他们离开了曾经召唤他们的丛林、沙漠、荒地、峡谷和山峰。同样，我也对离开这些杰出的先驱者感到有些不舍，我和他们一起度过了许多愉快的日子。我希望你在读完这些故事后也能有同样的感受。如果是这样，那说明我已经完成了我的使命。

　　在旅程的终点或恰逢周年纪念日之际，反思过去并展望未来是很自然的事。因此，当我们结束这些冒险故事，标记那些重大著作和发现的周年纪念日时，让我们停下来反思我们已经走了多远，以及未来可能会发生什么。我指的不是物理上的距离和地点，而是指这些发现和想法对我们关于人类在自然界的位置的认知产生的更深远的影响。在这篇简短的后记中，我将集中讨论两个问题。第一，达尔文革命把我们带到了哪里？第二，还有类似量级的东西有待发现吗？

达尔文带领我们走进的世界

1959 年，在《物种起源》出版 100 周年之际，古生物学家、现代综合进化论的建立者之一乔治·盖洛德·辛普森为《科学》杂志撰写了一篇标题为《达尔文带领我们走进的世界》（The World into Which Darwin Led Us）的精彩文章。文章揭示了达尔文革命是如何彻底而永久地改变了我们长期以来所持有的观念的。

辛普森文章中的大部分内容到今天仍然是正确的。他的主要观点和巧妙措辞值得反复品味。他解释说，达尔文革命扩展了从早期的天文学家开始的思想转型，这些天文学家"最终将我们定位在一颗微不足道的尘埃上，这颗尘埃位于一个不可理解的浩瀚无垠的宇宙中。这个世界与不久之前我们的祖先生活的世界截然不同"。地质学家们则通过推断地球的年龄（现在已知为 45 亿年），将空间的广袤无边延伸到了时间的维度。辛普森认为，这个伟大的时代描述的世界"与想象中不到 6 000 年的世界迥然不同"。

关于人类在自然界中的地位和存在目的的认知，达尔文革命给人们带来了三次打击。

首先，它揭示了地球和宇宙的环境是恶劣的，而不是如达尔文的前辈，比如洪堡所认为的那样和平而有序。

其次，达尔文对祖先的新描述意味着人类除了作为一个独特的动物物种而存在，没有其他特殊的地位。我们与变形虫、绦虫、跳蚤和猴子的血缘关系，对于辛普森来说，意味着"过度的亲密无间和深厚的兄弟情谊，这超越了撰稿人或神学家们最疯狂的想象"。

再次，生存斗争使自然界中没有任何东西是专门为人类而存在的，不管其对我们是有利还是有害。辛普森提出："比如，说水果的进化是为了人类的享受，并不比说人类的进化是为了老虎的享受更正确。"

虽然这场哲学革命的主要内容，在几十年前对辛普森来说非常清楚，但达尔文发起的科学革命并没有在 1959 年结束。接下来几十年的发现甚至动摇了辛普森原本的世界观。例如，宇宙实际上比他所知道的更具敌意和更加冷漠。虽然辛普森非常清楚灭绝的普遍性，但他认为地质和化石记录了稳定、渐进、有序的变化。我们现在知道，地球的表面已经被重塑，地球上的居民也曾因 K-T 小行星撞击等灾难性事件而灭绝（详见第 7 章）。在发现希克苏鲁伯陨石坑之前，地质学家们长期以来一直鄙视灾难假说，认为它是不现代、不科学的。虽然辛普森也对这一发现感到震惊，但它强化了他的观点，即生命不会朝着一个目标进化。关于生命逐渐进化的观念和灭绝的普遍性之间的矛盾，辛普森指出："如果进化有一个预定的计划，那么这个计划是无效的。"

在过去的几十年里，我们对人类起源以及进化机制的认知都发生了改变。路易斯·利基一家第一次发现伟大的原始人类化石，就发生在 1959 年（详见第 10 章）。它们引发了古人类学的一场革命，将人类起源的研究带回了非洲。

正如我们在第 11 章和第 12 章看到的，基因密码的破解很快就带来了解读人类历史的全新方式。DNA 提供了至关重要的证据，表明我们只是在不远的过去才从与黑猩猩的共同祖先那里分化出来，而且在基因上与黑猩猩的关系相当密切。DNA 证据还确凿地表明，我们都是非洲人而不是尼安德特人的后裔。

DNA 革命也改变了我们对分子和生物体进化的理解。分子钟的发现表明，与辛普森的直觉和异议正相反，生物的分子变化和形态变化是不相关的。DNA 分析技术的进步使生物学家能够在最基本的层面上看清自然选择的运作。

可以说，100 多年前，达尔文和华莱士在解决"谜中之谜"（物种的起源）的问题上取得了第一次重大飞跃，而在回答"题中之题"（人类的起源）方面取得的最大进步，则发生在过去的几十年中。

那么接下来的几十年会怎样呢？以过去几十年为指导，宣称革命已经完成是愚蠢的。更多的化石和更多从 DNA 中发掘出的信息，将在使我们感到惊讶的同时，丰富我们的知识。但值得一问的是，既然我们已经对进化和人类的起源有了坚实的理解，相对于耗费了过去 100 多年来解答的那些问题，现在还有其他同等量级的开放性问题吗？

我认为悬而未决的问题，也许是最大的谜中之谜和题中之题，即关于起源的终极问题——宇宙中和地球上生命的起源。

所有人类的起源

- 还有其他可以承载生命的星球吗？
- 准确地说，其他星球有生命吗？
- 如果有，那是什么样的生命？

这些都不是新问题。几千年来，人类一直仰望着星空，想知道"外面"是什么。自从 1543 年哥白尼宣布我们的地球围绕太阳运行以来，天文学家们一直在调整我们对自己在宇宙中位置的看法。

1584 年，意大利哲学家乔尔丹诺·布鲁诺断言，宇宙中有无数的太阳，也有无数的地球在围绕着它们的太阳旋转。他被指控犯有异端罪，并于 1600 年被处以火刑。

然而，布鲁诺的故事也算有一个好的结局。整整 400 年后的 2000 年，罗马教会正式表达了对在罗马菲奥里广场火烧布鲁诺的"极度哀恸"。很难确定是什么原因推迟了道歉，也许是因为布鲁诺断言宇宙是无限的。

我们现在可以说宇宙中还有其他的太阳和行星（我将很快讨论其证据），而不会招致众怒。行星是否存在已不是主要问题，其他生命是否存在才是。我们可以嘲笑 16 世纪的古怪态度，但现在的世界对地球之外存在生命的确凿证据会有什么样的反应？天文学家将地球从太阳系的中心降级，达尔文将人类从上帝为之创造出世界的物种降级，从人们对这两件事的反应来判断，将地球从唯一存在生命的星球降级，会对我们的认知产生什么样的影响？生命的一个起源可能被视为奇迹，但多个起源呢？对科学家来说，那就是确认生命是行星普遍的化学产物。是的，很了不起，但不是奇迹。

2001 年，由顶尖科学家组成的咨询机构美国国家研究委员会（National Research Council）表示："在另一颗行星上发现生命可能是 21 世纪最重要的科学进步之一，更不用说是这 10 年的了，它将具有巨大的哲学意义。"这无疑将彻底打破一个多世纪前盛行的世界观和宇宙观。

洪堡曾经思考过外星生命的存在，但在他的《宇宙》一书中否定了这一可能：

> 繁星密布的苍穹和广袤无垠的天空是宇宙的景象，在其中，显示出天体的规模、聚集的恒星和微光闪烁的星云的数量，尽管它们激发了我们的好奇心与莫名的惊诧，却也向我们展示出明显的孤独，而且完全没有任何证据表明它们是有机生命生活的场所。

达尔文对此则持谨慎态度，针对进化论的挑战已让他忙得不可开交。在《物种起源》的第二版中，他在最后一行添加了"造物主"一词："生命最初是由造物主吹气而成的几种或一种形态。"后来，他对于自己屈服于压力，将造物主重新纳入生命起源的理论表示遗憾。更能说明问题的是，在他去世前写的最后一封信中，他推测生命"今后将被证明是某种普遍规律的结果"。

随着儒勒·凡尔纳和赫伯特·乔治·威尔斯（Herbert George Wells）引领的科幻小说潮的出现，外星生命存在的可能性在流行文化圈中得到了最大的提升。威尔斯是托马斯·赫胥黎的学生，深受其启发。正是赫胥黎有关敌对的宇宙塑造了人类的看法，给威尔斯的《时间机器》（*The Time Machine*）奠定了基调，而他的《星际战争》（*The War of the Worlds*）则描绘了外星人从火星入侵英国的场景。

到目前为止，威尔斯对火星入侵者的想象尚未得到证实，但我们对别处的生命究竟了解多少？

1996 年，有人声称在南极发现的一块火星陨石携带有微小生命，这一说法引起了轩然大波。如果是火星的生命来找我们，而不是我们费尽心思去找它，那该多幸运。但进一步的仔细检查使大多数科学家得出结论，陨石中的微小生命形态是由非生物过程形成的。

问题就在这里。如果我们真的找到了外星生命，它到底应该是什么样子？用赫胥黎的话来说：它的形态和地球生命一样呢，还是和地球上的任何生命形态都不一样？

更严谨的方法是直接去寻找生命，而不是等待陨石坠落。已有几次火星探索任务对火星的表面进行了越来越复杂的科学调查。总体思路是寻找水和其他可能反映出该星球历史上某个时期曾经有过生命的地质特征。虽然不时有很好的证据表明有水流过，但火星上存在过生命的可能正变得微乎其微。

为了便于讨论，假设我们彻底放弃了附近的邻居，那么其他地方的行星呢？这个问题取决于对生命来说必不可少的决定因素。多年来，人们提出了各种各样的想法。虽然没有达成一致意见（这很好，因为我们不知道自己在寻找什么），但一些共识特征已经出现。总的来说，人们的想法是，该行星需要有足够的大小来维持大气层、岩石（而不是气态巨行星），有或曾经有过活跃的地质活动（如火山等），能承载液态的水，并且离太阳足够近以保持温暖，但离太阳也不能太近，以防过热或受到过多辐射。

发现满足这些条件的行星的概率有多大？天文学家们一直在努力解决这个问题。在哈勃望远镜和许多其他技术的帮助下，他们一直在更深入地观察宇宙。第一颗围绕类似太阳的恒星运行的行星是 1995 年发现的。从那时起，已有数百颗"新"行星被报道。这些发现每一个都需要长时间的持续观察，它们代表着宇宙的一个极小样本。

为了弄清楚类地行星有多常见，我们必须计算一些真正的天文数字。让我们从宇宙中星系的数量开始，保守估计是 1 000 亿个，也就是 100 000 000 000，即 10^{11}。那么，一个星系中有多少颗恒星？这个数字也可能达到 1 000 亿左右。这意味着恒星总数将是 $10^{11} \times 10^{11}$，即 10^{22}。并非所有恒星周围都有行星，但美国国家航空航天局报告称，地球附近约 7% 的恒星周围都有一颗巨大的行星，而且随着行星的质量减小并趋近于地球的质量，每颗恒星周围行星的数量也会增加。基于这些考虑，目前的估计是，有 10^{21} 颗类地行星，仅在我们的银河系就有 10^{10} 颗。宇宙中有 10 万亿亿颗类地行星，银河系中有 100 亿颗类地行星。那么生命只在地球上进化的概率有多大？我们是十万亿亿分之一吗？

你可以在这个问题上自行尝试计算。

但我可以透露的是，我问过的每一位在这一领域里知识渊博的科学家，都认为其他地方存在生命的可能性非常大，实际上几乎是确定无疑的。因此，在许多人的心目中，外星生命的问题与其说是"是否存在"的问题，不如说是"它是什么样子"的问题。

其他星球上有恐龙、猿人和基于 DNA 的生命吗？

未来事物的形态

美国国家航空航天局的行星科学家克里斯·麦凯（Chris McKay）承认，还没有确凿的证据证明其他星球存在生命，但他认为"有几个因素表明这很常见。有机物质（碳基分子）广泛存在于星际介质和太阳系中"。他指出："在地球上，微生物很快就出现了，可能在 38 亿年前。"再加上行星的巨大数量和微生物在各种栖息地生存的能力，麦凯得出结论："微生物在恒星周边广泛存在。"

华盛顿大学地质学家、《稀有地球》（*Rare Earth*）一书的合著者彼得·沃德（Peter Ward）认为，微生物在宇宙中是普遍存在的，但他认为复杂的生命，如植物和动物等含多细胞的生命形态则比较罕见。沃德等人非常重视这样一个事实，即经过 30 多亿年的进化以及海洋和大气的一系列重大变化，地球上才出现了更大、更复杂的生命形态。从这个角度来看，雀鸟、蝴蝶、三叶虫和红杉并不是一开始就有的。如果它们并非总会出现，那么智慧生命呢？去找到自己的答案吧。

那么生命的化学基础呢？生命必须依赖基于 DNA 的系统吗？一些科学家并不认为有机系统是唯一的选择，也不相信 DNA 是必要的。长期支持外星探索的弗兰克·德雷克（Frank Drake）认为："我们无法预测其他星球会发生的化学反应。"

无论形态或化学性质如何，辛普森等许多生物学家都认为宇宙中的生命有一个重要的共性。也就是说，无论生命出现在何处，它都是根据达尔文提出的两个原则进化而来的，即变异和自然选择。遗传变异和生存斗争可能具有真正的普遍性。

哈佛大学古生物学家、《年轻星球上的生命》(*Life on a Young Planet*) 一书的作者、火星探测器专家安迪·诺尔（Andy Knoll）在最近的一次交流中提醒我："谈论是廉价的，探索和发现是困难的。"那么，迫在眉睫的探索和发现的前景是什么呢？未来还有什么新的冒险？

除了许多正在进行的努力之外，在接下来的十几年里，美国国家航空航天局将启动几个新的行动项目去搜索和了解新的世界。它的类地行星探测器的天文观测成像能力是哈勃望远镜的 100 倍以上，并将能够搜索大气层中含有二氧化碳、水和臭氧的行星。欧洲航天局（European Space Agency，ESA）计划从 2015 年开始执行一项任务，以寻找类地行星以及此类天体上存在生命的证据。目前设计的 3 台编队飞行的望远镜是这一被命名为"达尔文计划"的核心部分。

无论是在下一个 10 年还是下一个世纪，无论形态或化学性质如何，当外星生命不再只是猜测或停留于科幻小说的领域时，它的最终发现将是我们对自己在宇宙中地位的认知的另一个意义深远的转折点。然而，即使是这样一个了不起的成就，也不会成为我们探索的巅峰，而是一个新时代的开启，因为正如威尔斯在其 1933 年的小说《未来事物的形态》(*The Shape of Things to Come*) 中所预言的：

> 对人类来说，不能停驻，也没有终点。他必须继续前进，征服再征服。首先征服这颗小小的行星和其上所有的风与路，接着是所有约束他的精神和物质的法则，然后将是环绕着他的行星，最后跨越浩瀚抵达群星。当他征服了所有的外太空，所有的时间之谜，于他而言，仍然只是一个开端。

如果没有我妻子杰米·卡罗尔的支持、鼓励、耐心陪伴和敏锐的批判性意见，这本书永远不会出版。杰米从本书最初的草稿开始阅读每一章，并为提高故事的趣味性和可读性给我提供了很好的指导。当我试着把这些故事讲给我的两个儿子帕特里克和威尔听的时候，他们也是忠实的听众。

我很幸运在一个会讲故事的家庭中长大。也许这是爱尔兰人的传统，我们在成长过程中听过也讲过很多故事，当然并非所有故事都是真的。我们吃晚饭的时间通常比邻居长得多，这是我母亲迄今都非常自豪的事情。所以，感谢爸爸、妈妈、吉姆、南和皮特，感谢他们讲的故事，以及偶尔给我机会讲我的故事。

我要感谢许多讲故事的人。首先，一些故事的主角不仅勇敢地进行了探险，而且保存了详细的记录，还通常以第一人称写下了自己的经历。其次，如果不是因为许多传记作家、历史学家和作家的辛勤工作和才华，我不会知道达尔文在他生命与航行中的伟大故事，也不会知道华莱士的艰辛、杜布瓦的决心，更不会知道这本书中许多其他人物的品质和经历。他们的故事教育、启发了我，我希望我的简短叙述能对得起他们的经历。我也非常感谢我的朋友尼尔·舒宾，他花了大量时间给我讲述了他的冒险故事，帮助我写作，提供他探险的照片，还给我看了提塔利克鱼化石。

我还要感谢威斯康星大学麦迪逊分校的几位同事，他们慷慨地给予了我富有创造性、批判性和逻辑性的建议。利安娜·奥尔兹（Leanne Olds）为这本书创作了其中大部分的原创艺术作品；史蒂夫·帕多克（Steve Paddock）为整部手稿提供了详细的评论和建议；梅甘·麦格隆（Megan McGlone）为其他来源的图片争取了授权。我也特别幸运，可以自由地查阅威斯康星大学图书馆系统的藏书。为写这本书所做的研究，使我找到了许多古老而罕见的书籍，非常感谢埃尔莎·阿尔廷（Elsa Althen）为我提供了查阅生物学图书馆珍本藏书的机会。

我也要感谢为这本书提供插图的许多博物馆和个人。最后，我要感谢我的经纪人拉斯·盖伦（Russ Galen），感谢他对我的鼓励和耐心，感谢他指导我将这些材料撰写为学生的教科书；感谢霍顿·米夫林·哈考特公司的编辑安德烈娅·舒尔茨（Andrea Schulz），感谢她热情的支持和批判性的意见。

　　我在研究本书中的故事时使用了来源广泛的大量资料。我决定不在书中使用脚注，以避免可能带来的排版的混乱与读者的分心。按照章节顺序，所有引用的书籍和文章都一一在此列明。

　　如果您希望更详细地研究其中的一些故事，我有一点善意的提醒。在浏览与某些章节相关的庞杂文献时，即使是在那些故事主角们自己撰写的资料中，我也经常发现存在着大量的冗余文字。例如，华莱士从其勘察现场发出的报告早已作为期刊上的文章发表过，而在他的著作《马来群岛》里经常被再次提及，在他的自传《我的生活》中又再度涉及。罗伊·查普曼·安德鲁斯的叙述，在他的一系列书籍和他远征的官方记录中也多次地重复。我需要阅读所有这些资料以了解可获得的信息，但如果您想查看任何一个故事的多个资料来源，请注意可能存在大量的重复。换个角度来说吧，我已经替你阅读了所有这些东西，所以你不必再辛苦地这么做了。不要客气，不用谢我啦。

我还为你提供了一些引导，用星号将某些参考文献标出，作为我给你推荐的阅读资料。

引　言　追随洪堡探险的脚步

书　籍

Ceram, C. W. (1986). *Gods, Graves, and Scholars*. 2nd revised edition. New York: Random House.

Furneaux, R. (1969). *The Amazon: The Story of a Great River*. London: Hamish Hamilton.

McCullough, D. (1992). *Brave Companions: Portraits in History*. New York: Simon and Schuster.

Von Humboldt, A. (1850). *Aspects of Nature in Different Lands and Different Climates; with Scientific Elucidations*. Philadelphia: Lea and Blanchard.

文　章

Bowler, P. J. (2002). Climb Chimborazo and See the World. *Science* 298: 63–64.

Browne, C. A. (1944). Alexander von Humboldt as historian of science in Latin America. *Isis* 35: 134–139.

Bunkse, E. V. (1981). Humboldt and an Aesthetic Tradition in Geography. *American Geographical Society of New York* 71: 129–145.

Coonen, L. P., and C. M. Porter (1976). Thomas Jefferson and American Biology. *Bioscience* 26: 745–750.

Crone, G. R. (1961). Alexander von Humboldt: Centenary Studies. *Geographical Journal* 127: 226–227.

De Terra, H. (1960). Alexander von Humboldt's Correspondence with Jefferson, Madison, and Gallatin. *Proceedings of the American Philosophical Society* 103: 783–806.

———. (1960). Motives and Consequences of Alexander von Humboldt's Visit to the

United States. *Proceedings of the American Philosophical Society* 104: 314–316.

Dettelbach, M. (2001). Alexander Von Humboldt between enlightenment and romanticism. *Northeast Naturalist* Special Issue 1: 9–20.

Kettenmann, H. (1997). Alexander von Humboldt and the concept of animal electricity. *Trends in Neuroscience* 20: 239–242.

Knobloch, E. (2007). Alexander von Humboldt—The Explorer and the Scientist. *Entaurus* 49: 3–14.

Rowland, S. M. (2005). Thomas Jefferson, Megalonyx, and the status of paleontological thought in America at the close of the eighteenth century. *Geological Society of America Abstracts with Programs* 37: 406.

Schwarz, I. (2001). Alexander von Humboldt's visit to Washington and Philadelphia, his friendship with Jefferson, and his fascination with the United States. *Northeast Naturalist*, Special Issue 1: 43–56.

Von Hofsten, N. (1936). Ideas of Creation and Spontaneous Generation Prior to Darwin. *Isis* 25: 80–94.

Walls, L. D. (2001). Hero of Knowledge, Be Our Tribute Thine: Alexander von Humboldt in Victorian America. *Northeast Naturalist*, Special Issue 1: 121–134.

第 1 章　达尔文的物种起源探索之路

书　籍

*Browne, Janet (1995). *Charles Darwin: Voyaging*. New York: Alfred A. Knopf.

*Desmond, Adrian, and James Moore (1991). *Darwin: The Life of a Tormented Evolutionist*. London: Michael Joseph.

Barlow, Emma Nora (1963). *Darwin's Ornithological Notes*. Bulletin of the British Museum (Natural History) Historical Series, 2: 201–273. (DON)

———— (1967). *Darwin and Henslow: The Growth of an Idea. Letters 1831–1860.* Berkeley: University of California Press. (DH)

The Correspondence of Charles Darwin (1985). F. H. Burkhardt, S. Smith et al., eds. Cambridge, U.K.: Cambridge University Press. (CCD1, CCD2)

Darwin, Charles. Notebooks "B," "D," and "E." Images online at http://darwin-online.org. uk. (NB, ND, NE respectively)

———— (1839). *Journal of Researches into the Geology and Natural History of the Various Countries Visited by H.M.S. Beagle Under the Command of Captain FitzRoy, R. N. from 1832 to 1836.* London: Henry Colbourn. (VB) Darwin, Erasmus (1803). *Zoonomia: or, The Laws of Organic Life*, Volume 1.

Boston: Thomas and Andrews. Darwin, Francis (ed.) (1887). *The Life and Letters of Charles Darwin, including an autobiographical chapter*, Volumes 1–3. London: John Murray. (LL)

———— (1909). *The Foundations of the Origin of Species. Two Essays Written in 1842 and 1844.* Cambridge, U.K.: Cambridge University Press. (E42 and E44)

Keynes, Richard D. (ed.) (1988). *Charles Darwin's* Beagle *Diary.* Cambridge, U.K.: Cambridge University Press. (BD)

Lyell, Charles (1832). *The Principles of Geology*, Volume 2. London: John Murray.

第 2 章　华莱士的探险之路

书　籍

Beddall, B. G. (1969). *Wallace and Bates in the Tropics: An Introduction to the Theory of Natural Selection.* London: Macmillan Co.

*Quammen, D. (1996). *The Song of the Dodo: Island Biogeography in an Age of Extinction.* New York: Scribner.

van Oosterzee, P. (1997). *Where Worlds Collide: The Wallace Line.* Ithaca, N.Y.: Cornell University Press.

Wallace, A. R. (1890). *The Malay Archipelago*. London: Macmillan and Co.

—— (1905). *My Life*. New York: Dodd, Mead, and Co.

文　章

Forbes, H. O. (1914). Obituary: Alfred Russel Wallace, O.M. *Geographical Journal* 43: 88–92.

McKinney, H. Lewis (1969). Wallace's earliest observations on evolution. *Isis* 60: 370–373.

Wallace, A. R. (1855). On the law which has regulated the introduction of new species. *Annals and Magazine of Natural History* 16: 184–196.

—— (1857). On the natural history of the Aru Islands. *Annals and Magazine of Natural History* 20: 473–485.

—— (1858). On the tendency of varieties to depart indefinitely from the original type. *Proceedings of the Linnean Society of London* 3: 53–62.

第 3 章　贝茨的亚马孙探险

书　籍

Bates, H. W. (1892). *The Naturalist on the River Amazons*, with a memoir of the author by Edward Clodd. London: John Murray. (NORA)

The Correspondence of Charles Darwin, Volume 9, 1861. Cambridge, U.K.: Cambridge University Press.

The Correspondence of Charles Darwin, Volume 10, 1862. Cambridge, U.K.: Cambridge University Press.

文　章

Allen, G. (1862). Bates of the Amazons. *Fortnightly Review* 58: 798–809.

Bates, H. W. (1862). Contributions to an insect fauna of the Amazon Valley. Lepidoptera:

Helaconidae. *Transactions of the Linnean Society* 23: 495–566. (TLS)

Brower, J.V.Z. (1958). Experimental studies of mimicry in some North American butterflies. Part I. The Monarch, *Danaus flexippus*, and Viceroy, *Limenitis arcippus archippus. Evolution* 12: 32–47.

Brower, L. P., J.V.Z. Brawer, and C. T. Collins (1963). Experimental studies of mimicry. Relative palatability and Müllerian mimicry among neotropical butterflies of the subfamily Heliconiinae. *Zoologica* 48: 65–83.

Darwin, C. D. (1863). A review of Mr. Bates' paper on "Mimetic Butterflies." *Natural History Review*, 219–224.

O'Hara, J. E. (1995). Henry Walter Bates—his life and contributions to biology. *Archives of Natural History* 22: 195–219.

Pfennig, D., W. R. Harcombe, and K. S. Pfenning (2001). Frequency-dependent Batesian mimicry. *Nature* 410: 323.

Wallace, A. R. (1866). Natural Selection. *Athenaeum*, December 1, no. 2040: 716–717.

第 4 章　在爪哇寻找直立猿人

书　籍

Darwin, Charles (1871). *The Descent of Man and Selection in Relation to Sex*. London: John Murray.

Haeckel, Ernst (1887). *The History of Creation: Or the Development of the Earth and Its Inhabitants by the Action of Natural Causes*. Translation revised by E. Ray Lankester. New York: Appleton Company.

Huxley, Thomas H. (1959). *Man's Place in Nature*. Ann Arbor: University of Michigan Press (reprint of 1863 edition).

*Shipman, Pat (2001). *The Man Who Found the Missing Link: Eugène Dubois and His Lifelong Quest to Prove Darwin Right*. New York: Simon and Schuster.

Theunissen, Bert (1989). *Eugène Dubois and the Ape-Man from Java: The History of the First "Missing Link" and Its Discoverer*. Dardrecht, The Netherlands: Kluwer Academic Publishers.

文 章

de Vos, John (2004). "The Dubois collection: a new look at an old collection." In *VII International Symposium Cultural Heritage in Geosciences, Mining, and Metallurgy: Libraries—Archives—Museums: Museums and their Collections*. *Scipla Geologic*, Special Issue 4: 267–285.

第 5 章　从伯吉斯页岩发现的寒武纪大爆发

书　籍

Darwin, C. R. (1869). *On the Origin of Species by Means of Natural Selection, or The Preservation of Favoured Races in the Struggle for Life*. London: John Murray, 5th edition.

Gould, S. (1989). *Wonderful Life: The Burgess Shale and the Nature of History*. New York: W. W. Norton.

Hou, X., et al. (2004). *The Cambrian Fossils of Chengjiang, China: The Flowering of Early Animal Life*. Malden, Mass.: Blackwell.

Knoll, A. (2005). *Life on a Young Planet: The First Three Billion Years of Evolution on Earth*. Princeton, N.J.: Princeton University Press.

Morris, S. C. (2000). *The Crucible of Creation: The Burgess Shale and the Rise of Animals*. London: Oxford University Press.

Schopf, J. (1999). *Cradle of Life: The Discovery of Earth's Earliest Fossils*. Princeton, N.J.: Princeton University Press.

Yochelson, E. (1998). *Charles Doolittle Walcott, Paleontologist*. Kent, Ohio: Kent State University Press.

————. (2001). *Smithsonian Institution Secretary, Charles Doolittle Walcott*. Kent, Ohio:

Kent State University Press.

文　章

Morris, S. C. (2006). Darwin's dilemma: The realities of the Cambrian 'explosion.' *Philosophical Transactions of the Royal Society of London B* 361: 1069–1083.

Schopf, J. W. (2000). Solution to Darwin's dilemma: Discovery of the Missing Precambrian record of life. *Proceedings of the National Academy of Sciences* 97: 6947–6953.

Walcott, C. D. (1883). Pre-Carboniferous Strata in the Grand Cañon of the Colorado, Arizona. *American Journal of Science* 26: 437–442.

——— (1884). Report of Mr. Charles D. Walcott. *Fourth annual report of the United States Geological Survey to the Secretary of the Interior* 1882–83: 44–48.

——— (1891). "The North American Continent During Cambrian time." *Twelfth Annual Report of the United States Geological Society to the Secretary of the Interior 1890–1891*, 12: 526–568.

——— (1899). Pre-Cambrian fossiliferous formations. *Bulletin of the Geological Society of America* 10: 199–214.

——— (1911). Cambrian Geology and Paleontology: Abrupt appearance of the Cambrian fauna on the North American continent. *Smithsonian Miscellaneous Collections* 57: 1–16.

——— (1911). Cambrian Geology and Paleontology: Middle Cambrian Merostomata. *Smithsonian Miscellaneous Collections* 57: 17–40.

——— (1911). A Geologist's Paradise. *National Geographic Magazine* 22: 509–536.

Yochelson, E. L. (1967). Charles Doolittle Walcott: March 31, 1850–February 9, 1927. *National Academy of Sciences Biographical Memoirs* 39: 470–540.

——— (2006). Charles D. Walcott: A few comments on Stratigraphy and Sedimentation. *Sedimentary Record* 4: 4–8.

第 6 章　第一次发现恐龙蛋化石的地方

书　籍

*Andrews, Roy Chapman (1926). *On the Trail of Ancient Man: A Narrative of the Field Work of the Central Asiatic Expeditions*. New York: Putnam.

———— (1932). *The New Conquest of Central Asia; a Narrative of the Explorations of the Central Asiatic Expeditions in Mongolia and China, 1921–1930*. New York: American Museum of Natural History.

———— (1943) *Under a Lucky Star: A Lifetime of Adventure*. New York: Viking Press.

Bausum, Ann. (2000) *Dragon Bones and Dinosaur Eggs: A Photobiography of Explorer Roy Chapman Andrews*. Washington, D.C.: National Geographic Society.

Gallenkamp, Charles (2001). *Dragon Hunter: Roy Chapman Andrews and the Central Asiatic Expeditions*. New York: Viking.

Rexer, Lyle (1995). *American Museum of Natural History: 125 Years of Expedition and Discovery*. New York: H. N. Abrams in association with the American Museum of Natural History.

第 7 章　中生代结束的那一天

书　籍

Alvarez, Luis W. (1987). *Alvarez: Adventures of a Physicist*. New York: Basic Books

*Alvarez, Walter (1997). *T. rex and the Crater of Doom*. Princeton, N.J.: Princeton University Press.

Powell, James L. (1998). *Night Comes to the Cretaceous: Dinosaur Extinction and the Transformation of Modern Geology*. New York: Freeman.

文 章

Alvarez, L. (1983). Experimental evidence that an asteroid impact led to the extinction of many species 65 million years ago. *Proceedings of the National Academy of Sciences* 80: 627–642.

Alvarez, L., et al. (1980). Extraterrestrial Cause for the Cretaceous-Tertiary Extinction: Experimental results and theoretical interpretation. *Science* 208: 1095–1108.

Alvarez, W., et al. (1990). Iridium Profile for 10 Million Years Across the Cretaceous-Tertiary Boundary at Gubbio (Italy). *Science* 250: 1700–1702.

Claeys, P., et al. (2002). Distribution of Chicxulub ejecta at the Cretaceous-Tertiary boundary. *Geological Society of America*, Special Paper 356: 55–68.

Hildebrand, A. R. (1991). Chicxulub Crater: A possible Cretaceous/Tertiary boundary impact crater on the Yucatán Peninsula, Mexico. *Geology* 19: 867–871.

Kring, D., and D. Durda (2003). The Day the World Burned. *Scientific American* 289: 98–105.

Mukhopadhyay, S., et al. (2001). A Short Duration of the Cretaceous-Tertiary Boundary Event: Evidence from Extraterrestrial Helium-3. *Science* 291: 1952–1955.

Orth, C. J., et al. (1981). An Iridium Abundance Anomaly at the Palynological Cretaceous-Tertiary Boundary in Northern New Mexico. *Science* 214: 1341–1343.

Pope, K. O. (1991). Mexican site for K/T impact crater? *Nature*, Scientific Correspondence 351: 105.

Pope, K. O., et al. (1998). Meteorite impact and the mass extinction of species at the Cretaceous/Tertiary Boundary." *Proceedings of the National Academy of Sciences* 95: 11028–11029.

Schuraytz, B. C., et al. (1996). Iridium Metal in Chicxulub Impact Melt: Forensic Chemistry on the K-T Smoking Gun. *Science* 271: 1573–1576.

Simonson, B. M., and B. P. Glass (2004). Spherule Layers—Records of Ancient Impacts. *Annual Review of Earth Planet Sciences* 32: 329–331.

Smit, J. (1999). The Global Stratigraphy of the Cretaceous-Tertiary Boundary Impact Ejecta. *Annual Review of Earth Planet Sciences* 27: 75–113.

第 8 章　鸟类，还是长着羽毛的恐龙

书　籍

*Chiappe, Luis M. (2007). *Glorified Dinosaurs: The Origin and Early Evolution of Birds.* Hoboken, N.J.: John Wiley.

Dingus, Lowell, and Timothy Rowe (1998). *The Mistaken Extinction: Dinosaur Evolution and the Origin of Birds.* New York: W. H. Freeman.

*Shipman, Pat (1998). *Taking Wing: Archaeopteryx and the Evolution of Bird Flight.* New York: Simon & Schuster.

Wilford, John Noble (1985). *The Riddle of the Dinosaur.* New York: Alfred A. Knopf.

文　章

Browne, Malcolm W. (October 19, 1996). "Feathery Fossil Hints Dinosaur-Bird Link." *New York Times*, Section 1; Page 1; Column 3.

———. (April 25, 1997). "In China, a Spectacular Trove of Dinosaur Fossils Is Found." *New York Times*, Section 1; Page 1; Column 3.

Cracraft, Joel (1977). Special Review: John Ostrom's Studies on Archaeopteryx, the origin of birds, and the evolution of avian flight. *Wilson Bulletin* 89.3: 488–492.

Darwin Correspondence Project (January 3, 1863). "Letter 3899—Falconer, Hugh to Darwin, C. R., 3 Jan [1863]."

——— (January 5, 1863). "Letter 3901—Darwin, C. R. to Falconer, Hugh, 5 [and 6] Jan [1863]."

——— (January 7, 1863). "Letter 3905—Darwin, C. R. to Dana, J. D., 7 Jan [1863]."

——— (January 8, 1863). "Letter 3908—Falconer, Hugh to Darwin, C. R., 8 Jan [1863]."

Hecht, Jeff (July 21, 2005). "Obituary: Professor John Ostrom: Palaeontologist who showed that birds were descended from dinosaurs." *Independent* (*London*), Obituaries, 52.

Huxley, Thomas H. (1868). On the animals which are most nearly intermediate between birds and reptiles. *Geological Magazine* 5: 357–365.

Monastersky, R. (October 26, 1996). "Hints of a Downy Dinosaur in China." *Science News Online*.

Musante, Fred (June 29, 1997). "Connecticut Q&A: Dr. John H. Ostrom; Lessons for the Future in Ancient Bones." *New York Times*, Section 13CN; Page 3; Column 1.

NPR (National Public Radio) (July 21, 2005). "Influential Paleontologist John Ostrom, 77, Dies." *All Things Considered*.

Ostrom, John H. (1969). "A New Theropod Dinosaur from the lower Cretaceous of Montana." *Postilla*, New Haven, Conn., Peabody Museum of Natural History, 128: 1–17.

——— (1969). "Osteology of Deinonychus antirrhopus, An Unusual Theropod from the Lower Cretaceous of Montana." *Peabody Museum of Natural History* Bulletin 30, 1–164.

——— (1969). The Supporting Chain. *Discovery* 5: 10–16.

——— (1969). Terrible Claw. *Discovery* 5: 1–9.

——— (1970). Archaeopteryx: Notice of a 'New' Specimen. *Science* 170: 537.

——— (1973). The Ancestry of Birds. *Nature* 242: 136.

——— (1975). Archaeopteryx. *Discovery* 11.1: 15–23.

——— (1975). The Origin of Birds. *Annual Review of Earth Planet Sciences* 1975: 55–77.

——— (1978). A new look at dinosaurs. *National Geographic* 154: 152–185.

Owen, R. (1842). "Report on British Fossil Reptiles." Report of the Eleventh Meeting of the British Association for the Advancement of Science, held at Plymouth, England (1841), 60–204.

——— (1863). "On the Archaeopteryx of Von Meyer, with a description of the fossil remains of a long- tailed species from the lithographic stone of Solnhofen." *Philosophical Transactions of the Royal Society of London* 153: 33–47.

Special to the *New York Times* (December 4, 1964). "A New Species of Small Dinosaur

Reported Found by Yale Curator." *New York Times*.

Spielberg, S. (director) (1994). *Jurassic Park*. Universal City, Calif.: Universal Pictures, Amblin Entertainment.

Torrens, Hugh (April 4, 1992). When did the dinosaur get its name?: The name dinosaur was coined 150 years ago last year—or was it this year? Clever detective work has solved the puzzle. *New Scientist* 1815: 40.

Wilford, John Noble (July 21, 2005). "John H. Ostrom, Influential Paleontologist, Is Dead at 77." *New York Times*, Section A; Column 1; 27.

Zimmer, Carl (1992). Ruffled feathers: A paleontologist going after the earliest bird may have ended up with a mouthful of worms. *Discover* 13.5: 4–54.

第 9 章　提塔利克鱼，一种鱼足动物

书　籍

*Shubin, N. (2008). *Your Inner Fish: A Journey into the 3.5-Billion-Year History of the Human Body*. New York: Pantheon Books.

文　章

Ahlberg, P. E., and J. A. Clack (2006). A firm step from water to land. *Nature* 440: 747–749.

Daeschler, E. B., N. H. Shubin, et al. (2006). A Devonian tetrapod-like fish and the evolution of the tetrapod body plan. *Nature* 440: 757–763.

Embry, A., and J. E. Klovan (1976). The Middle-Upper Devonian Clastic Wedge of the Franklinian Geosyncline. *Bulletin of Canadian Petroleum Geology* 24: 485–639.

Shubin, N. H., E. B. Daeschler, et al. (2006). The pectoral fin of Tiktaalik roseae and the origin of the tetrapod limb. *Nature* 440: 764–771.

第 10 章　石器时代之旅

书　籍

Cole, Sonia (1973). *Leakey's Luck: The Life of Louis Seymour Bazett Leakey, 1903–1972*. New York: Harcourt Brace Jovanovich.

Leakey, L.S.B. (1966). *White African: An Early Autobiography*. Cambridge, Mass.: Schenkman.

———. (1974). *By the Evidence: Memoirs, 1932–1951*. New York: Harcourt Brace Jovanovich. Leakey, Mary (1984). *Disclosing the Past*. Garden City, N.Y.: Doubleday.

Leakey, Richard, and Roger Lewin (1992). *Origins Reconsidered: In Search of What Makes Us Human*. New York: Doubleday.

*Morrell, Virginia (1995). *Ancestral Passions: The Leakey Family and the Quest for Humankind's Beginnings*. New York: Simon and Schuster.

文　章

Leakey, L.S.B. (1951). *Olduvai Gorge 1951–1961, Volume 1*, Cambridge: Cambridge University Press.

——— (1965). *Olduvai Gorge: A Report on the Evolution of the Hand-axe Culture in Beds I-IV*. Cambridge, U.K.: Cambridge University Press.

*Leakey, Mary D. (1971). *Olduvai Gorge: Volume 3, Excavations in Beds I and II, 1960–1963*. Cambridge, U.K.: Cambridge University Press.

Leakey, Mary D., and Derik R. Roe (1994). *Olduvai Gorge, Volume 5, Excavations in Beds III, IV, and the Masek Beds, 1968–1971*. Cambridge: Cambridge University Press.

Essential scientific articles documenting some of the findings described include:

Leakey, L.S.B. (1959). *Nature* 184: 491–493. (The discovery of Dear Boy)

Leakey, L.S.B., J. F. Evernden, and G. H. Curtis (1961). *Nature* 191: 478–479. (Age of Olduvai Bed I)

Leakey, L.S.B, P. V. Tobias, and J. R. Napier (1964). *Nature* 202: 7–9. (Discovery of *Homo habilis*)

Leakey, M. D. (1966). *Nature* 210: 462–466. (Olduwan tools)

Leakey, M. D., and R. L. Hay (1979). *Nature* 278: 317–323. (Laetoli footprints)

Bye, B. A., F. H. Brown, T. E. Cerling, and I. McDougal (1987). *Nature* 329: 237–239. (Age of Olorgesailie)

Berkey, C. P. (1929). *Scientific Monthly* 28: 193–216 (for a geologist's conception of time in the late 1920s).

Leakey, M. D. (1981). *Philosophical Transactions of the Royal Society of London B.* 292: 95–102 (for more on tracks and tools).

Susman, R. L. (1991). *Journal of Anthropological Research* 47: 129–151 (on who made the Olduvai tools).

Wood, B. (1989). *Current Anthropology* 30: 215–224 (for insights into working with Louis Leakey).

第 11 章　分子人类学的革命

书　籍

Hager, Thomas (1995). *Force of Nature: The Life of Linus Pauling*. New York: Simon and Schuster.

Leakey, Richard, and Roger Lewin (1992). *Origins Reconsidered: In Search of What Makes Us Human*. New York: Doubleday.

Lewin, Roger (1997). *Bones of Contention*, 2nd ed. Chicago: University of Chicago Press.

文　章

Morgan, G. J. (1998). *Journal of the History of Biology* 31: 155–178.

Simpson, G. G. (1964). *Science* 146: 1535–1538.

Zuckerkandl, E., R. T. Jones, and L. Pauling (1960). *Proceedings of the National Academy of Sciences USA* 46: 1349–1360.

Zuckerkandl, E., and W. A. Schroeder (1961). *Nature* 192: 984–985.

Zuckerkandl, E., and L. Pauling (1962). "Molecular Disease, Evolution, and Genetic Heterogeneity," in *Horizons in Biochemistry: Albert Szent-Györgi Dedicatory Volume*, M. Kasha and B. Pullman, eds. New York: Academic Press, 189–225.

———— (1965). "Evolutionary Divergence and Convergence in Proteins," in *Evolving Genes and Proteins*, V. Bryson and H. Vogel, eds. New York: Academic Press, 97–166.

Sarich, V. M. (1971). "A Molecular Approach to the Question of Human Origins," in *Background for Man*, P. J. Dolhinow and V. M. Sarich, eds. Boston: Little, Brown and Company, 60–81.

Sarich, V. M., and A. C. Wilson (1966). *Science* 154: 1563–1566.

———— (1967). *Science* 158: 1200–1203.

———— (1967). *Proceedings of the National Academy of Sciences USA* 58: 142–148.

Wilson, A. C., and V. M. Sarich (1969). *Proceedings of the National Academy of Sciences USA* 63: 1088–1093.

Buettner-Janusch, J. (1968). *Transactions of the New York Academy of Sciences* 31: 128–138.

Leakey, L.S.B. (1970). *Proceedings of the National Academy of Sciences USA* 67: 746–748.

Simons, E. (1968). *Annals of the New York Academy of Sciences* 167: 319–331.

Andrews, P., and J. E. Cronin (1982). *Nature* 297: 541–546.

第 12 章　尼安德特人的犯罪现场调查

文　章

Cann, R. L. (1993). Obituary: Allan C. Wilson, 1935–1991. *Human Biology*, 343.

Cann, R. L., M. Stoneking, et al. (1987). Mitochondrial DNA and human evolution. *Nature*

325: 31–36.

Higuchi, R., B. Bowman, et al. (1984). DNA sequences from the quagga, an extinct member of the horse family. *Nature* 312: 282–284.

Prugnolle, F., A. Manica, et al. (2005). Geography predicts neutral genetic diversity of human populations. *Current Biology* 15: R159–160.

Vigilant, L., M. Stoneking, et al. (1991). African Populations and the Evolution of Human Mitochondrial DNA. *Science* 253: 1503–1507.

Caramelli, D., C. Lalueza-Fox, et al. (2003). Evidence for a genetic discontinuity between Neandertals and 24,000-year-old anatomically modern Europeans. *Proceedings of the National Academy of Sciences USA* 100: 6593–6597.

Green, R. E., J. Krause, et al. (2006). Analysis of one million base pairs of Neanderthal DNA. *Nature* 444: 330–336.

Krause, J., L. Orlando, et al. (2007). Neanderthals in central Asia and Siberia. *Nature* 449: 902–904.

Krings, M., H. Geisert, R. Schmitz, H. Krainitzki, and S. Pääbo (1999). DNA sequence of the mitochondrial hypervariable region II from the Neandertal type specimen. *Proceedings of the National Academy of Sciences USA* 96: 5581–5585.

Krings, M., A. Stone, et al. (1997). Neandertal DNA Sequences and the Origin of Modern Humans. *Cell* 90: 19–30.

Lindahl, T. (1997). Facts and Artifacts of Ancient DNA. *Cell* 90: 1–3.

Noonan, J. P., G. Coop, et al. (2006). Sequencing and Analysis of Neanderthal Genomic DNA. *Science* 314: 1113–1118.

Pääbo, S. (1985). Molecular cloning of Ancient Egyptian mummy DNA. *Nature* 314: 644–645.

Serre, D., A. Langaney, et al. (2004). No Evidence of Neandertal mtDNA Contribution to Early Modern Humans. *PLOS Biology* 2: 313–317.

Wall, J., and S. Kim (2007). Inconsistencies in Neanderthal genomic DNA sequences. *PLOS Genetics* 3: 1862–1866.

Zagorski, N. (2006). Profile of Svante Pääbo. *Proceedings of the National Academy of Sciences USA* 103: 13575–13577.

Barnosky, A. D. (2004). Assessing the causes of Late Pleistocene extinctions on the continents. *Science* 306: 70–75.

Finlayson, C., and J. S. Carrión (2007). Rapid ecological turnover and its impact on Neanderthal and other human populations. *Trends in Ecology and Evolution* 22: 213–222.

Mellars, P. (2004). Neanderthals and the modern human colonization of Europe. *Nature* 432: 461–465.

——— (2006). A new radiocarbon revolution and the dispersal of modern humans in Eurasia. *Nature* 439: 931–935.

后　记　人类新的开端

书　籍

Desmond, A. (1994). *Huxley: From Devil's Disciple to Evolution's High Priest*. Reading, Mass.: Addison-Wesley.

von Humboldt, A. (1859). *Kosmos: A Sketch of a Physical Description of the Universe*. Trans. E. C. Otté. New York: Harper.

文　章

de Beer, G. (1959). "Some Unpublished Letters of Charles Darwin." *Notes and Records of the Royal Society of London* 14: 12–66.

Simpson, G. G. (1960). "The World into which Darwin led us." *Science* 131: 966–974.

未来，属于终身学习者

我这辈子遇到的聪明人（来自各行各业的聪明人）没有不每天阅读的——没有，一个都没有。巴菲特读书之多，我读书之多，可能会让你感到吃惊。孩子们都笑话我。他们觉得我是一本长了两条腿的书。

——查理·芒格

互联网改变了信息连接的方式；指数型技术在迅速颠覆着现有的商业世界；人工智能已经开始抢占人类的工作岗位……

未来，到底需要什么样的人才？

改变命运唯一的策略是你要变成终身学习者。未来世界将不再需要单一的技能型人才，而是需要具备完善的知识结构、极强逻辑思考力和高感知力的复合型人才。优秀的人往往通过阅读建立足够强大的抽象思维能力，获得异于众人的思考和整合能力。未来，将属于终身学习者！而阅读必定和终身学习形影不离。

很多人读书，追求的是干货，寻求的是立刻行之有效的解决方案。其实这是一种留在舒适区的阅读方法。在这个充满不确定性的年代，答案不会简单地出现在书里，因为生活根本就没有标准确切的答案，你也不能期望过去的经验能解决未来的问题。

而真正的阅读，应该在书中与智者同行思考，借他们的视角看到世界的多元性，提出比答案更重要的好问题，在不确定的时代中领先起跑。

湛庐阅读 App：与最聪明的人共同进化

有人常常把成本支出的焦点放在书价上，把读完一本书当作阅读的终结。其实不然。

时间是读者付出的最大阅读成本

怎么读是读者面临的最大阅读障碍

"读书破万卷"不仅仅在"万"，更重要的是在"破"！

现在，我们构建了全新的"湛庐阅读"App。它将成为你"破万卷"的新居所。在这里：

● 不用考虑读什么，你可以便捷找到纸书、电子书、有声书和各种声音产品；

● 你可以学会怎么读，你将发现集泛读、通读、精读于一体的阅读解决方案；

● 你会与作者、译者、专家、推荐人和阅读教练相遇，他们是优质思想的发源地；

● 你会与优秀的读者和终身学习者为伍，他们对阅读和学习有着持久的热情和源源不绝的内驱力。

下载湛庐阅读 App，

坚持亲自阅读，

有声书、电子书、阅读服务，

一站获得。

CHEERS

本书阅读资料包
给你便捷、高效、全面的阅读体验

本书参考资料

- ☑ **参考文献**
  为了环保、节约纸张，部分图书的参考文献以电子版方式提供

- ☑ **主题书单**
  编辑精心推荐的延伸阅读书单，助你开启主题式阅读

- ☑ **图片资料**
  提供部分图片的高清彩色原版大图，方便保存和分享

相关阅读服务

- ☑ **电子书**
  便捷、高效，方便检索，易于携带，随时更新

- ☑ **有声书**
  保护视力，随时随地，有温度、有情感地听本书

- ☑ **精读班**
  2~4周，最懂这本书的人带你读完、读懂、读透这本好书

- ☑ **课　程**
  课程权威专家给你开书单，带你快速浏览一个领域的知识概貌

- ☑ **讲　书**
  30分钟，大咖给你讲本书，让你挑书不费劲

湛庐编辑为你独家呈现
助你更好获得书里和书外的思想和智慧，**请扫码查收！**

（阅读资料包的内容因书而异，最终以湛庐阅读App页面为准）

图书在版编目（CIP）数据

非凡的生物 ／（美）肖恩·B.卡罗尔
(Sean B. Carroll) 著；王志彤译. -- 杭州 ：浙江教
育出版社，2023.1
ISBN 978-7-5722-5098-9

Ⅰ．①非… Ⅱ．①肖… ②王… Ⅲ．①人类起源－通
俗读物 Ⅳ．①Q981.1-49

中国版本图书馆CIP数据核字(2022)第249263号

浙江省版权局
著作权合同登记号
图字:11-2022-204号

上架指导：生命科学／科普读物

版权所有，侵权必究
本书法律顾问　北京市盈科律师事务所　崔爽律师

非凡的生物
FEIFAN DE SHENGWU

［美］肖恩·B.卡罗尔（Sean B. Carroll） 著

王志彤 译

责任编辑： 李　剑
文字编辑： 傅美贤
美术编辑： 韩　波
责任校对： 姚　璐
责任印务： 陈　沁
封面设计： ablackcover.com
出版发行： 浙江教育出版社（杭州市天目山路 40 号　电话：0571-85170300-80928）
印　　刷： 唐山富达印务有限公司

开　本： 710mm ×965mm 1/16		**插　页：** 1	
印　张： 22		**字　数：** 345 千字	
版　次： 2023 年 1 月第 1 版		**印　次：** 2023 年 1 月第 1 次印刷	
书　号： ISBN 978-7-5722-5098-9		**定　价：** 99.90 元	

如发现印装质量问题，影响阅读，请致电 010-56676359 联系调换。